教科書ガイド

啓林館版

未来へひろがる数学　準拠

中学数学 2年

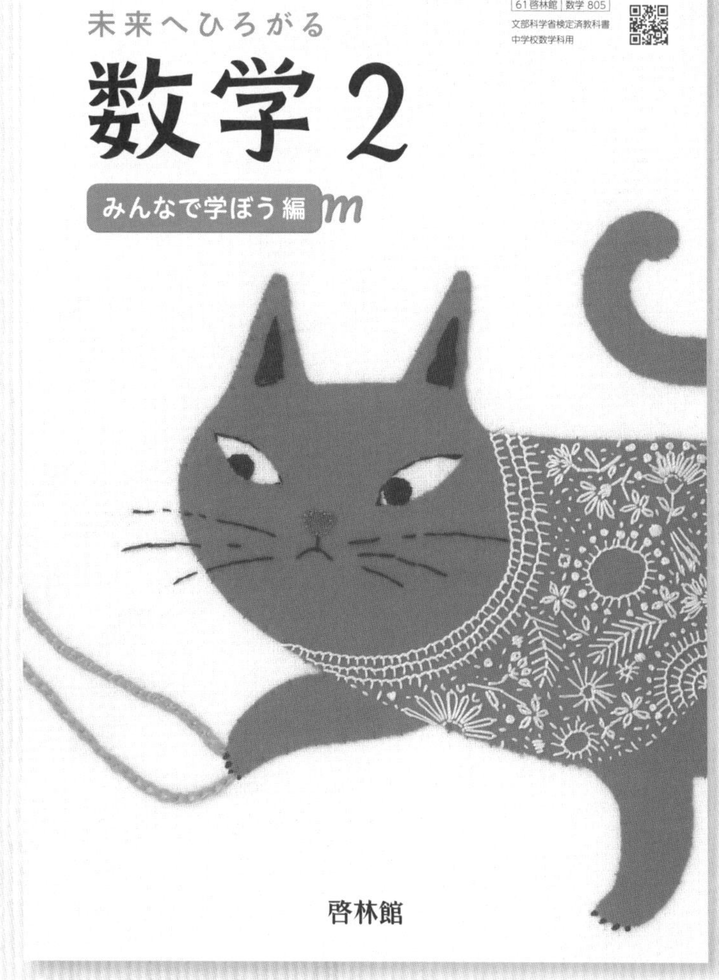

編集発行
新興出版社

もくじ

未来へひろがる
数学2
みんなで学ぼう編
啓林館

本書の特長と使い方

本書の特長

1 教科書にぴったりなので，予習・復習に役立つ

「教科書ガイド」は，あなたが使っている数学の教科書にぴったり合わせてつくられていますので，予習・復習やテスト前の勉強に役立ちます。

2 教科書の内容がよくわかる

教科書のすべての問題や，問いかけに，わかりやすいガイドと解答がついていますので，授業の内容，教科書の内容を十分に理解することができます。

3 テストの得点がアップする

教科書のポイントや注意点をわかりやすく示していますので，定期テスト前に，本書で教科書のポイントや問題の解答をチェックしておくだけで，得点アップが期待できます。

内容と使い方

学習のねらい	各項で何を学習するのかを示しています。 学習をはじめる前に読んで，しっかり頭に入れておきましょう。
教科書のまとめ テスト前にチェック	ポイントとなる内容について，わかりやすくまとめています。 テスト前にもう一度目をとおし，理解できているかどうか，チェックしましょう。
ガイド	問題を解くための着眼点やヒントを示しています。解き方がわからないときなどに参考にしましょう。
解答 解答例	模範となる解答をのせています。問題の答え合わせに，また，解答の書き方の手本として活用しましょう。
参考	学習に役立つことがらです。目をとおして，理解を深めましょう。
ミスに注意	まちがいやすい内容を確認できます。テストで同じまちがいをしないよう，注意しましょう。
テストによく出る	定期テストによく出る問題です。定期テスト直前にもチェックしましょう。

1章 式の計算

1節 式の計算

世界一周道路をつくろう

地表から1m離して つくった世界一周道路と赤道の長さの差を考えることにしました。

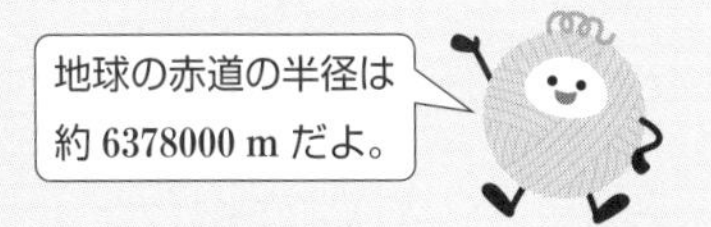
地球の赤道の半径は
約 6378000 m だよ。

話しあおう 教科書 p.11

この世界一周道路と赤道の長さの差は，次のどれと同じくらいでしょうか。

㋐ バドミントンのコート（ダブルス）の横幅 （約 6 m）
㋑ 万博記念公園　太陽の塔（大阪府吹田市）の高さ （約 70 m）
㋒ 三島スカイウォーク（静岡県三島市）の長さ （約 400 m）
㋓ 瀬戸内しまなみ海道サイクリングロードの長さ （約 70 km）
㋔ 特急サンライズ出雲　東京－出雲市間の営業距離 （約 950 km）
㋕ 月の半径 （約 1700 km）

解答例

• 円周率を π とすると，円周$=2\pi\times$半径 だから，
地球の半径を 6378000 m として求める。（けいたさん）

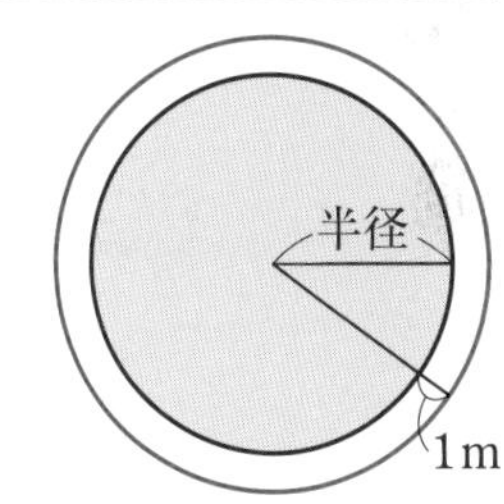
半径
1m

赤道の長さは，$2\pi\times6378000$ (m)
一周道路の長さは，$2\pi\times(6378000+1)$ (m)
差は，$2\pi\times(6378000+1)-2\pi\times6378000$
$=12756002\pi-12756000\pi=2\pi$ (m)

• 1年生のときに学んだ文字を使って求める。（かりんさん）

地球の半径を r m とすると，赤道の長さは，$2\pi\times r$ (m)
一周道路の長さは，$2\pi\times(r+1)$ (m)
差は，$2\pi\times(r+1)-2\pi\times r$
$=2\pi r+2\pi-2\pi r$
$=2\pi$ (m)

$2\pi\times(r+1)=2\pi r+2\pi$

2π m は，π を 3.14 とすると，$2\pi=2\times3.14=6.28$ となって，約 6 m
よって，**㋐のバドミントンのコート（ダブルス）の横幅と同じくらい。**

参考 文字を使って計算すると，求めた差には半径 r が出てこないから，長さの差は半径の大きさには関係がないということがわかります。

1 式の加法，減法

学習のねらい

数量や数量の関係を，いくつかの文字を使って正しく表現できるようにします。そして，式で表現されたものを，たしたり，ひいたり，まとめたりすることができるようにします。

教科書のまとめ テスト前にチェック

□単項式
▶$50a$，xy，p^2 のように，数や文字の乗法だけでできている式を，**単項式**(たんこうしき)といいます。c や 1000 のような，1つの文字や1つの数も単項式と考えます。

□多項式，項
▶$10a+4b$ のように，単項式の和の形で表された式を**多項式**(たこうしき)といい，1つ1つの単項式 $10a$，$4b$ を，多項式 $10a+4b$ の**項**(こう)といいます。

□次数
▶単項式で，かけあわされている文字の個数を，その式の**次数**(じすう)といいます。多項式では，各項の次数のうち，もっとも大きいものを，その多項式の次数といいます。

□一次式，二次式
▶次数が1の式を**一次式**(いちじしき)，次数が2の式を**二次式**(にじしき)といいます。

□同類項
▶多項式の中で，文字の部分が同じ項を**同類項**(どうるいこう)といいます。同類項は，

$ma+na=(m+n)a$

を使って，1つの項にまとめることができます。

□多項式の加法，減法
▶

$(5a+3b)+(2a+5b)$
$=5a+3b+2a+5b$
$=7a+8b$

$(5a+3b)-(2a+5b)$
$=5a+3b-2a-5b$
$=3a-2b$

▶上のような多項式の加法，減法では，同類項が上下にそろうように並べて計算することもできます。

$$\begin{array}{rr} & 3x-7y \\ +) & 2x+5y \\ \hline & 5x-2y \end{array}$$

→ 上下の同類項を，次のように計算します。
$3x+2x=5x$，$-7y+5y=-2y$

$$\begin{array}{rr} & 4x+6y \quad\;\; \\ -) & x+6y-5 \\ \hline & 3x \qquad +5 \end{array}$$

→ 上下の同類項を，次のように計算します。
$4x-x=3x$，$6y-6y=0$，$0-(-5)=5$

単項式と多項式について学びましょう。

教科書 p.13

次の数量を表す式を書きましょう。

(1) 1個50円の球根 a 個の代金

(2) 縦 x m，横 y m の花だんの面積

(3) 1辺が p cm の正方形のタイルの面積

(4) 1000円で，c 円のプランターを買ったときのおつり

(5) 1本 a 円の苗(なえ) 10本と1本 b 円の苗4本を買ったときの代金

ガイド 文字のかわりに，適当な数をあてはめて考えてみましょう。

(1) (1個の値段)×(個数)　(2) (長方形の面積)＝(縦)×(横)

(3) (正方形の面積)＝(1辺の長さ)^2　(4) 1000円－(代金)

(5) (1本 a 円の苗10本の代金)＋(1本 b 円の苗4本の代金)

解答 (1) $50a$ (円)　(2) xy (m^2)　(3) p^2 (cm^2)

(4) $1000-c$ (円)　(5) $10a+4b$ (円)

問 1 多項式 $6a-b+5$ の項をいいなさい。
また，a，b の係数を，それぞれいいなさい。

教科書 p.13

ガイド 項は，単項式の和の形に書きかえて考えます。負の項は( )を使って表し，＋でつないで多項式に表します。

→ $6a+(-b)+5$

式の項が $6a$ や $-b$ のように，数と文字の積のとき，その数が文字の係数だったね。

解答 項…$6a$，$-b$，5

a の係数…6　b の係数…-1

参考 $-b$ は $(-1)\times b$ のことだから，b の係数は -1 となります。

問 2 次の多項式は何次式ですか。

教科書 p.14

(1) $-x^2+4y+3$　(2) $a-b+5$　(3) $xy-2$

ガイド 各項のかけあわされている文字の個数のもっとも多いものが，その多項式の次数です。
(1)では，x^2 は，$x\times x$ だから，文字の数は2個と考えます。

解答 (1) 二次式　(2) 一次式　(3) 二次式

同類項について学びましょう。

問 3 次の式の同類項をいいなさい。

教科書 p.14

(1) $4a+5b-6c+7a-8c$　(2) $xy+x-5xy-2x$

ガイド 文字の部分が同じ項を見つけます。

解答 (1) $4a$ と $7a$，$-6c$ と $-8c$　(2) xy と $-5xy$，x と $-2x$

問 4 次の式の同類項をまとめなさい。

教科書 p.15

(1) $3a-6b+8a+b$　(2) $3x-7y-x+2y$

(3) $x^2-4x+2+3x$　(4) $y^2-3y-3y^2+2y$

ガイド 同類項は，$ma+na=(m+n)a$ の計算法則を使って，1つの項にまとめます。
同類項の係数どうしを計算します。

解答

(1) $3a-6b+8a+b$
$=3a+8a-6b+b$
$=(3a+8a)+(-6b+b)$
$=(3+8)a+(-6+1)b$
$=\boldsymbol{11a-5b}$

(2) $3x-7y-x+2y$
$=3x-x-7y+2y$
$=(3x-x)+(-7y+2y)$
$=(3-1)x+(-7+2)y$
$=\boldsymbol{2x-5y}$

(3) $x^2-4x+2+3x$
$=x^2-4x+3x+2$
$=x^2+(-4x+3x)+2$
$=x^2+(-4+3)x+2$
$=\boldsymbol{x^2-x+2}$

(4) $y^2-3y-3y^2+2y$
$=y^2-3y^2-3y+2y$
$=(y^2-3y^2)+(-3y+2y)$
$=(1-3)y^2+(-3+2)y$
$=\boldsymbol{-2y^2-y}$

多項式の加法，減法について学びましょう。

1冊 a 円のノートと1本 b 円のペンがあります。姉はノート5冊とペン3本，弟はノート2冊とペン5本を買いました。2人の代金の合計を式に表しましょう。
また，姉の代金は弟の代金よりいくら多いか式に表しましょう。

教科書 p.15

ガイド それぞれの代金を式に表し，それぞれかっこをつけて，記号＋，－でつないで計算します。

解答 姉の代金…$5a+3b$（円），弟の代金…$2a+5b$（円）

〈代金の合計〉
$(5a+3b)+(2a+5b)$
$=5a+3b+2a+5b$
$=(5a+2a)+(3b+5b)$
$=7a+8b$　　**$7a+8b$（円）**

〈代金の違い〉
$(5a+3b)-(2a+5b)$
$=5a+3b-2a-5b$
$=(5a-2a)+(3b-5b)$
$=3a-2b$　　**$3a-2b$（円）**

→（　）の前が－なので，かっこをはずすと符号が変わる。

問5 次の2つの多項式をたしなさい。

教科書 p.15

(1) $4x-7y$，$x+5y$　　(2) $5a-2b$，$-a-3b$

ガイド それぞれの式にかっこをつけて加法の式に表し，次にかっこをはずして同類項をまとめます。

解答

(1) $(4x-7y)+(x+5y)$
$=4x-7y+x+5y$
$=\boldsymbol{5x-2y}$

(2) $(5a-2b)+(-a-3b)$
$=5a-2b-a-3b$
$=\boldsymbol{4a-5b}$

問6 次の2つの多項式で，左の式から右の式をひきなさい。

教科書 p.16

(1) $5x+2y$，$3x+y$　　(2) $3a-6b$，$2a-4b$

ガイド それぞれの式にかっこをつけて，記号－でつないで1つの式にします。
次にかっこをはずして同類項をまとめます。

解答 (1) $(5x+2y)-(3x+y)$
$=5x+2y-3x-y$
$=\mathbf{2x+y}$

(2) $(3a-6b)-(2a-4b)$
$=3a-6b-2a+4b$
$=\mathbf{a-2b}$

問7 次の計算をしなさい。 教科書 p.16

(1)
$$\begin{array}{rr} & 2x-3y \\ +) & 4x+5y \\ \hline \end{array}$$

(2)
$$\begin{array}{rr} & x+y \\ +) & x-y \\ \hline \end{array}$$

(3)
$$\begin{array}{rr} & 5x-2y \\ -) & x-3y \\ \hline \end{array}$$

(4)
$$\begin{array}{rr} & 6x+y \\ -) & 6x-y-8 \\ \hline \end{array}$$

ガイド それぞれ，上下の同類項を見て，$2x+4x$ と $-3y+5y$ のように計算します。
(4)の -8 の上のように，何も書いていないところは，0 があるものと考えて計算します。
減法のこのような計算では，符号(ふごう)に気をつけましょう。

解答
(1)
$$\begin{array}{rr} & 2x-3y \\ +) & 4x+5y \\ \hline & \mathbf{6x+2y} \end{array}$$

(2)
$$\begin{array}{rr} & x+y \\ +) & x-y \\ \hline & \mathbf{2x} \end{array}$$

(3)
$$\begin{array}{rr} & 5x-2y \\ -) & x-3y \\ \hline & \mathbf{4x+\ y} \end{array}$$

(4)
$$\begin{array}{rr} & 6x+y \\ -) & 6x-y-8 \\ \hline & \mathbf{2y+8} \end{array}$$

説明しよう 教科書 p.16

右の計算が正しくない理由を説明しましょう。

$3x-2y+5x+4y=8x+2y$
$=10xy$

解答例 計算が正しくない理由は，同類項ではない $8x$ と $2y$ をたしているから。

練習問題 　1 式の加法，減法 p.16

次の2つの多項式について，下の問いに答えなさい。

$8x-7y$,　$2x+5y$

(1) 2つの式をたしなさい。　(2) 左の式から右の式をひきなさい。

ガイド それぞれの式にかっこをつけて，記号＋，－でつないで1つの式にします。
次にかっこをはずして同類項をまとめます。かっこをはずすときは，符号に注意しましょう。

解答 (1) $(8x-7y)+(2x+5y)$
$=8x-7y+2x+5y$
$=\mathbf{10x-2y}$

(2) $(8x-7y)-(2x+5y)$
$=8x-7y-2x-5y$
$=\mathbf{6x-12y}$

2 いろいろな多項式の計算

学習のねらい

多項式に数をかけたり，多項式を数でわったりして，同類項をまとめます。そして，その結果に文字の値を代入し，式の値を求めることを学習します。

教科書のまとめ　テスト前にチェック

□数×多項式

▶$5(2a+3b)=5\times 2a+5\times 3b$
$=10a+15b$

□多項式÷数

▶$(9x-6y)\div 3=\dfrac{9x}{3}-\dfrac{6y}{3}$
$=3x-2y$

$(a+b)\div m$
$=\dfrac{a}{m}+\dfrac{b}{m}$

□かっこがある式の計算

▶$3(x-2y)+2(2x+y)=3x-6y+4x+2y$
$=7x-4y$

▶$5(x+3y)-3(2x-5y+1)=5x+15y-6x+15y-3$
$=-x+30y-3$

▶$\dfrac{1}{3}(2x+y)-\dfrac{1}{6}(x-5y)=\dfrac{2}{3}x+\dfrac{1}{3}y-\dfrac{1}{6}x+\dfrac{5}{6}y$
$=\dfrac{1}{2}x+\dfrac{7}{6}y$

□分数の形の式の計算

▶$\dfrac{3x+2y}{2}-\dfrac{2x-y}{3}=\dfrac{3(3x+2y)}{6}-\dfrac{2(2x-y)}{6}$
$=\dfrac{3(3x+2y)-2(2x-y)}{6}$
$=\dfrac{9x+6y-4x+2y}{6}$
$=\dfrac{5x+8y}{6}$

□式の値

▶式を計算してから文字の値を代入して，式の値を求めます。

■ 一次式のいろいろな計算について学びましょう。

問 1　次の計算をしなさい。　教科書 p.17

(1)　$7(5x+4y)$　　(2)　$-4(2a-3b)$

(3)　$(12x-16y)\times\dfrac{1}{4}$　　(4)　$(-8x+6y)\div 2$

(5)　$(5a-15b)\div(-5)$　　(6)　$(14a-7b)\div\left(-\dfrac{7}{2}\right)$

ガイド　かっこがある式を，分配法則 $m(a+b)=ma+mb$ を使って計算します。

解答 (1) $7(5x+4y)$
$=7\times5x+7\times4y$
$=\mathbf{35x+28y}$

(2) $-4(2a-3b)$
$=-4\times2a-4\times(-3b)$
$=\mathbf{-8a+12b}$

(3) $(12x-16y)\times\frac{1}{4}$
$=12x\times\frac{1}{4}-16y\times\frac{1}{4}$
$=\mathbf{3x-4y}$

(4) $(-8x+6y)\div2$
$=-\frac{8x}{2}+\frac{6y}{2}$
$=\mathbf{-4x+3y}$

(5) $(5a-15b)\div(-5)$
$=-\frac{5a}{5}+\frac{15b}{5}$
$=\mathbf{-a+3b}$

(6) $(14a-7b)\div\left(-\frac{7}{2}\right)$
$=14a\times\left(-\frac{2}{7}\right)-7b\times\left(-\frac{2}{7}\right)$
$=\mathbf{-4a+2b}$

問 2 次の計算をしなさい。 教科書 p.18

(1) $2(3x-y)+3(x+2y)$
(2) $3(5a-b)-2(2a-2b)$
(3) $4(a+1)+2(2a+b-3)$
(4) $6(4x+y-2)-7(x-2y+1)$

ガイド 数×多項式 を計算してから，同類項をまとめます。

解答 (1) $2(3x-y)+3(x+2y)$
$=6x-2y+3x+6y$
$=\mathbf{9x+4y}$

(2) $3(5a-b)-2(2a-2b)$
$=15a-3b-4a+4b$
$=\mathbf{11a+b}$

(3) $4(a+1)+2(2a+b-3)$
$=4a+4+4a+2b-6$
$=\mathbf{8a+2b-2}$

(4) $6(4x+y-2)-7(x-2y+1)$
$=24x+6y-12-7x+14y-7$
$=\mathbf{17x+20y-19}$

問 3 次の計算をしなさい。 教科書 p.18

(1) $\frac{1}{3}(x-2y)+\frac{1}{5}(-x+3y)$
(2) $\frac{1}{4}(3x-y)-\frac{1}{2}(5x-3y)$

ガイド まず，かっこをはずしてから計算します。

解答 (1) $\frac{1}{3}(x-2y)+\frac{1}{5}(-x+3y)$
$=\frac{1}{3}x-\frac{2}{3}y-\frac{1}{5}x+\frac{3}{5}y$
$=\frac{5}{15}x-\frac{3}{15}x-\frac{10}{15}y+\frac{9}{15}y$
$=\mathbf{\frac{2}{15}x-\frac{1}{15}y}$

(2) $\frac{1}{4}(3x-y)-\frac{1}{2}(5x-3y)$
$=\frac{3}{4}x-\frac{1}{4}y-\frac{5}{2}x+\frac{3}{2}y$
$=\frac{3}{4}x-\frac{10}{4}x-\frac{1}{4}y+\frac{6}{4}y$
$=\mathbf{-\frac{7}{4}x+\frac{5}{4}y}$

問 4　次の計算をしなさい。　教科書 p.18

(1)　$\dfrac{x+5y}{6}+\dfrac{-4x+3y}{9}$　　(2)　$\dfrac{3a-5b}{4}-\dfrac{a-7b}{8}$

ガイド　まず，通分してから計算します。

解答　(1)　$\dfrac{x+5y}{6}+\dfrac{-4x+3y}{9}$

$=\dfrac{3(x+5y)}{18}+\dfrac{2(-4x+3y)}{18}$

$=\dfrac{3(x+5y)+2(-4x+3y)}{18}$

$=\dfrac{3x+15y-8x+6y}{18}$

$=\boldsymbol{\dfrac{-5x+21y}{18}}$

(2)　$\dfrac{3a-5b}{4}-\dfrac{a-7b}{8}$

$=\dfrac{2(3a-5b)}{8}-\dfrac{a-7b}{8}$

$=\dfrac{2(3a-5b)-(a-7b)}{8}$

$=\dfrac{6a-10b-a+7b}{8}$

$=\boldsymbol{\dfrac{5a-3b}{8}}$

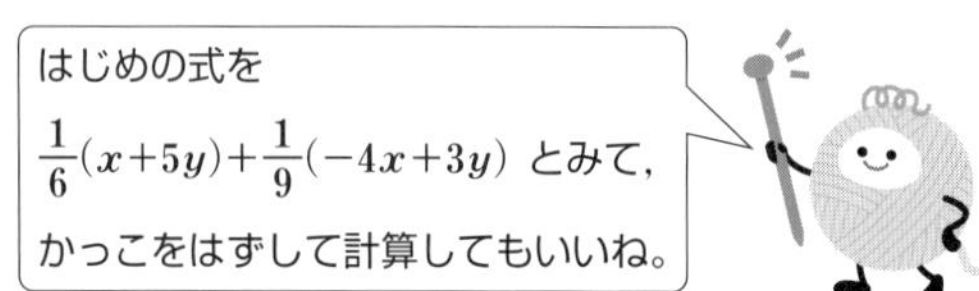

はじめの式を
$\frac{1}{6}(x+5y)+\frac{1}{9}(-4x+3y)$ とみて，
かっこをはずして計算してもいいね。

式の値について学びましょう。

問 5　$a=-\dfrac{1}{6}$，$b=3$ のとき，次の式の値を求めなさい。

(1)　$2a-3b+5b-8a$　　(2)　$5(4a-3b)-4(2a-5b)$

ガイド　式を計算してから，$\boldsymbol{a}$ と $\boldsymbol{b}$ の値を代入して求めます。

解答　(1)　$2a-3b+5b-8a$

$=2a-8a-3b+5b$

$=-6a+2b$

$=-6\times\left(-\dfrac{1}{6}\right)+2\times3$

$=1+6$

$=\mathbf{7}$

(2)　$5(4a-3b)-4(2a-5b)$

$=20a-15b-8a+20b$

$=12a+5b$

$=12\times\left(-\dfrac{1}{6}\right)+5\times3$

$=-2+15$

$=\mathbf{13}$

練習問題　2 いろいろな多項式の計算　p.19

1 次の計算をしなさい。

(1) $\frac{2}{5}(10x+25y)$　(2) $(8a-12b)\div 4$

(3) $(2x-4y)\div\frac{2}{3}$　(4) $7(a-b)-(4a+6b)$

(5) $-4(x+2y)+3(x+5y)$　(6) $3\left(4x-\frac{1}{3}y\right)-6(2x-3y)$

ガイド 分配法則を利用してかっこをはずします。かっこの前が「－」のときは，かっこをはずすと，かっこの中の数の符号が変わるので注意します。

解答 (1) $\frac{2}{5}(10x+25y)$

$=\frac{2}{5}\times 10x+\frac{2}{5}\times 25y$

$=\boldsymbol{4x+10y}$

(2) $(8a-12b)\div 4$

$=\frac{8a}{4}-\frac{12b}{4}$

$=\boldsymbol{2a-3b}$

(3) $(2x-4y)\div\frac{2}{3}$

$=(2x-4y)\times\frac{3}{2}$

$=2x\times\frac{3}{2}-4y\times\frac{3}{2}$

$=\boldsymbol{3x-6y}$

(4) $7(a-b)-(4a+6b)$

$=7a-7b-4a-6b$

$=\boldsymbol{3a-13b}$

(5) $-4(x+2y)+3(x+5y)$

$=-4x-8y+3x+15y$

$=\boldsymbol{-x+7y}$

(6) $3\left(4x-\frac{1}{3}y\right)-6(2x-3y)$

$=12x-y-12x+18y$

$=\boldsymbol{17y}$

2 次の計算をしなさい。

(1) $\frac{1}{5}(2x+3y)+\frac{1}{3}(5x-2y-1)$　(2) $\frac{5x-2y}{3}-\frac{-3x+7y}{4}$

ガイド かっこをはずしてから通分するか，通分してから計算するか方針を決めます。

解答 (1) $\frac{1}{5}(2x+3y)+\frac{1}{3}(5x-2y-1)$

$=\frac{2}{5}x+\frac{3}{5}y+\frac{5}{3}x-\frac{2}{3}y-\frac{1}{3}$

$=\frac{6}{15}x+\frac{25}{15}x+\frac{9}{15}y-\frac{10}{15}y-\frac{1}{3}$

$=\boldsymbol{\frac{31}{15}x-\frac{1}{15}y-\frac{1}{3}}$

(2) $\frac{5x-2y}{3}-\frac{-3x+7y}{4}$

$=\frac{4(5x-2y)-3(-3x+7y)}{12}$

$=\frac{20x-8y+9x-21y}{12}$

$=\boldsymbol{\frac{29x-29y}{12}}$

3 単項式の乗法，除法

学習のねらい

単項式の意味の理解を深め，単項式どうしのかけ算と，単項式を単項式でわる計算ができるようにします。つまり，文字式の乗法と除法の基礎(きそ)を学習します。

教科書のまとめ　テスト前にチェック

□単項式の乗法

▶単項式の乗法では，係数の積と文字の積をかけます。つまり，$2a\times3b$ では，係数の積 2×3 と文字の積 $a\times b$ をかけて，$6ab$ となります。

□指数をふくむ式の計算

▶指数をふくむ式の計算も，指数の意味から上と同じようにします。

例　$(-5y)^2=(-5y)\times(-5y)=(-5)\times(-5)\times y\times y=25y^2$

□単項式の除法

▶単項式の除法は，数の除法と同じように考えて計算します。

例　$8xy\div4x=\dfrac{8xy}{4x}=\dfrac{\overset{2}{\cancel{8}}\times\overset{1}{\cancel{x}}\times y}{\underset{1}{\cancel{4}}\times\underset{1}{\cancel{x}}}=2y$

□分数をふくむ式の除法

▶分数をふくむ式の除法も，数の除法と同じように考えて計算します。

例
$$-\frac{3}{2}x^2\div\frac{3}{4}x=-\frac{3x^2}{2}\div\frac{3x}{4}$$
$$=-\left(\frac{3x^2}{2}\times\frac{4}{3x}\right)$$
$$=-\frac{\overset{1}{\cancel{3}}\times\overset{x}{\cancel{x^2}}\times\overset{2}{\cancel{4}}}{\underset{1}{\cancel{2}}\times\underset{1}{\cancel{3}}\times\underset{1}{\cancel{x}}}=-2x$$

□3つの式の乗除

▶$A\div B\times C$ のような計算では，$\div B$ の部分を $\times\dfrac{1}{B}$ にして計算します。

$A\div B\times C=A\times\dfrac{1}{B}\times C=\dfrac{A\times C}{B}$　　$A\div B\div C=A\times\dfrac{1}{B}\times\dfrac{1}{C}=\dfrac{A}{B\times C}$

単項式の乗除について学びましょう。

教科書 p.20

縦 a cm，横 b cm のタイルを右の図のように並べて，縦 $2a$ cm，横 $3b$ cm の長方形をつくりました。この長方形の面積を求めましょう。

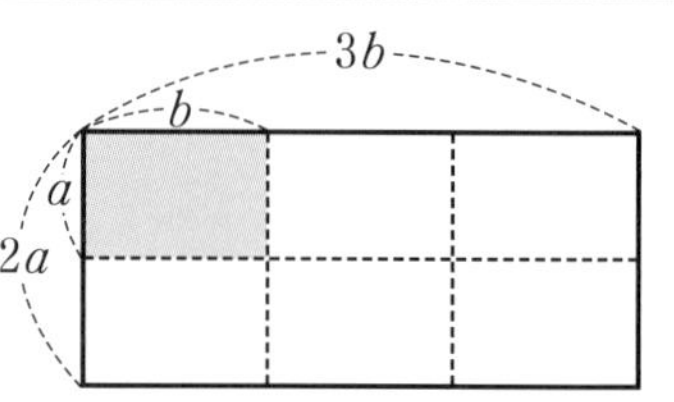

ガイド　長方形の面積の公式は，縦×横 です。上の図のように，ab が6つ分です。

解答例　タイル1枚の面積は，$ab\text{cm}^2$

タイルは縦に2枚，横に3枚並んでいるから，長方形の面積は，$ab\times\underset{\text{タイルの枚数}}{\underbrace{2\times3}}=\boldsymbol{6ab}\ (\mathbf{cm}^2)$

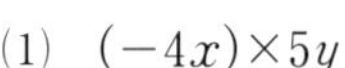

問 1　次の計算をしなさい。　教科書 p.20

(1) $(-4x)\times 5y$　(2) $(-7y)\times(-3x)$　(3) $\frac{5}{9}a\times(-3b)$

(4) $\frac{1}{2}x\times\frac{3}{4}x$　(5) $3ab\times b$　(6) $(-x)\times(-8xy)$

ガイド　単項式の乗法では，係数の積と文字の積をかけます。

解答　(1) $(-4x)\times 5y$

$=(-4\times x)\times(5\times y)$

$=(-4)\times 5\times x\times y=\mathbf{-20xy}$

(2) $(-7y)\times(-3x)$

$=(-7\times y)\times(-3\times x)$

$=(-7)\times(-3)\times y\times x=\mathbf{21xy}$

(3) $\frac{5}{9}a\times(-3b)$

$=\frac{5}{9}\times(-3)\times a\times b=\mathbf{-\frac{5}{3}ab}$

(4) $\frac{1}{2}x\times\frac{3}{4}x$

$=\frac{1}{2}\times\frac{3}{4}\times x\times x=\mathbf{\frac{3}{8}x^2}$

(5) $3ab\times b$

$=3\times a\times b\times b$

$=\mathbf{3ab^2}$

(6) $(-x)\times(-8xy)$

$=(-1\times x)\times(-8\times x\times y)$

$=(-1)\times(-8)\times x\times x\times y=\mathbf{8x^2y}$

問 2　次の計算をしなさい。　教科書 p.21

(1) $(-7a)^2$　(2) $\frac{1}{3}x\times(3x)^2$

(3) $-(4x)^2$　(4) $(-a)^2\times 3a$

ガイド　2 乗の式を乗法の式になおしてから考えます。

解答　(1) $(-7a)^2$

$=(-7a)\times(-7a)$

$=(-7)\times(-7)\times a\times a$

$=\mathbf{49a^2}$

(2) $\frac{1}{3}x\times(3x)^2$

$=\frac{1}{3}x\times 3x\times 3x$

$=\frac{1}{3}\times 3\times 3\times x\times x\times x=\mathbf{3x^3}$

(3) $-(4x)^2$

$=-(4x)\times(4x)$

$=-4\times 4\times x\times x=\mathbf{-16x^2}$

(4) $(-a)^2\times 3a$

$=(-a)\times(-a)\times 3a$

$=(-1)\times(-1)\times 3\times a\times a\times a=\mathbf{3a^3}$

参考　$-x^2$ と $(-x)^2$ の違い(ちが)いに注意しましょう。

$-x^2=(-1)\times x\times x$，$(-x)^2=(-x)\times(-x)=(-1)\times(-1)\times x\times x=x^2$

問 3　次の計算をしなさい。　教科書 p.21

(1) $(-6ab)\div 2a$　(2) $8x^2\div x$

(3) $(-9x^2y)\div(-3y)$　(4) $5a^2\div(-10a^2)$

1章　式の計算

ガイド まず，分数の形に表してから約分します。

解答

(1) $(-6ab)\div 2a=-\dfrac{6ab}{2a}$

$=-\dfrac{\overset{3}{\cancel{6}}\times\overset{1}{\cancel{a}}\times b}{\underset{1}{\cancel{2}}\times\underset{1}{\cancel{a}}}$

$=\boldsymbol{-3b}$

(2) $8x^2\div x=\dfrac{8x^2}{x}$

$=\dfrac{8\times\overset{1}{\cancel{x}}\times x}{\underset{1}{\cancel{x}}}$

$=\boldsymbol{8x}$

分数の形にしたら，係数は係数どうし，文字は文字どうしで約分しよう。

(3) $(-9x^2y)\div(-3y)=\dfrac{9x^2y}{3y}$

$=\dfrac{\overset{3}{\cancel{9}}\times x\times x\times\overset{1}{\cancel{y}}}{\underset{1}{\cancel{3}}\times\underset{1}{\cancel{y}}}$

$=\boldsymbol{3x^2}$

(4) $5a^2\div(-10a^2)=-\dfrac{5a^2}{10a^2}$

$=-\dfrac{\overset{1}{\cancel{5}}\times\overset{1}{\cancel{a}}\times\overset{1}{\cancel{a}}}{\underset{2}{\cancel{10}}\times\underset{1}{\cancel{a}}\times\underset{1}{\cancel{a}}}$

$=\boldsymbol{-\dfrac{1}{2}}$

問4 次の計算をしなさい。 教科書 p.21

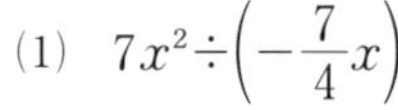

(1) $7x^2\div\left(-\dfrac{7}{4}x\right)$　　(2) $-\dfrac{5}{18}ab\div\left(-\dfrac{10}{9}b\right)$

(3) $-\dfrac{1}{5}x^3y\div\dfrac{1}{5}x$　　(4) $\dfrac{2}{3}y^2\div\dfrac{3}{2}y^2$

ガイド 分数でわる計算は，わる式の分子と分母を入れかえて逆数にし，乗法にして考えます。

解答

(1) $7x^2\div\left(-\dfrac{7}{4}x\right)$

$=\dfrac{7x^2}{1}\div\left(-\dfrac{7x}{4}\right)$

$=-\left(\dfrac{7x^2}{1}\times\dfrac{4}{7x}\right)$

$=-\dfrac{\overset{1}{\cancel{7}}\times\overset{x}{\cancel{x^2}}\times 4}{1\times\underset{1}{\cancel{7}}\times\underset{1}{\cancel{x}}}=\boldsymbol{-4x}$

ミスに注意
$\dfrac{7}{4}x$ の分子と分母を入れかえたものは $\dfrac{4}{7}x$ ではない。
$\dfrac{4}{7x}$ が正しい。

(2) $-\dfrac{5}{18}ab\div\left(-\dfrac{10}{9}b\right)$

$=-\dfrac{5ab}{18}\div\left(-\dfrac{10b}{9}\right)$

$=\dfrac{5ab}{18}\times\dfrac{9}{10b}$

$=\dfrac{\overset{1}{\cancel{5}}\times a\times\overset{1}{\cancel{b}}\times\overset{1}{\cancel{9}}}{\underset{2}{\cancel{18}}\times\underset{2}{\cancel{10}}\times\underset{1}{\cancel{b}}}=\boldsymbol{\dfrac{1}{4}a}\quad\left(\boldsymbol{\dfrac{a}{4}}\right)$

(3) $-\dfrac{1}{5}x^3y\div\dfrac{1}{5}x=-\dfrac{x^3y}{5}\div\dfrac{x}{5}$

$=-\left(\dfrac{x^3y}{5}\times\dfrac{5}{x}\right)$

$=-\dfrac{\overset{x^2}{\cancel{x^3}}\times y\times\overset{1}{\cancel{5}}}{\underset{1}{\cancel{5}}\times\underset{1}{\cancel{x}}}$

$=\boldsymbol{-x^2y}$

(4) $\dfrac{2}{3}y^2\div\dfrac{3}{2}y^2=\dfrac{2y^2}{3}\div\dfrac{3y^2}{2}$

$=\dfrac{2y^2}{3}\times\dfrac{2}{3y^2}$

$=\dfrac{2\times\overset{1}{\cancel{y^2}}\times 2}{3\times 3\times\underset{1}{\cancel{y^2}}}$

$=\boldsymbol{\dfrac{4}{9}}$

問 5 次の計算をしなさい。 教科書 p.22

(1) $2a\times3ab\times4b$　　(2) $-5xy\times7y\times(-2x)$

(3) $4a\times9b\div(-8a)$　　(4) $8x^2\div(-4x)\times(-3x)$

(5) $6ab\times(-7a)\div14b$　　(6) $16xy^2\div4y\div(-2x)$

ガイド 除法がふくまれているときは，分数になおして計算します。

解答

(1) $2a\times3ab\times4b$
$=2\times3\times4\times a\times ab\times b$
$=\mathbf{24a^2b^2}$

(2) $-5xy\times7y\times(-2x)$
$=(-5)\times7\times(-2)\times xy\times y\times x$
$=\mathbf{70x^2y^2}$

(3) $4a\times9b\div(-8a)=-\dfrac{4a\times9b}{8a}$
$=\mathbf{-\dfrac{9}{2}b}$

(4) $8x^2\div(-4x)\times(-3x)=\dfrac{8x^2\times3x}{4x}$
$=\mathbf{6x^2}$

(5) $6ab\times(-7a)\div14b=-\dfrac{6ab\times7a}{14b}$
$=\mathbf{-3a^2}$

(6) $16xy^2\div4y\div(-2x)=-\dfrac{16xy^2}{4y\times2x}$
$=\mathbf{-2y}$

問 6 $x=-2$，$y=\dfrac{1}{3}$ のとき，次の式の値を求めなさい。 教科書 p.22

(1) $3x^2\div2x\times4y$　　(2) $6x^2y\div3x\div(-2y)$

ガイド 式を計算してから，x と y の値を代入して計算します。

解答

(1) $3x^2\div2x\times4y=6xy$
$=6\times(-2)\times\dfrac{1}{3}$
$=\mathbf{-4}$

(2) $6x^2y\div3x\div(-2y)=-x$
$=-(-2)$
$=\mathbf{2}$

話しあおう 教科書 p.22

次の計算（省略）は，それぞれどこに誤りがありますか。
また，どのようになおせば正しくなるでしょうか。

解答例

• (1)は，$3a\times2b$ をさきに計算しているところが間違っている。

正しくするには，$A\div B\times C=\dfrac{A\times C}{B}$ を使って，分数の形になおして計算する。

$$18ab\div3a\times2b=\frac{18ab\times2b}{3a}=\mathbf{12b^2}$$

• (2)は，$\div\left(-\dfrac{2}{3}x\right)$ を $\times\left(-\dfrac{3}{2}x\right)$ としたところが間違っている。

正しい計算は，$4xy\div\left(-\dfrac{2}{3}x\right)=4xy\div\left(-\dfrac{2x}{3}\right)=4xy\times\left(-\dfrac{3}{2x}\right)=\mathbf{-6y}$

練習問題　　3 単項式の乗法，除法　p.22

1 次の計算をしなさい。

(1) $5x\times(-2x)$　(2) $12m\div2m$　(3) $(-4x)^2$

(4) $\frac{2}{3}xy\times\frac{1}{4}x$　(5) $\frac{2}{5}x\times(-10y^2)$　(6) $\frac{5}{6}x^3\div\left(-\frac{10}{3}x\right)$

ガイド 係数どうし，文字どうしを計算します。
分数をふくむ式でわるときは，わる式の分子と分母を入れかえて乗法にして計算します。

解答

(1) $5x\times(-2x)=5\times(-2)\times x\times x$
$=\mathbf{-10x^2}$

(2) $12m\div2m=\frac{12m}{2m}$
$=\mathbf{6}$

(3) $(-4x)^2=(-4x)\times(-4x)$
$=(-4)\times(-4)\times x\times x$
$=\mathbf{16x^2}$

(4) $\frac{2}{3}xy\times\frac{1}{4}x=\frac{2}{3}\times\frac{1}{4}\times xy\times x$
$=\mathbf{\frac{1}{6}x^2y}$

(5) $\frac{2}{5}x\times(-10y^2)=\frac{2}{5}\times(-10)\times x\times y^2$
$=\mathbf{-4xy^2}$

(6) $\frac{5}{6}x^3\div\left(-\frac{10}{3}x\right)=\frac{5x^3}{6}\div\left(-\frac{10x}{3}\right)$
$=-\frac{5x^3\times3}{6\times10x}$
$=\mathbf{-\frac{1}{4}x^2}$

ミスに注意
(6) $\frac{5}{6}x^3\div\left(-\frac{10}{3}x\right)=-\frac{5x^3\times3ⓧ}{6\times10}$ と間違いやすい。$\frac{10}{3}x=\frac{10x}{3}$ だから，
$\div\frac{10}{3}x$ ➡ $\times\frac{3}{10x}$ となる。

2 次の計算をしなさい。

(1) $18xy\div(-3x)\times(-9xy)$　(2) $-12a^2\div(-6a)\div2a$

ガイド 各項の符号に注意して，まず，答えが＋か－かを決めます。
そして，乗除の混じった計算は，すべてを分数の形に表してから約分します。

解答

(1) $18xy\div(-3x)\times(-9xy)$
$=\frac{18xy\times9xy}{3x}$
$=\mathbf{54xy^2}$

(2) $-12a^2\div(-6a)\div2a$
$=\frac{12a^2}{6a\times2a}$
$=\mathbf{1}$

ミスに注意
(2) $-12a^2\div(-6a)\div2a$ のような，$A\div B\div C$ の計算では，BとCはどちらも分母になる。
$$A\div B\div C=A\times\frac{1}{B}\times\frac{1}{C}=\frac{A}{B\times C}$$

❷節 文字式の利用

どんな数になるかな？

1章 式の計算

話しあおう 教科書 p.23

連続する３つの整数の和には，どんな性質があるでしょうか。

ガイド いろいろな連続する３つの整数の和で調べてみましょう。

㋐　7＋8＋9＝24　　㋑　13＋14＋15＝42　　㋒　234＋235＋236＝705

解答例 上の㋐から㋒より，きまりを見つけると，

1. すべて，和は３の倍数になっている。
2. 連続する３つの整数の和を３でわると，３つの整数の中央の数になる。

1，2のことがいえる理由を，□を使って説明すると，

1. ３つの整数のいちばん小さい数を□とすると，３つの整数の和は，
   □＋(□＋1)＋(□＋2)＝3×□＋3＝3(□＋1)
   だから，３の倍数になる。
2. ３つの整数の中央の数を□とすると，３つの整数の和は，
   (□−1)＋□＋(□＋1)＝3×□
   だから，３つの整数の和を３でわると，３つの整数の中央の数になる。

参考 連続する３つの整数の和については，右のように，平均の考え方を使って考えることもできます。

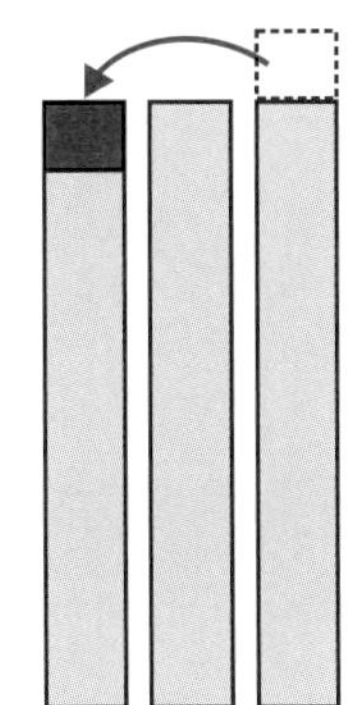

1 文字式の利用

学習のねらい

いろいろな数量を文字で表し，その式の計算を利用して，数量の関係を明らかにしたり，整数の性質を調べたりします。また，数量の関係を表す等式を変形して，文字式を利用することのよさを学習します。

教科書のまとめ　テスト前にチェック

□文字を使って表す
▶m，n を整数とすると，偶数は $2m$，奇数は $2n+1$ と表せたり，ある円の半径を r m とすると，円周は $2\pi r$ (m) と表せたりします。

□等式の変形
▶等式の性質を使って，等式を変形します。例えば，$x+2y=3$ の両辺から $2y$ をひくと，$x=3-2y$ と変形できます。このように，x を求める式をつくることを **x について解く** といいます。

問 1　上の説明（省略）の $3(n+1)$ という式から，連続する3つの整数の和について，3の倍数であることのほかに，どんなことがいえますか。

❓ 519は，どんな3つの連続する整数の和で表すことができるかな。

ガイド　$n+1$ は何を表しているのかを考えましょう。

解答　**$n+1$ は中央の数を表しているから，連続する3つの整数の和は，中央の数の3倍である。**

参考　❓ $519\div3=173$ だから，$172+173+174=519$　　**172，173，174**

説明しよう　教科書 p.25

連続する5つの整数の和について，どんなことが予想できるでしょうか。
また，その予想が正しいかどうかを，文字式を使って説明しましょう。

解答例　（予想）　連続する3つの整数の和が3の倍数なので，連続する5つの整数の和は5の倍数であると予想できる。

（説明）　連続する5つの整数のうち，いちばん小さい数を n と表すと，
連続する5つの整数は，

$$n,\ n+1,\ n+2,\ n+3,\ n+4$$

と表される。

これらの和は，

$$\begin{aligned} n+(n+1)+(n+2)+(n+3)+(n+4) &= 5n+10 \\ &= 5(n+2) \end{aligned}$$

$n+2$ は整数だから，$5(n+2)$ は5の倍数である。
したがって，連続する5つの整数の和は，5の倍数である。

● 偶数と奇数の和

2つの整数について，その和が偶数になるか，奇数になるか，いろいろな場合を調べましょう。

教科書 p.25

ガイド 2つの整数が，それぞれ偶数，奇数の場合に，和がどのようになるか考えます。

解答 **偶数と偶数のとき…和は偶数になる。　偶数と奇数のとき…和は奇数になる。**
奇数と偶数のとき…和は奇数になる。　奇数と奇数のとき…和は偶数になる。

問2 奇数と奇数の和は偶数になります。その理由を説明しなさい。

教科書 p.26

ガイド 2つの奇数を，2つの文字 $\boldsymbol{m}$，$\boldsymbol{n}$ を使って表して説明します。

解答 (説明)　2つの整数が，ともに奇数のとき，m，n を整数とすると，これらは，$2m+1$，$2n+1$ と表される。このとき，2数の和は，

$$\begin{aligned}(2m+1)+(2n+1)&=2m+1+2n+1\\&=2m+2n+2\\&=2(m+n+1)\end{aligned}$$

$m+n+1$ は整数だから，$2(m+n+1)$ は偶数である。
したがって，奇数と奇数の和は偶数である。

話しあおう

教科書 p.26

問2 で，奇数と奇数の和が偶数になることを，右のように（省略）説明しましたが，この説明では不十分です。なぜでしょうか。

解答例
- 2つの奇数を区別して表すためには，違う文字を使う必要があるから。
- $2n+1$ は奇数であるが，これを2つ加えているから $11+11$ のように同じ2つの奇数の和の場合しか説明しておらず，異なる2つの奇数の和については考えていないから。

● 2けたの整数の問題

2けたの正の整数と，その数の十の位の数と一の位の数を入れかえてできる数との和をいろいろ計算して，どんな数になるか予想してみましょう。

教科書 p.26

ガイド いろいろな2けたの数で調べてみましょう。

㋐ 12のとき，$12+21=33$　　㋑ 15のとき，$15+51=66$
㋒ 26のとき，$26+62=88$　　㋓ 27のとき，$27+72=99$
㋔ 28のとき，$28+82=110$　　㋕ 29のとき，$29+92=121$

解答例 上の㋐から㋕より，2数の和は11の倍数になることが予想される。

説明しよう

教科書 p.28

例題2 で，和を差にかえると，どんなことがいえるでしょうか。
またその理由も説明しましょう。

❓ ほかにいえることはないかな。

解答　(予想)　2けたの正の整数と，その数の十の位の数と一の位の数を入れかえてできる数との差は，いつも 9 の倍数になる。

(説明)　もとの数の十の位の数を a，一の位の数を b とすると，この数は，$10a+b$，十の位の数と一の位の数を入れかえてできる数は，$10b+a$ と表される。このとき，この2数の差は，

$$(10a+b)-(10b+a)=9a-9b$$
$$=9(a-b)$$

$a-b$ は整数だから，$9(a-b)$ は9の倍数である。
したがって，2けたの正の整数と，その数の十の位の数と一の位の数を入れかえてできる数との差は9の倍数である。

❓ 求めた差は，十の位の数と一の位の数の差の9倍になる。

等式の変形について学びましょう。

教科書 p.28

華氏 f°F と摂氏 c°C の関係は，$f=\frac{9}{5}c+32$　……①
という式で表すことができます。ある都市の気温が 68°F であるとき，この温度は何°C でしょうか。(一部省略)

ガイド　①の式の f に 68 を代入します。

解答　①の式の左辺と右辺を入れかえて，f に 68を代入すると，$\frac{9}{5}c+32=68$

左辺の 32 を右辺に移項して，右辺を整理すると，$\frac{9}{5}c=36$

両辺に $\frac{5}{9}$ をかけると，$c=20$　　<u>**20°C**</u>

問3

教科書 p.29

前ページ(教科書 p.28)の摂氏(°C)と華氏(°F)の関係から，ある都市の気温が 59°Fのとき，この温度は何°C ですか。また，気温が 35°C のとき，この温度は何°F ですか。

ガイド　$c=\frac{5}{9}(f-32)$，$f=\frac{9}{5}c+32$ から，$f=59$ や $c=35$ のときを求めます。

解答　$c=\frac{5}{9}(f-32)$ に $f=59$ を代入すると，

$c=\frac{5}{9}(59-32)=15$　　<u>**15°C**</u>

$f=\frac{9}{5}c+32$ に $c=35$ を代入すると，

$f=\frac{9}{5}\times35+32=95$　　<u>**95°F**</u>

問4 次の等式を，〔　〕内の文字について解きなさい。 教科書 p.29

(1) $y=ax$ 〔a〕　(2) $\ell=2\pi r$ 〔r〕

(3) $x+y=6$ 〔x〕　(4) $2x-y=3$ 〔y〕

ガイド 等式の性質を使って，まず左辺が〔　〕内の文字をふくむ項だけになるように変形します。

解答 (1) $y=ax$
$ax=y$　（左辺と右辺を入れかえる。）
$\boldsymbol{a=\dfrac{y}{x}}$

(2) $\ell=2\pi r$
$2\pi r=\ell$　（左辺と右辺を入れかえる。）
$\boldsymbol{r=\dfrac{\ell}{2\pi}}$

(3) $x+y=6$
$\boldsymbol{x=6-y}$

(4) $2x-y=3$
$-y=3-2x$
$\boldsymbol{y=2x-3}$

練習問題　1 文字式の利用 p.29

1 次の等式を，〔　〕内の文字について解きなさい。

(1) $\ell=2(a+b)$ 〔a〕　(2) $4x+2y=1$ 〔y〕

ガイド まず左辺が〔　〕内の文字をふくむ項だけになるように変形します。

解答 (1) $\ell=2(a+b)$
$2(a+b)=\ell$　（左辺と右辺を入れかえる。）
$a+b=\dfrac{\ell}{2}$
$\boldsymbol{a=\dfrac{\ell}{2}-b\ \left(a=\dfrac{\ell-2b}{2}\right)}$

(2) $4x+2y=1$
$2y=1-4x$
$\boldsymbol{y=\dfrac{1}{2}-2x\ \left(y=\dfrac{1-4x}{2}\right)}$

2 右の図の △ABC で，
△ABD の面積を S_1，△ADC の面積を S_2 とするとき，

$S_1:S_2=a:b$ ……①

となることを説明しなさい。
また，①の比例式を，S_1 について解きなさい。

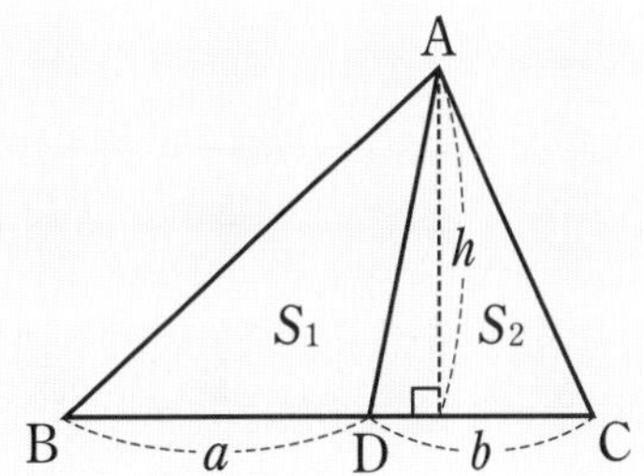

ガイド 面積 S_1，S_2 を，a，b を使って表して考えます。

解答 S_1 は $\dfrac{1}{2}ah$，S_2 は $\dfrac{1}{2}bh$ と表せるので，$S_1:S_2=\dfrac{1}{2}ah:\dfrac{1}{2}bh=a:b$

また，$S_1:S_2=a:b$ より，$bS_1=aS_2$

$$\boldsymbol{S_1=\frac{a}{b}S_2}$$

1章 章末問題　学びをたしかめよう

教科書 p.30〜31

次の多項式は何次式ですか。

(1)　$ab+c-d$　　(2)　$x^2y-xy+1$

ガイド　各項のかけあわされている文字の個数のもっとも多いものが，その多項式の次数です。

解答　(1)　**二次式**　　(2)　**三次式**

p.14 問2

2

次の式の同類項をまとめなさい。

(1)　$3x-7y+4x$　　(2)　$8a-b-7a+2b$

(3)　$-5x+9y+3x-8y$　　(4)　$3x^2-5x-2x^2+x$

(5)　$8a^2-5a-2+7a$　　(6)　$4x-2y-7+2x$

ガイド　同類項は，1つの項にまとめます。同類項の係数どうしを計算します。

解答

p.15 問4

(1)　$3x-7y+4x$
$=3x+4x-7y$
$=\mathbf{7x-7y}$

(2)　$8a-b-7a+2b$
$=8a-7a-b+2b$
$=\mathbf{a+b}$

(3)　$-5x+9y+3x-8y$
$=-5x+3x+9y-8y$
$=\mathbf{-2x+y}$

(4)　$3x^2-5x-2x^2+x$
$=3x^2-2x^2-5x+x$
$=\mathbf{x^2-4x}$

(5)　$8a^2-5a-2+7a$
$=8a^2-5a+7a-2$
$=\mathbf{8a^2+2a-2}$

(6)　$4x-2y-7+2x$
$=4x+2x-2y-7$
$=\mathbf{6x-2y-7}$

3

次の2つの多項式をたしなさい。また，左の式から右の式をひきなさい。

(1)　$3a+2b$，$a-4b$　　(2)　$x-4y$，$-2x+3y$

ガイド　それぞれの式にかっこをつけて加法，減法の式に表し，**2** と同様に計算します。かっこをはずすとき，符号に注意しましょう。

解答

p.15 問5

(1)　$(3a+2b)+(a-4b)$
$=3a+2b+a-4b$
$=\mathbf{4a-2b}$

$(3a+2b)-(a-4b)$
$=3a+2b-a+4b$
$=\mathbf{2a+6b}$

(2)　$(x-4y)+(-2x+3y)$
$=x-4y-2x+3y$
$=\mathbf{-x-y}$

p.16 問6

$(x-4y)-(-2x+3y)$
$=x-4y+2x-3y$
$=\mathbf{3x-7y}$

次の計算をしなさい。

(1)
$$\begin{array}{rr} & 3x+4y \\ +) & 2x-2y \\ \hline \end{array}$$

(2)
$$\begin{array}{rr} & a-2b \\ -) & -a-3b \\ \hline \end{array}$$

(3)
$$\begin{array}{rr} & 7x \\ +) & 3x-6y \\ \hline \end{array}$$

(4)
$$\begin{array}{rr} & 4a+6b \\ -) & a+6b-5 \\ \hline \end{array}$$

ガイド 上下の同類項を計算し，答えが0になるところがあれば，あけておきます。

解答

(1)
$$\begin{array}{rr} & 3x+4y \\ +) & 2x-2y \\ \hline & \mathbf{5x+2y} \end{array}$$

(2)
$$\begin{array}{rr} & a-2b \\ -) & -a-3b \\ \hline & \mathbf{2a+\ b} \end{array}$$

p.16 問7

(3)
$$\begin{array}{rr} & 7x \\ +) & 3x-6y \\ \hline & \mathbf{10x-6y} \end{array}$$

(4)
$$\begin{array}{rr} & 4a+6b \\ -) & a+6b-5 \\ \hline & \mathbf{3a\qquad +5} \end{array}$$

次の計算をしなさい。

(1) $5(4a-5b)$　(2) $-3(4x-9y)$

(3) $(-28x+21y)\div 7$　(4) $(36a-24b)\div(-4)$

(5) $5x+2(x-2y)$　(6) $2(2x-y)+(5x-y)$

(7) $3(x+y)-3(x-y)$　(8) $5(4a+b)-6(5a-b+3)$

(9) $\frac{1}{2}(4x-y)+\frac{1}{3}(x+2y)$　(10) $\frac{3a-4b}{4}-\frac{a-b}{2}$

ガイド 数×多項式 の計算をしてから，同類項をまとめて計算します。

解答

(1) $5(4a-5b)=\mathbf{20a-25b}$

(2) $-3(4x-9y)=\mathbf{-12x+27y}$

(3) $(-28x+21y)\div 7=\mathbf{-4x+3y}$

(4) $(36a-24b)\div(-4)=\mathbf{-9a+6b}$

(1)〜(4) p.17 問1

(5) $5x+2(x-2y)$

$=5x+2x-4y$

$=\mathbf{7x-4y}$

(6) $2(2x-y)+(5x-y)$

$=4x-2y+5x-y$

$=\mathbf{9x-3y}$

(7) $3(x+y)-3(x-y)$

$=3x+3y-3x+3y$

$=\mathbf{6y}$

(8) $5(4a+b)-6(5a-b+3)$

$=20a+5b-30a+6b-18$

$=\mathbf{-10a+11b-18}$

(5)〜(8) p.18 問2

(9) $\frac{1}{2}(4x-y)+\frac{1}{3}(x+2y)$

$=2x-\frac{1}{2}y+\frac{1}{3}x+\frac{2}{3}y$

$=\mathbf{\frac{7}{3}x+\frac{1}{6}y}\ \left(\mathbf{\frac{14x+y}{6}}\right)$

(10) $\frac{3a-4b}{4}-\frac{a-b}{2}$

$=\frac{3a-4b-2(a-b)}{4}$

$=\mathbf{\frac{a-2b}{4}}\ \left(\mathbf{\frac{1}{4}a-\frac{1}{2}b}\right)$

(9) p.18 問3

(10) p.18 問4

6 $a=3$，$b=-\dfrac{1}{2}$ のとき，次の式の値を求めなさい。

(1) $2a-7b-a+3b$　　(2) $3(a-2b)-(5a+2b)$

ガイド 同類項をまとめ，式を計算してから，a と b の値を代入して計算します。

解答

(1) $2a-7b-a+3b$

$=a-4b$

$=3-4\times\left(-\dfrac{1}{2}\right)$

$=3+2$

$=\mathbf{5}$

(2) $3(a-2b)-(5a+2b)$

$=3a-6b-5a-2b$

$=-2a-8b$

$=-2\times3-8\times\left(-\dfrac{1}{2}\right)$

$=-6+4$

$=\mathbf{-2}$

p.19 問5

7 次の計算をしなさい。

(1) $2a\times(-9b)$　　(2) $(-6x)\times(-3y)$

(3) $(-2a)^2$　　(4) $(-4x)^2\times y$

(5) $12ab\div3b$　　(6) $3x^2\div x$

(7) $-\dfrac{2}{5}x^2\div\dfrac{3}{2}x$　　(8) $8x^3\div\dfrac{2}{7}x$

(9) $5a\times2ab\times3b$　　(10) $14x^2\div(-7x)\times(-2x)$

(11) $7a^2\times6b\div3a$　　(12) $18x^2y\div3xy\div(-2x)$

ガイド 除法がふくまれているときは，分数の形にしてから約分します。
符号は，最初に決めておくと，間違いが少なくなります。

解答

(1) $2a\times(-9b)$

$=2\times(-9)\times a\times b$

$=\mathbf{-18ab}$

(2) $(-6x)\times(-3y)$

$=(-6)\times(-3)\times x\times y$

$=\mathbf{18xy}$

(1)，(2) p.20 問1

(3) $(-2a)^2$

$=(-2a)\times(-2a)$

$=(-2)\times(-2)\times a\times a$

$=\mathbf{4a^2}$

(4) $(-4x)^2\times y$

$=(-4x)\times(-4x)\times y$

$=(-4)\times(-4)\times x\times x\times y$

$=\mathbf{16x^2y}$

(3)，(4) p.21 問2

(5) $12ab\div3b$

$=\dfrac{\overset{4}{\cancel{12}}a\overset{1}{\cancel{b}}}{\underset{1}{\cancel{3}}\underset{1}{\cancel{b}}}$

$=\mathbf{4a}$

(6) $3x^2\div x$

$=\dfrac{3\overset{x}{\cancel{x^2}}}{\underset{1}{\cancel{x}}}$

$=\mathbf{3x}$

(5)，(6) p.21 問3

(7) $-\dfrac{2}{5}x^2\div\dfrac{3}{2}x$

$=-\dfrac{2x^2}{5}\div\dfrac{3x}{2}$

$=-\left(\dfrac{2x^2}{5}\times\dfrac{2}{3x}\right)$

$=-\dfrac{2x^2\times2}{5\times3x}$

$=\boldsymbol{-\dfrac{4}{15}x}$

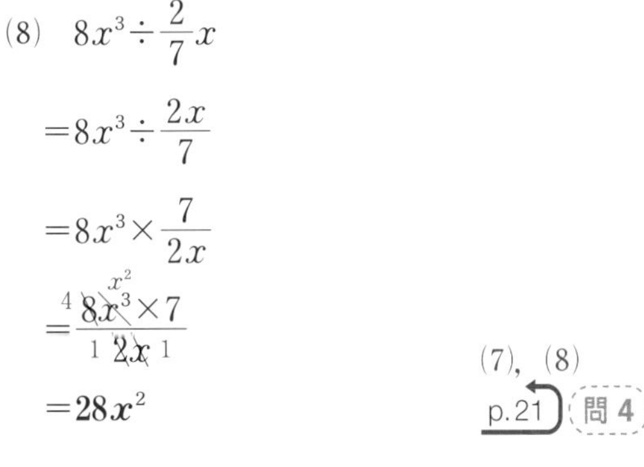

(8) $8x^3\div\dfrac{2}{7}x$

$=8x^3\div\dfrac{2x}{7}$

$=8x^3\times\dfrac{7}{2x}$

$=\dfrac{8x^3\times7}{2x}$

$=\boldsymbol{28x^2}$

(7), (8) p.21 問4

(9) $5a\times2ab\times3b$

$=5\times2\times3\times a\times ab\times b$

$=\boldsymbol{30a^2b^2}$

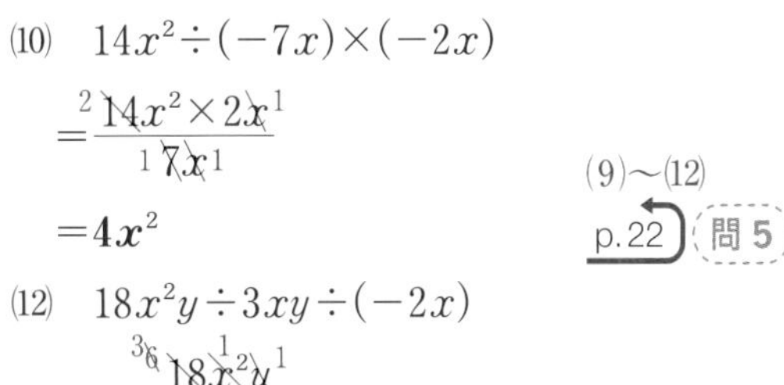

(10) $14x^2\div(-7x)\times(-2x)$

$=\dfrac{14x^2\times2x}{7x}$

$=\boldsymbol{4x^2}$

(9)〜(12) p.22 問5

(11) $7a^2\times6b\div3a$

$=\dfrac{7a^2\times6b}{3a}$

$=\boldsymbol{14ab}$

(12) $18x^2y\div3xy\div(-2x)$

$=-\dfrac{18x^2y}{3xy\times2x}$

$=\boldsymbol{-3}$

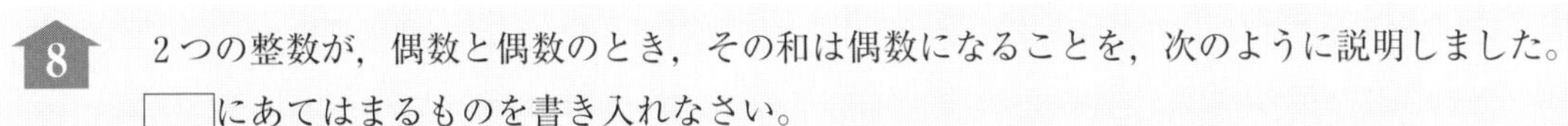

8 2つの整数が，偶数と偶数のとき，その和は偶数になることを，次のように説明しました。
□にあてはまるものを書き入れなさい。

> m，n を整数とすると，2つの偶数は，□，□と表される。
> このとき，2数の和は，□＋□＝□$(m+n)$
> $m+n$ は整数だから，□$(m+n)$ は偶数である。
> したがって，偶数と偶数の和は偶数である。

ガイド 偶数は，2でわり切れる数なので，2×整数 と表すことができます。2つの整数 m，n を使って2つの偶数を表し，その和を計算して，結果が 2×整数 であることがいえればよいのです。
そのために，整数と整数の和は整数であることを使います。

解答 順に，$\boldsymbol{2m}$，$\boldsymbol{2n}$，$\boldsymbol{2m}$，$\boldsymbol{2n}$，**2**，**2**

p.26 問2

9 等式 $7x+y=4$ を，y について解きなさい。
また，等式 $7x+y=4$ を，x について解きなさい。

ガイド 等式の性質を使って，左辺に y や x だけが残るように変形します。

解答

$7x+y=4$

$7x$ を移項して，$\boldsymbol{y=4-7x}$

$7x+y=4$

y を移項して，$7x=4-y$

両辺を7でわって，$\boldsymbol{x=\dfrac{4-y}{7}}$ $\left(\boldsymbol{x=\dfrac{4}{7}-\dfrac{y}{7}}\right)$

p.29 問4

1章 式の計算

1章 章末問題　学びを身につけよう

教科書 p. 32〜33

次の計算をしなさい。

(1) $0.7x+y-(-1.4x+y)$

(2) $-x^2y\div2x\div(-3y)$

(3) $m-10n-6(2m-n)$

(4) $(-a)^2\times2a$

(5) $\dfrac{5x-3y}{2}-\dfrac{8x-4y}{3}+x$

(6) $\dfrac{2}{5}a^2\div\dfrac{3}{10}b\times(-6ab)$

(7) $(-xy)\times(-10xy^2)\div5x^2$

(8) $3x^2+3x+1-(4x+2x^2)$

(9)
$$\begin{array}{rr} & 25x-\ \ 3y+6 \\ -) & 5x-10y+6 \\ \hline \end{array}$$

(10)
$$\begin{array}{rr} & 0.8x-0.5y-0.3 \\ +) & 0.2x+0.5y+2 \\ \hline \end{array}$$

ガイド　加法や減法では，符号に注意してかっこをはずし，同類項をまとめます。
除法がふくまれているときは，分数の形にしてから約分します。

解答

(1) $0.7x+y-(-1.4x+y)$

$=0.7x+y+1.4x-y$

$=\boldsymbol{2.1x}$

(2) $-x^2y\div2x\div(-3y)$

$=\dfrac{x^2y}{2x\times3y}$

$=\boldsymbol{\dfrac{x}{6}}$

(3) $m-10n-6(2m-n)$

$=m-10n-12m+6n$

$=\boldsymbol{-11m-4n}$

(4) $(-a)^2\times2a$

$=a^2\times2a$

$=\boldsymbol{2a^3}$

(5) $\dfrac{5x-3y}{2}-\dfrac{8x-4y}{3}+x$

$=\dfrac{3(5x-3y)-2(8x-4y)+6x}{6}$

$=\dfrac{15x-9y-16x+8y+6x}{6}$

$=\boldsymbol{\dfrac{5x-y}{6}}$

(6) $\dfrac{2}{5}a^2\div\dfrac{3}{10}b\times(-6ab)$

$=\dfrac{2a^2}{5}\times\dfrac{10}{3b}\times(-6ab)$

$=-\dfrac{2a^2\times10\times6ab}{5\times3b}$

$=\boldsymbol{-8a^3}$

(7) $(-xy)\times(-10xy^2)\div5x^2$

$=\dfrac{xy\times10xy^2}{5x^2}$

$=\boldsymbol{2y^3}$

(8) $3x^2+3x+1-(4x+2x^2)$

$=3x^2+3x+1-4x-2x^2$

$=\boldsymbol{x^2-x+1}$

(9)
$$\begin{array}{r} 25x-\ 3y+6 \\ -)\ \ 5x-10y+6 \\ \hline \mathbf{20x+\ 7y} \end{array}$$

(10)
$$\begin{array}{r} 0.8x-0.5y-0.3 \\ +)\ 0.2x+0.5y+2 \\ \hline \mathbf{x\qquad +1.7} \end{array}$$

参考　(9)の減法は右のように，下の式の符号をすべて反対にして，加法で計算してもかまいません。

$$\begin{array}{r} 25x-\ 3y+6 \\ +)\ -\ 5x+10y-6 \\ \hline 20x+\ 7y \end{array}$$

2　$x=0.8$，$y=2.5$ のとき，次の式の値を求めなさい。

(1)　$-2(6x-2y)+2(x+3y)$　　(2)　$-14xy^2\div 2xy\times(-5x)$

ガイド　式を計算してから，x と y の値をそれぞれの文字に代入します。

解答　(1)　$-2(6x-2y)+2(x+3y)$

$=-12x+4y+2x+6y$

$=-10x+10y$

$=-10\times 0.8+10\times 2.5$

$=-8+25$

$\mathbf{=17}$

(2)　$-14xy^2\div 2xy\times(-5x)$

$=\dfrac{14xy^2\times 5x}{2xy}$

$=35xy$

$=35\times 0.8\times 2.5$

$\mathbf{=70}$

3　次の等式を，〔　〕内の文字について解きなさい。

(1)　$-a+2b=5$　〔a〕　　(2)　$12x+3y=11$　〔y〕

(3)　$S=\dfrac{1}{2}ah$　〔h〕　　(4)　$m=\dfrac{a+b}{2}$　〔b〕

ガイド　等式の性質を使って，左辺が〔　〕内に示された文字だけになるように変形します。
(3)，(4)のように，左辺に〔　〕内の文字がない場合は，左辺と右辺を入れかえて考えます。

解答　(1)　$-a+2b=5$

$-a=5-2b$

$\boldsymbol{a=2b-5}$

(2)　$12x+3y=11$

$3y=11-12x$

$\boldsymbol{y=\dfrac{11-12x}{3}}$

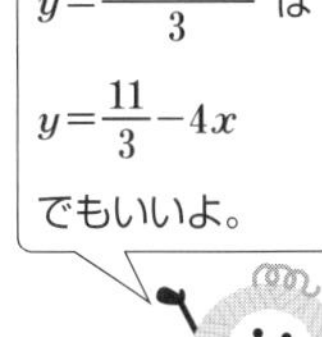

$y=\dfrac{11-12x}{3}$ は
$y=\dfrac{11}{3}-4x$
でもいいよ。

(3)　$S=\dfrac{1}{2}ah$

$\dfrac{1}{2}ah=S$

$ah=2S$

$\boldsymbol{h=\dfrac{2S}{a}}$

(4)　$m=\dfrac{a+b}{2}$

$\dfrac{a+b}{2}=m$

$a+b=2m$

$\boldsymbol{b=2m-a}$

4 12，14，16 のような連続する 3 つの偶数の和が，中央の偶数の 3 倍になることを，文字式を使って説明するために，次のように考えます。

> ① 連続する 3 つの偶数のうち，いちばん小さい偶数を $2n$ として，
> 連続する 3 つの偶数を $2n$，$2n+2$，$2n+4$ と表す。
> ② それらの和が中央の偶数の 3 倍になることを示すために，
> それらの和を 3×(　　　) の形の式に変形する。

(1) 上の　　　にあてはまる式を，n を使って表しなさい。

(2) 上の方法で，連続する 3 つの偶数の和は，中央の偶数の 3 倍になることを説明しなさい。

ガイド 連続する 3 つの偶数の和や，中央の偶数の 3 倍は，文字式でどのように表されるかを考えます。

解答 (1) $\boldsymbol{2n+2}$

(2) （説明）n を整数とすると，連続する 3 つの偶数は，$2n$，$2n+2$，$2n+4$ と表される。

このとき，これらの和は，

$$
\begin{aligned}
2n+(2n+2)+(2n+4)&=2n+2n+2+2n+4\\
&=6n+6\\
&=3(2n+2)
\end{aligned}
$$

$2n+2$ は，中央の偶数だから，$3(2n+2)$ は中央の偶数の 3 倍である。

したがって，連続する 3 つの偶数の和は，中央の偶数の 3 倍になる。

5 カレンダーで，右の図のように四角形で囲んだ 4 つの数の和を計算すると，答えはいつも 4 の倍数になっています。

このことを，文字式を使って説明しなさい。

日	月	火	水	木	金	土
		1	2	3	4	5
6	7	8	9	10	11	12
13	14	15	16	17	18	19
20	21	22	23	24	25	26
27	28	29	30			

ガイド 四角形で囲んだ 4 つの数のいちばん小さい数を $\boldsymbol{n}$ とすると，4 つの数の和は文字式でどのように表されるかを考えます。

解答 （説明）n を整数とすると，四角形で囲んだ 4 つの数は，

n，$n+1$，$n+7$，$n+8$ と表される。このとき，これらの和は，

$$
\begin{aligned}
n+(n+1)+(n+7)+(n+8)&=n+n+1+n+7+n+8\\
&=4n+16\\
&=4(n+4)
\end{aligned}
$$

$n+4$ は整数だから，$4(n+4)$ は 4 の倍数である。

したがって，四角形で囲んだ 4 つの数の和は，4 の倍数になる。

6 3けたの正の整数で，374や561のように，百の位の数と一の位の数の和が十の位の数になっている数は，11の倍数であることを，文字式を使って説明しなさい。

ガイド 百の位の数と一の位の数の和が十の位の数になっている数は，文字式でどのように表されるかを考えます。

解答 (説明) 百の位の数を a，一の位の数を b とすると，十の位の数は $a+b$ となるので，この数は，$100a+10(a+b)+b$ と表される。

$$
\begin{aligned}
100a+10(a+b)+b &= 100a+10a+10b+b \\
&= 110a+11b \\
&= 11(10a+b)
\end{aligned}
$$

$10a+b$ は整数だから，$11(10a+b)$ は11の倍数である。

したがって，3けたの正の整数で，百の位の数と一の位の数の和が十の位の数になっている数は，11の倍数である。

7 直径ABの長さが12 cmの円Oがあります。

ABを2つの線分ACとCBに分け，それぞれを直径とする円P，Qを，円Oの中にかきます。AからBまで行くのに，アのように行くのと，イのように行くのとでは，どちらが近いですか。

円Pの直径を $2r$ cmとして考えなさい。

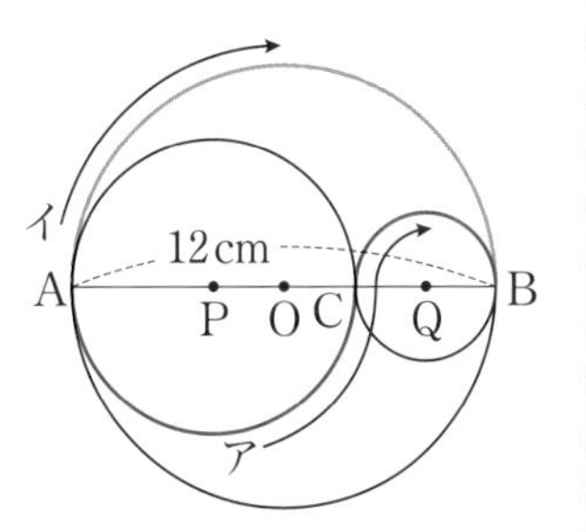

ガイド アの行き方とイの行き方を，それぞれ r を使って式に表します。アは，円Pの円周の $\frac{1}{2}$ と円Qの円周の $\frac{1}{2}$ の合計の長さ，イは，円Oの円周の $\frac{1}{2}$ の長さになっています。

解答 円Pの直径を $2r$ cmとしたとき，円Pの半径は，$2r\times\frac{1}{2}=r$ (cm)，

円Qの半径は，$(12-2r)\times\frac{1}{2}=6-r$ (cm) と表される。

アの行き方は，
$$
\begin{aligned}
2\pi r\times\frac{1}{2}+2\pi(6-r)\times\frac{1}{2} &= \pi r+6\pi-\pi r \\
&= 6\pi \text{ (cm)}
\end{aligned}
$$

イの行き方は，$12\pi\times\frac{1}{2}=6\pi$ (cm)

したがって，**どちらも同じ**である。

8 底面の半径が r，高さが h の円柱Aがあります。
円柱Aの底面の半径を2倍にし，
高さを半分にした円柱Bをつくります。
円柱A，Bについて，次の(ア)〜(オ)のうち，正しいものをすべて選びなさい。

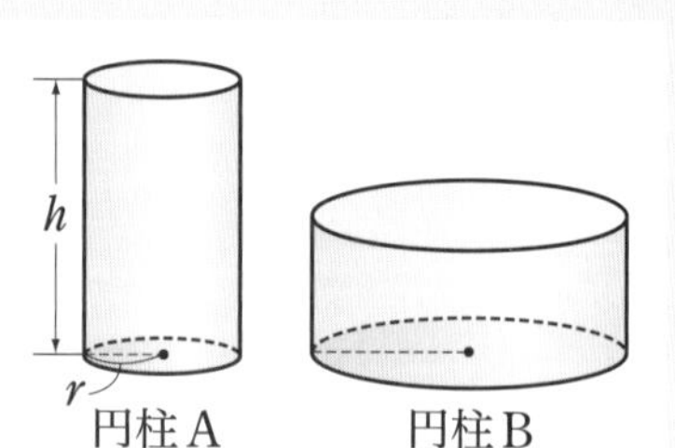

(ア) どちらの体積も同じである。
(イ) 円柱Bの体積は，円柱Aの体積の2倍である。
(ウ) 円柱Aの体積は，円柱Bの体積の3倍である。
(エ) 円柱Bの底面積は，円柱Aの底面積の4倍である。
(オ) 円柱Aと円柱Bで，どちらの側面積が大きいかは，r と h の値によって変わる。

ガイド 円柱AとBの体積，底面積，側面積を，半径 r と高さ h の文字を使って表してみましょう。

解答

Aの体積……$\pi\times r^2\times h=\pi r^2h$
Aの底面積…$\pi\times r^2=\pi r^2$
Aの側面積…$2\pi\times r\times h=2\pi rh$

Bの体積……$\pi\times(2r)^2\times\frac{1}{2}h=2\pi r^2h$
Bの底面積…$\pi\times(2r)^2=4\pi r^2$
Bの側面積…$2\pi\times 2r\times\frac{1}{2}h=2\pi rh$

$\dfrac{\text{Bの体積}}{\text{Aの体積}}=\dfrac{2\pi r^2h}{\pi r^2h}=2$（倍）

$\dfrac{\text{Bの底面積}}{\text{Aの底面積}}=\dfrac{4\pi r^2}{\pi r^2}=4$（倍）

$\dfrac{\text{Bの側面積}}{\text{Aの側面積}}=\dfrac{2\pi rh}{2\pi rh}=1$（倍）

(イ)，(エ)

文字式の文字には何を使う？

数学の学習では，式の計算のためのいろいろな文字が出てきます。そのほとんどは英語のアルファベットですが，これは明治以降，数学を西洋から学んできたので，その影響（えいきょう）によると思われます。

同じアジアの国の中国や韓国（かんこく）でも事情は同じで，数式で使われる文字はおもにアルファベットで，しかも同じようなところに文字を使っています。

例えば，交換法則を表す式 $a+b=b+a$ や分配法則を表す式 $a(b+c)=ab+ac$ などは，日本と同じように，a，b，c を使って，このように表しています。

数学における文字は，基本的には，使う人が好きな文字を，好きなように使えばよいのですが，それでもいつのまにか習慣化し，規則のようになっている文字もあります。例えば，英語のアルファベットではありませんが，円周率を表す文字 π は世界共通で，これ以外の文字で円周率を表した例は見あたりません。π はギリシア語のアルファベットの16番目の文字で，英語のアルファベット p にあたります。これは，円周率を表すギリシア語の頭（かしら）文字だといわれています。

π は特別ですが，もっと軽い意味で，次のような役割分担があることがうかがえます。

- a，b，c などアルファベットの前の方の文字は定数を表すのに使われ，x，y，z など後ろの方の文字は変数，または，未知数に使われます。
- 自然数 (natural number) を表す文字 n や，半径 (radius) を表す r，時間，または時刻 (time) を表す t，周 (lap) を表す ℓ などは，いずれも英語の頭文字からきています。ほかにも，この種の文字として，面積の S，体積の V などがあります。

2章 連立方程式

❶節 連立方程式

班の数はいくつ？

けいたさんとかりんさんのクラスの人数は，全部で 36 人です。
この 36 人を，4 人班と 3 人班に分けることになりました。

班分けについてみんなで話をしていたときに，先生から，班の数を全部で 10 班にするようにいわれました。

話しあおう 教科書 p.35

3 人班の数と 4 人班の数を求めるには，どうすればよいでしょうか。

解答例 〈Aさんの考え〉 全部 3 人班とすると，$36\div3=12$ (班) になる。ところが，10 班にするので，$12-10=2$ (班) 分の人を 10 班に入れなければならない。

だから，4 人班の数は $2\times3=6$ (班)，3 人班の数は $10-6=4$ (班) とすればよい。

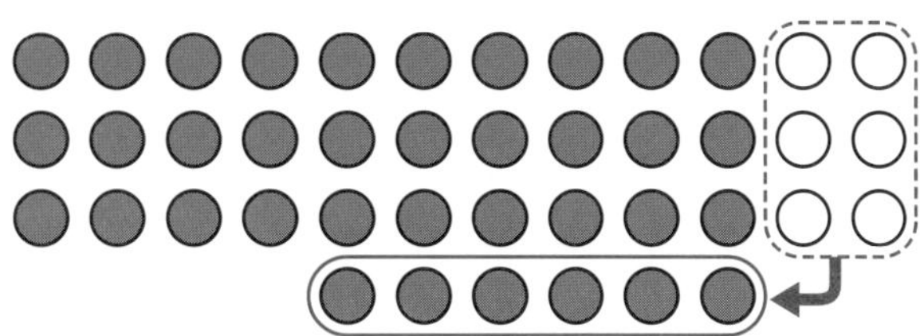

〈Bさんの考え〉 1 年生で習った一次方程式を使って解く。

3 人班の数を x 班とすると，4 人班の数は $(10-x)$ 班だから，クラスの人数は $3x+4(10-x)$ になって，次の方程式が成り立つ。

$$3x+4(10-x)=36$$

これを解いて，$x=4$

だから，3 人班の数は 4 班，4 人班の数は $10-4=6$ (班) とすればよい。

〈Cさんの考え〉 式はつくったけれど，解き方がわからない。

3 人班の数を x 班，4 人班の数を y 班として，

クラスの人数の関係を式に表すと，$3x+4y=36$

班の数の関係を式に表すと，$x+y=10$

と 2 つの式ができる。

この 2 つの式から答えを求めることができるのかな。

(Aさん，Bさんの考えから，) **3 人班の数は 4 班，4 人班の数は 6 班**

1 連立方程式とその解

学習のねらい

2つの文字をふくむ方程式のつくり方や，1つのことがらについて，2つの文字をふくむ2つの方程式をつくり，それを解いて2つの文字の値を求める方法を学習します。

教科書のまとめ　テスト前にチェック

□二元一次方程式　▶2つの文字をふくむ一次方程式を，**二元一次方程式**といいます。

□二元一次方程式の解　▶二元一次方程式があるとき，これを成り立たせる文字の値の組を，その方程式の**解**といいます。二元一次方程式の解はたくさんあります。

□連立方程式　▶2つの方程式を組にしたものを，**連立方程式**といいます。

□連立方程式の解　▶2つの方程式のどちらも成り立たせる文字の値の組を，**連立方程式の解**といい，その解を求めることを，**連立方程式を解く**といいます。

2つの文字をふくむ方程式とその解について学びましょう。

前ページ(教科書 p.34〜35)の問題で，点字体験をする4人班の数をx班，車いす体験をする3人班の数をy班とすると，クラスの人数が36人であることから，xとyの関係は，どんな等式で表すことができるでしょうか。　教科書 p.36

ガイド　4人班の人数は$4x$(人)，3人班の人数は$3y$(人)，クラスの人数は全部で36人であることから，等式をつくります。

解答　$4x+3y=36$

問1　下の表は，xの値が0，1，2，……のとき，上の二元一次方程式①($4x+3y=36$)を成り立たせるyの値を求めたものです。下の表の空欄をうめなさい。　教科書 p.36

x	0	1	2	3	4	5	6	7	8
y	12	$\frac{32}{3}$							

ガイド　$4x+3y=36$ で，$x=2$，3，4，……，8のときのyの値を求めます。

解答　$x=2$ のとき，$4\times2+3y=36$　$y=\frac{28}{3}$

$x=3$ のとき，$4\times3+3y=36$　$y=8$

⋮

$x=8$ のとき，$4\times8+3y=36$　$y=\frac{4}{3}$

x	0	1	2	3	4	5	6	7	8
y	12	$\frac{32}{3}$	$\frac{28}{3}$	8	$\frac{20}{3}$	$\frac{16}{3}$	4	$\frac{8}{3}$	$\frac{4}{3}$

問 2 xの値が0, 1, 2, ……のとき，二元一次方程式②（$x+y=10$）を成り立たせるyの値を求め，下の表に書き入れなさい。 教科書 p.37

x	0	1	2	3	4	5	6	7	8
y									

ガイド $x+y=10$ で，$x=0$，1，2，3，……，8のときのyの値を求めます。

解答

x	0	1	2	3	4	5	6	7	8
y	10	9	8	7	6	5	4	3	2

問 3 前ページ（教科書 p.36）の表と上の表から，二元一次方程式①と②の両方を成り立たせるx，yの値の組を見つけなさい。（表は省略） 教科書 p.37

ガイド 問 1 の解と 問 2 の解に共通するx，yの値の組を見つけます。

解答 (6，4)

問 4 次の(ア)～(ウ)のうち，x，yの値の組(3，4)が解である連立方程式を選びなさい。 教科書 p.38

(ア) $\begin{cases} x+y=7 \\ x+2y=8 \end{cases}$　(イ) $\begin{cases} 3x-y=4 \\ 2x-5y=7 \end{cases}$　(ウ) $\begin{cases} 4x-y=8 \\ -x+3y=9 \end{cases}$

ガイド 連立方程式の解は，2つの方程式のどちらも成り立たせる文字の値の組だから，両方の方程式にx，yの値を代入して，左辺と右辺が等しくなるかどうかを調べます。

解答 それぞれの連立方程式の上の式を①，下の式を②とする。

(ア) ①に，$x=3$，$y=4$ を代入すると，左辺$=3+4=7$，右辺$=7$

左辺＝右辺となるから，(3，4)は①の解である。

②に，$x=3$，$y=4$ を代入すると，左辺$=3+2\times4=11$，右辺$=8$

左辺と右辺が等しくならないから，(3，4)は②の解ではない。

よって，(3，4)は連立方程式(ア)の解ではない。

(イ) ①に，$x=3$，$y=4$ を代入すると，左辺$=3\times3-4=5$，右辺$=4$

よって，(3，4)は連立方程式(イ)の解ではない。

(ウ) ①に，$x=3$，$y=4$ を代入すると，左辺$=4\times3-4=8$，右辺$=8$

②に，$x=3$，$y=4$ を代入すると，左辺$=-3+3\times4=9$，右辺$=9$

どちらも 左辺＝右辺 となるから，(3，4)は①の解でも②の解でもある。

よって，(3，4)は連立方程式(ウ)の解である。

(ウ)

練習問題　　1 連立方程式とその解　p.38

1　二元一次方程式 $x+y=3$ の解について，次の(ア)〜(エ)のうち，正しいものを選びなさい。

(ア)　x，y の値の組 (1，2) の 1 組だけが，$x+y=3$ の解である。

(イ)　$x+y=3$ を成り立たせる整数 x，y の値の組だけが，$x+y=3$ の解である。

(ウ)　$x+y=3$ を成り立たせる x，y の値の組のすべてが，$x+y=3$ の解である。

(エ)　$x+y=3$ の解はない。

ガイド　x の値が 0，1，2，……のとき，二元一次方程式 $x+y=3$ を成り立たせる y の値を考えます。また，x の値が小数や分数のときの y の値を考えます。

解答　x の値が 0，1，2，……のとき，二元一次方程式 $x+y=3$ を成り立たせる y の値は 3，2，1，……とたくさんある。また，x の値が小数や分数のときの y の値を考えると，$x=0.5$ のとき $y=2.5$，$x=\frac{1}{3}$ のとき $y=\frac{8}{3}$ のように，たくさんある。

(ウ)

連立方程式を活用しよう。

連立方程式を使うと，ふだんの身のまわりの問題を解決することもできます。

身のまわりのことがらや実際の問題を数学を用いて解決するには，ふだんから数学的な意識をもって生活することが大切です。例えば，自宅から学校まで何 km あるとか，自分の歩く速さはどれくらいとか，そうしたことに興味をもって生活することです。

> 自宅から 10 km 離(はな)れたある町まで，はじめ 15 分歩き，途中(とちゅう)から自転車で 45 分走って着いたとします。何 km の地点で自転車に乗ったのでしょうか。

こんなことを考えることもあります。この問題が，数学の問題ならば，歩く速さや自転車の速さがわからないので解決しませんが，日常の生活の中では，ふだんの歩く速さや自転車での速さを知っていると，適当にそれらの速さを決めて，解決することも可能です。

2 連立方程式の解き方

学習のねらい

連立方程式を解くためには，文字を１つ消して，１つの文字をふくむ一次方程式にすればよいことを学習します。文字の消し方には，加減法と代入法などがあり，それらを利用して，いろいろな連立方程式を解けるようにします。

教科書のまとめ **テスト前にチェック**

□消去する ▶連立方程式から，１つの文字をふくまない方程式を導くことを，その文字を**消去**（しょうきょ）するといいます。

□加減法 ▶左辺どうし，右辺どうしを，それぞれ，たすかひくかして，１つの文字を消去する方法を**加減法**（かげんほう）といいます。

□代入法 ▶一方の式を他方の式に代入することによって，１つの文字を消去する方法を**代入法**（だいにゅうほう）といいます。

連立方程式の解き方について学びましょう。

● 加減法

教科書 p.39

鉛筆（えんぴつ）３本とノート１冊の代金は 250 円，
鉛筆１本とノート１冊の代金は 150 円です。
このとき，鉛筆１本，ノート１冊の値段は，
それぞれいくらでしょうか。

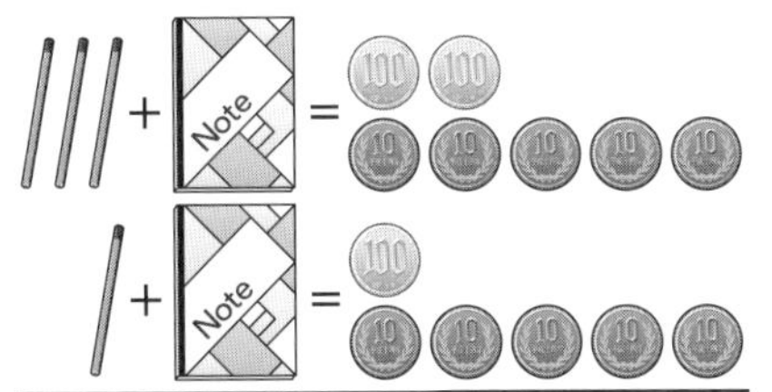

ガイド 共通のものを差しひいて，鉛筆だけの代金になるように考えます。

解答 (鉛筆３本の代金)＋(ノート１冊の代金)＝250（円）……①
(鉛筆１本の代金)＋(ノート１冊の代金)＝150（円）……②
だから，問題の図の上から下をひくと，（鉛筆２本の代金)＝100（円）になる。
したがって，鉛筆１本の値段は，100÷2＝50 (円)，
ノート１冊の値段は，150−50＝100 (円)

鉛筆１本 **50 円**，ノート１冊 **100 円**

参考 鉛筆１本の値段を x 円，ノート１冊の値段を y 円として，上の①，②を方程式にすると，次の連立方程式が得られます。

$$\begin{cases} 3x+y=250 \\ x+y=150 \end{cases}$$

上の式から下の式をひくと，$2x=100$　これを解くと，$x=50$
この値を，下の式の x に代入すると，$y=100$
これから，このような連立方程式の解き方を学習します。

問 1　次の連立方程式を，左辺どうし，右辺どうしを，それぞれひいて解きなさい。　教科書 p.40

(1) $\begin{cases} x+y=5 \\ x-3y=-3 \end{cases}$　　(2) $\begin{cases} 2x-y=-1 \\ 4x-y=-3 \end{cases}$

ガイド　左辺どうし，右辺どうしをひいて，文字を1つにして考えます。

解答　それぞれの連立方程式の上の式を①，下の式を②とする。

(1) ①の左辺から②の左辺をひくと，$(x+y)-(x-3y)=4y$

①の右辺から②の右辺をひくと，$5-(-3)=8$

したがって，$4y=8$　これを解くと，$y=2$

この値を，①の y に代入すると，$x+2=5$，$x=3$

$(x,\ y)=(3,\ 2)$

$$\begin{array}{r} x+\ y \\ -)\ x-3y \\ \hline 4y \end{array}\qquad \begin{array}{r} 5 \\ -)\ -3 \\ \hline 8 \end{array}$$

(2) ①の左辺から②の左辺をひくと，$(2x-y)-(4x-y)=-2x$

①の右辺から②の右辺をひくと，$-1-(-3)=2$

したがって，$-2x=2$，$x=-1$

この値を，①の x に代入すると，$2\times(-1)-y=-1$，$y=-1$

$(x,\ y)=(-1,\ -1)$

$$\begin{array}{r} 2x-y \\ -)\ 4x-y \\ \hline -2x \end{array}\qquad \begin{array}{r} -1 \\ -)\ -3 \\ \hline 2 \end{array}$$

問 2　次の連立方程式を，左辺どうし，右辺どうしを，それぞれたして解きなさい。　教科書 p.40

(1) $\begin{cases} x-y=8 \\ 3x+y=4 \end{cases}$　　(2) $\begin{cases} 3x+2y=5 \\ -3x+5y=2 \end{cases}$

ガイド　上下の同類項をたして，x か y の文字を消去します。

解答　それぞれの連立方程式の上の式を①，下の式を②とする。

(1) ①と②の両辺をたすと，

$$\begin{array}{rrl} & x-y & =8 \\ +) & 3x+y & =4 \\ \hline & 4x\quad & =12 \\ & x & =3 \end{array}$$

この値を，①の x に代入すると，

$3-y=8$

$y=-5$

$(x,\ y)=(3,\ -5)$

(2) ①と②の両辺をたすと，

$$\begin{array}{rrl} & 3x+2y & =5 \\ +) & -3x+5y & =2 \\ \hline & 7y & =7 \\ & y & =1 \end{array}$$

この値を，①の y に代入すると，

$3x+2=5$

$x=1$

$(x,\ y)=(1,\ 1)$

問 3　次の連立方程式を，加減法で解きなさい。　教科書 p.41

(1) $\begin{cases} 6x-y=22 \\ 6x+5y=-2 \end{cases}$　　(2) $\begin{cases} 3x-2y=19 \\ 5x+2y=21 \end{cases}$　　(3) $\begin{cases} x+y=2 \\ -x+y=-1 \end{cases}$

ガイド　上の式から下の式をひいたり，たしたりして，x か y の文字を消去します。

解答 それぞれの連立方程式の上の式を①，下の式を②とする。

(1) ①−②より，$-6y=24$，$y=-4$

この値を，①の y に代入すると，

$6x+4=22$，$6x=18$，$x=3$

$(x,\ y)=(3,\ -4)$

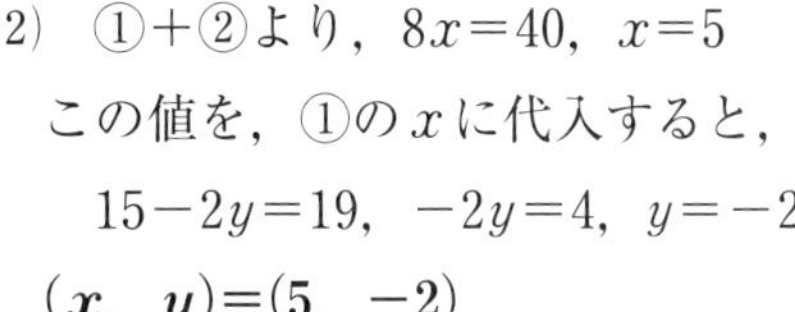

(2) ①+②より，$8x=40$，$x=5$

この値を，①の x に代入すると，

$15-2y=19$，$-2y=4$，$y=-2$

$(x,\ y)=(5,\ -2)$

(3) ①+②より，$2y=1$，$y=\dfrac{1}{2}$

この値を，①の y に代入すると，

$x+\dfrac{1}{2}=2$，$x=\dfrac{3}{2}$

$(x,\ y)=\left(\dfrac{3}{2},\ \dfrac{1}{2}\right)$

次の連立方程式は，加減法で解くことができるでしょうか。　教科書 p.41

$$\begin{cases} x+2y=4 & \cdots\cdots① \\ 2x+3y=5 & \cdots\cdots② \end{cases}$$

ガイド ①と②をそのまま，たしたり，ひいたりしても，1つの文字を消去することはできないので，①の両辺を2倍して，x の係数を②の x の係数とそろえます。

解答例 ①の両辺を2倍して，x の係数を②の x の係数とそろえて，上の式から下の式をひくと，加減法で解くことができる。

問 4 次の連立方程式を解きなさい。

(1) $\begin{cases} x+4y=7 \\ 7x+15y=36 \end{cases}$　　(2) $\begin{cases} 5x+3y=-1 \\ 2x-y=4 \end{cases}$

ガイド 一方の式の両辺を何倍かして2つの式の x または y の係数の絶対値をそろえ，1つの文字を消去します。

解答 それぞれの連立方程式の上の式を①，下の式を②とする。

(1) ①×7　$7x+28y=49$　……①′

①′−②

$$\begin{array}{rr} & 7x+28y=49 \\ -) & 7x+15y=36 \\ \hline & 13y=13 \\ & y=1 \end{array}$$

この値を，①の y に代入すると，

$x+4=7$，$x=3$

$(x,\ y)=(3,\ 1)$

(2) ②×3　$6x-3y=12$　……②′

①+②′

$$\begin{array}{rr} & 5x+3y=-1 \\ +) & 6x-3y=12 \\ \hline & 11x\qquad=11 \\ & x=1 \end{array}$$

この値を，①の x に代入すると，

$5+3y=-1$，$3y=-6$，$y=-2$

$(x,\ y)=(1,\ -2)$

問 5　次の連立方程式を解きなさい。　教科書 p.42

(1) $\begin{cases} 3x+2y=8 \\ 5x-3y=7 \end{cases}$　(2) $\begin{cases} 6x+4y=2 \\ 7x-3y=-13 \end{cases}$　(3) $\begin{cases} 9x-2y=11 \\ 4x-5y=9 \end{cases}$

ガイド　一方の式を整数倍して，たしたりひいたりしても，1つの文字を消去することができないので，xかyのどちらかの文字の係数の絶対値をそろえるために，両方の式の両辺を何倍かします。

解答　それぞれの連立方程式の上の式を①，下の式を②とする。

(1) ①×3　$9x+6y=24$　……①′

②×2　$10x-6y=14$　……②′

①′+②′　$19x=38$，$x=2$

$x=2$ を①に代入すると，

$6+2y=8$，$2y=2$，$y=1$

$(x,\ y)=(2,\ 1)$

(2) ①×3　$18x+12y=6$　……①′

②×4　$28x-12y=-52$　……②′

①′+②′　$46x=-46$，$x=-1$

$x=-1$ を①に代入すると，

$-6+4y=2$，$4y=8$，$y=2$

$(x,\ y)=(-1,\ 2)$

(3) ①×5　$45x-10y=55$　……①′

②×2　$8x-10y=18$　……②′

①′−②′　$37x=37$，$x=1$

$x=1$ を①に代入すると，$9-2y=11$，$-2y=2$，$y=-1$　$(x,\ y)=(1,\ -1)$

● 代入法

問 6　次の連立方程式を，代入法で解きなさい。　

(1) $\begin{cases} 9x-2y=12 \\ y=3x \end{cases}$　(2) $\begin{cases} x=-5y+4 \\ 2x+y=-1 \end{cases}$

❓ 加減法で解く方法とくらべてみよう。

ガイド　(1)では，下の式は $y=3x$ だから，上の式のyに$3x$を代入して，文字yを消去します。
(2)では，上の式は，$x=-5y+4$ だから，下の式のxに$-5y+4$を代入して，文字xを消去します。

解答　それぞれの連立方程式の上の式を①，下の式を②とする。

(1) ①のyに②の$3x$を代入すると，

$9x-6x=12$

$3x=12$，$x=4$

この値を，②のxに代入すると，$y=12$

$(x,\ y)=(4,\ 12)$

(2) ②のxに①の $-5y+4$ を代入すると，

$2(-5y+4)+y=-1$

$-10y+8+y=-1$

$-9y=-9$，$y=1$

この値を，①のyに代入すると，$x=-1$

$(x,\ y)=(-1,\ 1)$

❓ (1) ②×3　$-9x+3y=0$　……②′

①+②′　$y=12$

この値を，②のyに代入すると，

$12=3x$，$x=4$

(2) ①×2　$2x+10y=8$　……①′

①′−②　$9y=9$　$y=1$

この値を，①のyに代入すると，

$x=-1$

問 7 次の連立方程式を解きなさい。 教科書 p.43

(1) $\begin{cases} y-x=4 \\ 5x-3y=2 \end{cases}$　　(2) $\begin{cases} 3x+2y=-11 \\ 3y-x=0 \end{cases}$

ガイド 一方の式を1つの文字について解き，もう一方の式に代入して，1つの文字を消去します。

解答 それぞれの連立方程式の上の式を①，下の式を②とする。

(1) ①を y について解くと，

$y=4+x$ ……①′

①′を②に代入すると，

$5x-3(4+x)=2$

$2x=14$，$x=7$

$x=7$ を①′に代入すると，

$y=11$

$\boldsymbol{(x,\ y)=(7,\ 11)}$

(2) ②を x について解くと，

$x=3y$ ……②′

②′を①に代入すると，

$9y+2y=-11$

$11y=-11$，$y=-1$

$y=-1$ を②′に代入すると，

$x=-3$

$\boldsymbol{(x,\ y)=(-3,\ -1)}$

話しあおう 教科書 p.43

あなたは，次の連立方程式をどのように解きますか。
いろいろな解き方を考えてみましょう。

$\begin{cases} y=4x-11 & \cdots\cdots① \\ 8x-3y=25 & \cdots\cdots② \end{cases}$

ガイド 教科書の解き方をもとにして，xを消去することを考えてみましょう。

解答例

• ①×3　$3y=12x-33$ ……①′

①′の $12x$ を移項すると，

$-12x+3y=-33$ ……①″

①″+②　$-4x=-8$，$x=2$

$x=2$ を①に代入すると，

$y=-3$

$\boldsymbol{(x,\ y)=(2,\ -3)}$

• ①×3　$3y=12x-33$ ……①′

②の $3y$ に①′の $12x-33$ を代入すると，

$8x-(12x-33)=25$，$-4x=-8$，

$x=2$

$x=2$ を①に代入すると，

$y=-3$

$\boldsymbol{(x,\ y)=(2,\ -3)}$

いろいろな連立方程式の解き方を学びましょう。

問 8 次の連立方程式を解きなさい。 教科書 p.44

(1) $\begin{cases} 4x+7y=39 \\ 2(x-y)=3x+3y \end{cases}$　　(2) $\begin{cases} 3(x+y)=2x-1 \\ x+y=-5 \end{cases}$

(3) $\begin{cases} 3(x+2y)=5(x-4) \\ x+3y=-2 \end{cases}$　　(4) $\begin{cases} 2x-(x+7y)=13 \\ 2(x+3y)-5y=-4 \end{cases}$

ガイド 式のかっこをはずして，整理してから解きます。

解答 それぞれの連立方程式の上の式を ①，下の式を ② とする。

(1) ②から，$2x-2y=3x+3y$

$x=-5y$ ……②′

②′を①に代入すると，

$4\times(-5y)+7y=39$

$-13y=39$，$y=-3$

$y=-3$ を②′に代入すると，

$x=-5\times(-3)=15$

$(x,\ y)=(15,\ -3)$

(2) ①から，$3x+3y=2x-1$

$x+3y=-1$ ……①′

①′−② $2y=4$，$y=2$

$y=2$ を②に代入すると，

$x+2=-5$，$x=-7$

$(x,\ y)=(-7,\ 2)$

(3) ①から，$3x+6y=5x-20$

$-2x+6y=-20$ ……①′

①′÷2 $-x+3y=-10$ ……①″

①″+② $6y=-12$，$y=-2$

$y=-2$ を②に代入すると，

$x-6=-2$，$x=4$

$(x,\ y)=(4,\ -2)$

(4) ①から，$2x-x-7y=13$

$x-7y=13$ ……①′

②から，$2x+6y-5y=-4$

$2x+y=-4$ ……②′

①′×2 $2x-14y=26$ ……①″

①″−②′ $-15y=30$，$y=-2$

$y=-2$ を②′に代入すると，

$2x-2=-4$，$x=-1$

$(x,\ y)=(-1,\ -2)$

問 9 次の連立方程式を解きなさい。 教科書 p.45

(1) $\begin{cases} \dfrac{x}{4}-\dfrac{y}{5}=1 \\ 3x+4y=-52 \end{cases}$

(2) $\begin{cases} 4x+y=10 \\ \dfrac{2}{3}x+\dfrac{y}{7}=2 \end{cases}$

(3) $\begin{cases} x+y=11 \\ \dfrac{8}{100}x+\dfrac{9}{100}y=1 \end{cases}$

(4) $\begin{cases} \dfrac{x}{2}-\dfrac{y}{4}=1 \\ \dfrac{x}{3}+\dfrac{y}{2}=2 \end{cases}$

ガイド 係数が分数のときは，両辺に同じ数をかけて，分母をはらってから解きます。

解答 それぞれの連立方程式の上の式を①，下の式を②とする。

(1) ①×20 $5x-4y=20$ ……①′

①′+② $8x=-32$

$x=-4$

$x=-4$ を②に代入すると，

$-12+4y=-52$

$4y=-40$，$y=-10$

$(x,\ y)=(-4,\ -10)$

(2) ②×21 $14x+3y=42$ ……②′

①×3 $12x+3y=30$ ……①′

②′−①′ $2x=12$

$x=6$

$x=6$ を①に代入すると，

$24+y=10$

$y=-14$

$(x,\ y)=(6,\ -14)$

(3)　②×100　$8x+9y=100$　……②′

①×8　$8x+8y=88$　……①′

②′−①′　$y=12$

$y=12$ を①に代入すると，

$x+12=11$

$x=-1$

$(x,\ y)=(-1,\ 12)$

(4)　①×4　$2x-y=4$　……①′

②×6　$2x+3y=12$　……②′

②′−①′　$4y=8$

$y=2$

$y=2$ を①′に代入すると，

$2x-2=4$

$x=3$

$(x,\ y)=(3,\ 2)$

話しあおう

教科書 p.45

次の連立方程式を解きましょう。どんなくふうが考えられるでしょうか。

(1) $\begin{cases} 0.3x+0.4y=0.5 \\ x-2y=-5 \end{cases}$　(2) $\begin{cases} 0.1x+0.04y=15 \\ 3x-2y=50 \end{cases}$

(3) $\begin{cases} y=-x+2 \\ 0.5x+y=2.5 \end{cases}$　(4) $\begin{cases} -20x+10y=10 \\ 500x=200(y-3) \end{cases}$

ガイド　(1)の上の式は両辺を ×10，(2)の上の式は両辺を ×100，(3)の下の式は両辺を ×2 にして，係数を整数にします。(4)の下の式は両辺を ÷100 にして，係数を簡単な整数にします。

解答　それぞれの連立方程式の上の式を①，下の式を②とする。

(1)　①×10　$3x+4y=5$　……①′

②×3　$3x-6y=-15$　……②′

①′−②′　$10y=20$，　$y=2$

$y=2$ を②に代入すると，

$x-4=-5$，$x=-1$

$(x,\ y)=(-1,\ 2)$

(2)　①×100　$10x+4y=1500$　……①′

②×2　$6x-4y=100$　……②′

①′+②′　$16x=1600$，$x=100$

$x=100$ を②に代入すると，

$300-2y=50$

$-2y=-250$，$y=125$

$(x,\ y)=(100,\ 125)$

(3)　②×2　$x+2y=5$　……②′

①の x を移項すると，

$x+y=2$　……①′

②′−①′　$y=3$

$y=3$ を①′に代入すると，

$x+3=2$，$x=-1$

$(x,\ y)=(-1,\ 3)$

(4)　②÷100　$5x=2(y-3)$

$5x-2y=-6$　……②′

①÷5　$-4x+2y=2$　……①′

①′+②′　$x=-4$

$x=-4$ を①に代入すると，

$80+10y=10$，$y=-7$

$(x,\ y)=(-4,\ -7)$

問10 次の方程式を解きなさい。 教科書 p.46

(1) $5x+2y=-x-y+3=4$　(2) $3x-7y=13x-5y=38$

(3) $3x+2y=5+3y=2x+11$

ガイド $A=B=C$ の形の方程式では，次の 3 つの連立方程式が考えられます。

(ア) $\begin{cases} A=C \\ B=C \end{cases}$　(イ) $\begin{cases} A=B \\ A=C \end{cases}$　(ウ) $\begin{cases} A=B \\ B=C \end{cases}$

(2)は，(ア)にすると，加減法で 2 つの式の係数をそろえるとき，係数が大きくなりそうなので，(イ)を考えてみると，簡単になりそうなことがわかります。

解答 (1) もとの方程式より，

$\begin{cases} 5x+2y=4 & \cdots\cdots① \\ -x-y+3=4 & \cdots\cdots② \end{cases}$

②から，　$-x-y=1$　……②′

②′×2　$-2x-2y=2$　……②″

①＋②″　$3x=6$，$x=2$

$x=2$ を②′に代入すると，$y=-3$

$(x,\ y)=(2,\ -3)$

(2) もとの方程式より，

$\begin{cases} 3x-7y=13x-5y & \cdots\cdots① \\ 3x-7y=38 & \cdots\cdots② \end{cases}$

①から，　$10x+2y=0$　……①′

①′÷2　$5x+y=0$　……①″

①″×7　$35x+7y=0$　……①‴

①‴＋②　$38x=38$，$x=1$

$x=1$ を①″に代入すると，$y=-5$

$(x,\ y)=(1,\ -5)$

(3) もとの方程式より，

$\begin{cases} 3x+2y=5+3y & \cdots\cdots① \\ 3x+2y=2x+11 & \cdots\cdots② \end{cases}$

①から，　$3x-y=5$　……①′

②から，　$x+2y=11$　……②′

①′×2　$6x-2y=10$　……①″

①″＋②′　$7x=21$，$x=3$

$x=3$ を①′に代入すると，$y=4$

$(x,\ y)=(3,\ 4)$

練習問題　2 連立方程式の解き方　p.46

1 次の連立方程式を解きなさい。

(1) $\begin{cases} 4x+y=4 \\ x+y=-5 \end{cases}$　(2) $\begin{cases} 2x+5y=18 \\ x=2y \end{cases}$　(3) $\begin{cases} 4x-5y=3 \\ 5y=8x-11 \end{cases}$

(4) $\begin{cases} y=3x-2 \\ y=2x+3 \end{cases}$　(5) $\begin{cases} 3x+2y=2 \\ \frac{5}{4}x-\frac{y}{5}=6 \end{cases}$　(6) $\begin{cases} x-3y=19 \\ 0.2x-0.5y=3 \end{cases}$

ガイド (1)は加減法で，(2)，(3)，(4)は代入法で解きます。
(5)，(6)は両辺に適当な数をかけて，係数を整数にして解きます。

解答

(1) $\begin{cases} 4x+y=4 & \cdots\cdots① \\ x+y=-5 & \cdots\cdots② \end{cases}$

①−②　$3x=9$，$x=3$

$x=3$ を②に代入すると，

$y=-8$

$\boldsymbol{(x,\ y)=(3,\ -8)}$

(2) $\begin{cases} 2x+5y=18 & \cdots\cdots① \\ x=2y & \cdots\cdots② \end{cases}$

②を①に代入すると，

$4y+5y=18$，$9y=18$，$y=2$

$y=2$ を②に代入すると，

$x=4$

$\boldsymbol{(x,\ y)=(4,\ 2)}$

(3) $\begin{cases} 4x-5y=3 & \cdots\cdots① \\ 5y=8x-11 & \cdots\cdots② \end{cases}$

①の $5y$ に②の $8x-11$ を代入すると，

$4x-(8x-11)=3$

$-4x=-8$，$x=2$

$x=2$ を②に代入すると，

$5y=16-11$，$5y=5$，$y=1$

$\boldsymbol{(x,\ y)=(2,\ 1)}$

(4) $\begin{cases} y=3x-2 & \cdots\cdots① \\ y=2x+3 & \cdots\cdots② \end{cases}$

②を①に代入すると，

$2x+3=3x-2$，$x=5$

$x=5$ を①に代入すると，

$y=13$

$\boldsymbol{(x,\ y)=(5,\ 13)}$

(5) $\begin{cases} 3x+2y=2 & \cdots\cdots① \\ \dfrac{5}{4}x-\dfrac{y}{5}=6 & \cdots\cdots② \end{cases}$

②×20　$25x-4y=120$　……②′

①×2　$6x+4y=4$　……①′

②′＋①′　$31x=124$，$x=4$

$x=4$ を①に代入すると，

$12+2y=2$，$y=-5$

$\boldsymbol{(x,\ y)=(4,\ -5)}$

(6) $\begin{cases} x-3y=19 & \cdots\cdots① \\ 0.2x-0.5y=3 & \cdots\cdots② \end{cases}$

②×10　$2x-5y=30$　……②′

①×2　$2x-6y=38$　……①′

②′−①′　$y=-8$

$y=-8$ を①に代入すると，

$x+24=19$，$x=-5$

$\boldsymbol{(x,\ y)=(-5,\ -8)}$

2　方程式 $\dfrac{x}{3}+\dfrac{y}{2}=0.6x+0.7y=2$ を解きなさい。

ガイド　$A=B=C$ の形の方程式です。$\begin{cases} A=C \\ B=C \end{cases}$ の形の連立方程式になおしてから解きます。

解答　もとの方程式より，

$\begin{cases} \dfrac{x}{3}+\dfrac{y}{2}=2 & \cdots\cdots① \\ 0.6x+0.7y=2 & \cdots\cdots② \end{cases}$

①×6　$2x+3y=12$　……①′

②×10　$6x+7y=20$　……②′

①′×3　$6x+9y=36$　……①″

①″−②′　$2y=16$，$y=8$

$y=8$ を①′に代入すると，

$2x+24=12$，$x=-6$

$\boldsymbol{(x,\ y)=(-6,\ 8)}$

❷節 連立方程式の利用

シュートのうちわけは？

けいたさんとかりんさんは，車いすバスケットボールの試合を見に行きました。

山田選手 19 得点の大活躍

○月□日におこなわれた試合は，手に汗にぎる接戦となりました。勝利の立役者である山田選手は，放った 2 点シュートと 3 点シュートにより，19 得点をあげる大活躍でした。
今後の活躍から目が離せません。

この記事に書かれていることだけで，それぞれのシュートの本数がわかるのかな？

話しあおう

教科書 p.47

かりんさんの疑問について，どう思いますか。

ガイド 上の記事の数量関係をことばの式で表すと，次のようになります。

(2 点シュートの得点)+(3 点シュートの得点)=19 (点) ……①

また，①の 2 点シュートであげた得点と 3 点シュートであげた得点は，それぞれ，次のように表されます。

(2 点シュートの得点)=2×(2 点シュートの本数) ……②

(3 点シュートの得点)=3×(3 点シュートの本数) ……③

解答例 上のことばの式から，2 点シュートの本数を x 本，3 点シュートの本数を y 本とすると，①の左辺は，②と③を加えたものだから，

$$2x+3y=19$$

という二元一次方程式ができる。

x の値が 0，1，2，…… のとき，この二元一次方程式を成り立たせる y の値を求めると，

x	0	1	2	3	4	5	6	7	8	9
y	$\frac{19}{3}$	$\frac{17}{3}$	5	$\frac{13}{3}$	$\frac{11}{3}$	3	$\frac{7}{3}$	$\frac{5}{3}$	1	$\frac{1}{3}$

x の値も y の値も整数なので，二元一次方程式を成り立たせる x，y の値の組は，(2，5)，(5，3)，(8，1) の 3 つがある。

よって，この記事に書かれていることだけではそれぞれのシュートの本数はわからない。

1 連立方程式の利用

学習のねらい

問題の場面を理解し，問題にふくまれる数量の関係を，ことばの式や表，線分図などを利用してとらえます。そして，適切な数量（例えば，求めたい数量）を文字で表し，数量の関係から連立方程式をつくります。この連立方程式を解いて問題を解決します。

教科書のまとめ テスト前にチェック

□問題の中の数量の関係を見つける　▶ことばの式や表に表せないか，また，線分図にかけないかを調べます。

□適当な数量を文字で表す　▶かならずしも求めたい数量でなくてもよいですが，2つの文字x，yを使って，2つの方程式をつくります。

□連立方程式を解く　▶連立方程式を解いて，xとyの値を求めます。求めたxとyの値が問題にあっているか，問題にあてはめて確かめます。

問 1　教科書 p.49

◎の問題で，2点シュートであげた得点をx点，3点シュートであげた得点をy点とすると，どんな連立方程式になりますか。
また，この連立方程式を解いて，2点シュートと3点シュートの本数を，それぞれ求めなさい。

ガイド　2点シュートと3点シュートについて，ことばの式で表すと，
（2点シュートの得点）+（3点シュートの得点）=19（点）
（2点シュートの本数）+（3点シュートの本数）=8（本）
となります。

解答

$$\begin{cases} x+y=19 & \cdots\cdots① \\ \dfrac{x}{2}+\dfrac{y}{3}=8 & \cdots\cdots② \end{cases}$$

①×2　$2x+2y=38$　……①′
②×6　$3x+2y=48$　……②′
②′−①′　$x=10$
$x=10$ を①に代入すると，$y=9$
$(x,\ y)=(10,\ 9)$

2点シュートであげた得点を10点，3点シュートであげた得点を9点とすると，得点はあわせて19点，シュートの本数は $\dfrac{10}{2}+\dfrac{9}{3}=8$（本）となり，この解は問題にあっている。

2点シュートの本数は $\dfrac{10}{2}=5$（本），3点シュートの本数は $\dfrac{9}{3}=3$（本）となる。

<u>2点シュート **5本**，3点シュート **3本**</u>

問 2 けいたさんは，1個130円のプリンと1個100円のゼリーをあわせて10個買い，1120円払(はら)いました。
けいたさんが買ったプリンとゼリーの個数を，それぞれ求めなさい。

教科書 p.50

ガイド けいたさんが買ったプリンとゼリーについて，ことばの式で表すと，
(プリンの個数)＋(ゼリーの個数)＝10 (個)
(プリンの代金)＋(ゼリーの代金)＝1120 (円)
となります。

解答 けいたさんが買ったプリンの数を x 個，ゼリーの数を y 個とすると，

$$\begin{cases} x+y=10 & \cdots\cdots① \\ 130x+100y=1120 & \cdots\cdots② \end{cases}$$

①×10　$10x+10y=100$　……①′
②÷10　$13x+10y=112$　……②′
①′−②′　$-3x=-12$，$x=4$
$x=4$ を①に代入すると，$y=6$
$(x,\ y)=(4,\ 6)$
けいたさんが買ったプリンの数を4個，ゼリーの数を6個とすると，個数はあわせて10個，代金は1120円となり，この解は問題にあっている。

プリン4個，ゼリー6個

問 3 ある自動販売機(じどうはんばいき)では，先月は，お茶とスポーツドリンクが，あわせて400本売れました。今月は，先月とくらべて，お茶は80%，スポーツドリンクは90%しか売れなかったので，売れた本数は，あわせて345本でした。
先月売れたお茶とスポーツドリンクの本数を，それぞれ求めなさい。
❓ 今月売れたお茶とスポーツドリンクは，それぞれ何本かな。

教科書 p.51

ガイド (先月のお茶の本数の80%)＝(先月のお茶の本数)×$\frac{80}{100}$

(先月のスポーツドリンクの本数の90%)＝(先月のスポーツドリンクの本数)×$\frac{90}{100}$

問題の中の数量の関係を表にすると，次のようになります。

	お茶	スポーツドリンク	合計
先月売れた本数 (本)	△	□	400
今月売れた本数 (本)	△×$\frac{80}{100}$	□×$\frac{90}{100}$	345

解答 先月売れたお茶の本数を x 本，スポーツドリンクの本数を y 本とすると，

$$\begin{cases} x+y=400 & \cdots\cdots① \\ \frac{80}{100}x+\frac{90}{100}y=345 & \cdots\cdots② \end{cases}$$

②×10　$8x+9y=3450$　……②′

①×8　$8x+8y=3200$　……①′

②′−①′　$y=250$

$y=250$ を①に代入すると，$x+250=400$，$x=150$

$(x,\ y)=(150,\ 250)$

この解は問題にあっている。

お茶 **150 本**，スポーツドリンク **250 本**

? 今月売れたお茶は，$150\times\frac{80}{100}=$**120**（本），スポーツドリンクは，$250\times\frac{90}{100}=$**225**（本）

参考 連立方程式を解いたあと，解が問題にあっているかどうかを調べるのは，検算をすることだけが目的ではありません。連立方程式の解には負の数や分数や小数が現れることがしばしばあり，本数を求める問題の解としてふさわしいかどうかを調べる必要があるからです。

話しあおう

教科書 p.52

上の 例題3 で，コースの全長 50 km，自転車の時速 20 km，走った時速 10 km はそのままに，「全体を 2 時間で完走しました」という問題だったとします。
このとき，問題の答えはどうなるでしょうか。

ガイド 問題の中の数量の関係は，次のようになります。
（自転車で進んだ道のり）＋（走った道のり）＝50（km）
（自転車で進んだ時間）＋（走った時間）＝2（時間）

解答 自転車で進んだ道のりを x km，走った道のりを y km とすると，

$$\begin{cases} x+y=50 & \cdots\cdots① \\ \frac{x}{20}+\frac{y}{10}=2 & \cdots\cdots② \end{cases}$$

②×20　$x+2y=40$　……②′

②′−①　$y=-10$

$y=-10$ を①に代入すると，$x-10=50$，$x=60$

$(x,\ y)=(60,\ -10)$

走った道のりが負の数となるので，**この解は問題にあわない。**

問 4　A地点からB地点を経てC地点まで，92 km の道のりを自動車で行くのに，A，B 間を時速 40 km，B，C 間を時速 50 km で進むと，2時間かかりました。
A，B 間とB，C 間の道のりを，それぞれ求めなさい。

教科書 p.53

ガイド　時間，道のり，速さに関する問題では，線分図に表して考えると数量の関係がとらえやすくなります。時間＝$\dfrac{\text{道のり}}{\text{速さ}}$ の関係を使って，式をつくりましょう。

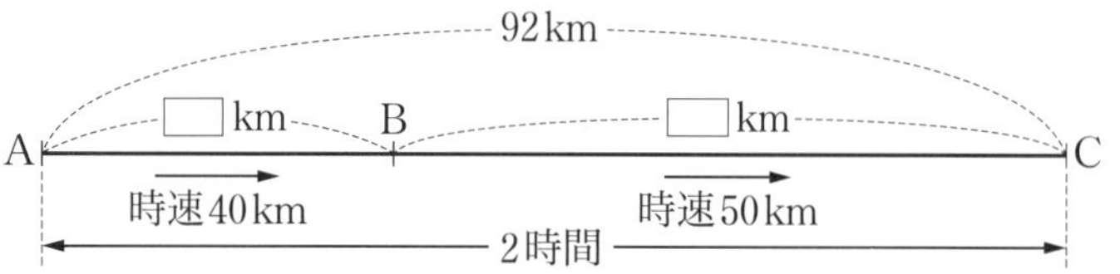

(A, B 間の道のり)＋(B, C 間の道のり)＝92 (km)
(A, B 間にかかった時間)＋(B, C 間にかかった時間)＝2 (時間)

解答　A, B 間の道のりを x km，B, C 間の道のりを y km とすると，

$$\begin{cases} x+y=92 & \cdots\cdots① \\ \dfrac{x}{40}+\dfrac{y}{50}=2 & \cdots\cdots② \end{cases}$$

②×200　$5x+4y=400$　……②′
①×4　$4x+4y=368$　……①′
②′−①′　$x=32$
$x=32$ を①に代入すると，$y=60$
$(x,\ y)=(32,\ 60)$　この解は問題にあっている。

A, B 間の道のり **32 km**，B, C 間の道のり **60 km**

> **ミスに注意**
> 速さの問題では，式をつくるときに，単位がそろっているかどうかをかならず確認する。

練習問題　① 連立方程式の利用　p.53

1　2つの数の和が 100 で，一方の数が他方の数の2倍より 10 大きいとき，この2つの数を求めなさい。

ガイド　2つの数を x，y として連立方程式をつくります。

解答　2つの数を x，y とすると，

$$\begin{cases} x+y=100 & \cdots\cdots① \\ x=2y+10 & \cdots\cdots② \end{cases}$$

②を①に代入すると，$2y+10+y=100$，$3y=90$，$y=30$
$y=30$ を①に代入すると，$x+30=100$，$x=70$
$(x,\ y)=(70,\ 30)$　この解は問題にあっている。

70，30

2 生徒会で古紙を集めました。集めた古紙は全部で960 kgあり，そのうち220 kgが段ボールで，残りは新聞紙と雑誌です。これらを，右の表の金額で交換(こうかん)している業者にすべて回収してもらうと，その金額の合計は，6640円になります。集めた新聞紙と雑誌は，それぞれ何kgですか。

古紙1kgあたりの交換金額	
・新聞紙	7円
・雑誌	6円
・段ボール	8円

ガイド 新聞紙の重さを x kg，雑誌の重さを y kgとして，重さと金額に関する方程式をつくります。

解答 新聞紙の重さを x kg，雑誌の重さを y kgとすると，

$$\begin{cases} x+y+220=960 & \cdots\cdots① \\ 7x+6y+8\times220=6640 & \cdots\cdots② \end{cases}$$

①から，　$x+y=740$ ……①′

②から，$7x+6y=4880$ ……②′

①′×6　$6x+6y=4440$ ……①″

②′−①″　$x=440$

$x=440$ を①′に代入すると，$y=300$

$(x,\ y)=(440,\ 300)$

この解は問題にあっている。

新聞紙 **440 kg**，雑誌 **300 kg**

3 ある店で，シャツと帽子(ぼうし)を買いました。商品についている値札どおりだと，金額の合計は3100円でしたが，シャツは値札の20％引き，帽子は値札の30％引きだったので，代金は2300円になりました。
シャツと帽子の値札に表示された値段を，それぞれ求めなさい。

ガイド 値札の a％引きの値段は，値札の $(100-a)$％にあたるから，

(シャツの代金)＝(シャツの値札の値段)× $\dfrac{80}{100}$

(帽子の代金)＝(帽子の値札の値段)× $\dfrac{70}{100}$

問題の中の数量の関係を表にすると，次のようになります。

	シャツ	帽子	合計
値札の値段（円）	△	□	3100
代金　　（円）	△× $\dfrac{80}{100}$	□× $\dfrac{70}{100}$	2300

解答 値札に表示されたシャツの値段を x 円，帽子の値段を y 円とすると，

$$\begin{cases} x+y=3100 & \cdots\cdots① \\ \dfrac{80}{100}x+\dfrac{70}{100}y=2300 & \cdots\cdots② \end{cases}$$

②×10　$8x+7y=23000$ ……②′

①×7　$7x+7y=21700$ ……①′

②′−①′　$x=1300$

$x=1300$ を①に代入すると，

$1300+y=3100$，$y=1800$

$(x,\ y)=(1300,\ 1800)$

この解は問題にあっている。

シャツ **1300円**，帽子 **1800円**

2章 章末問題 学びをたしかめよう

教科書 p.54〜55

1 下の表で，二元一次方程式 $x+2y=9$ を成り立たせる y の値を求め，書き入れなさい。

x	-2	-1	0	1	2	3
y						

ガイド $x+2y=9$ で，$x=-2$，-1，0，1，2，3 のときの y の値を求めます。

解答

x	-2	-1	0	1	2	3
y	$\frac{11}{2}$	5	$\frac{9}{2}$	4	$\frac{7}{2}$	3

p.37 問2

2 次の(ア)〜(エ)のうち，x，y の値の組 $(4,\ 2)$ が解である連立方程式をすべて選びなさい。

(ア) $\begin{cases} x+y=6 \\ 2x+y=10 \end{cases}$　(イ) $\begin{cases} x+3y=-2 \\ x-y=2 \end{cases}$

(ウ) $\begin{cases} x=2y \\ y-x=-2 \end{cases}$　(エ) $\begin{cases} x+2y=10 \\ y=x+2 \end{cases}$

ガイド それぞれの式に $x=4$，$y=2$ を代入してみます。

解答 (ア)〜(エ)で，上の式を①，下の式を②として，$x=4$，$y=2$ を代入すると，

(ア) ①の左辺は，$4+2=6$
②の左辺は，$2\times4+2=10$
$(4,\ 2)$ は解である。

(イ) ①の左辺は，$4+3\times2=10$，右辺は -2
②の左辺は，$4-2=2$
$(4,\ 2)$ は解ではない。

(ウ) ①の左辺は 4，右辺は，$2\times2=4$
②の左辺は，$2-4=-2$
$(4,\ 2)$ は解である。

(エ) ①の左辺は，$4+2\times2=8$，右辺は 10
②の左辺は 2，右辺は，$4+2=6$
$(4,\ 2)$ は解ではない。

(ア)，(ウ)

p.38 問4

3 次の連立方程式を，加減法で解きなさい。

(1) $\begin{cases} x+4y=16 \\ x+y=13 \end{cases}$　(2) $\begin{cases} 5x-y=11 \\ 3x+2y=4 \end{cases}$

(3) $\begin{cases} 3x-2y=1 \\ 6x-5y=-2 \end{cases}$　(4) $\begin{cases} 2x+3y=-2 \\ 3x-2y=-3 \end{cases}$

ガイド (2)は，一方の式の両辺を何倍かして，y の係数の絶対値をそろえます。

解答 (1) $\begin{cases} x+4y=16 & \cdots\cdots ① \\ x+y=13 & \cdots\cdots ② \end{cases}$ p.41 問3

①－②より，

$3y=3$，$y=1$

$y=1$ を②に代入すると，

$x+1=13$，$x=12$

$(x,\ y)=(12,\ 1)$

(2) $\begin{cases} 5x-y=11 & \cdots\cdots ① \\ 3x+2y=4 & \cdots\cdots ② \end{cases}$ p.41 問4

①×2　$10x-2y=22$　……①′

①′＋②　　$13x=26$，$x=2$

$x=2$ を①に代入すると，

$10-y=11$，$y=-1$

$(x,\ y)=(2,\ -1)$

(3) $\begin{cases} 3x-2y=1 & \cdots\cdots ① \\ 6x-5y=-2 & \cdots\cdots ② \end{cases}$ p.41 問4

①×2　$6x-4y=2$　……①′

①′－②　　$y=4$

$y=4$ を①に代入すると，

$3x-8=1$，$x=3$

$(x,\ y)=(3,\ 4)$

(4) $\begin{cases} 2x+3y=-2 & \cdots\cdots ① \\ 3x-2y=-3 & \cdots\cdots ② \end{cases}$ p.42 問5

①×2　$4x+6y=-4$　……①′

②×3　$9x-6y=-9$　……②′

①′＋②′　　$13x=-13$，$x=-1$

$x=-1$ を①に代入すると，

$-2+3y=-2$，$y=0$

$(x,\ y)=(-1,\ 0)$

4 次の連立方程式を，代入法で解きなさい。

(1) $\begin{cases} y=2x \\ x+y=12 \end{cases}$　　(2) $\begin{cases} 2x-y=6 \\ x=y-3 \end{cases}$

(3) $\begin{cases} x+y=6 \\ x-3y=2 \end{cases}$　　(4) $\begin{cases} 5x+2y=8 \\ y-x=-3 \end{cases}$

ガイド $y=\sim$ または，$x=\sim$ になっている式を，もう一方の式に代入して解きます。

解答 (1) $\begin{cases} y=2x & \cdots\cdots ① \\ x+y=12 & \cdots\cdots ② \end{cases}$

①を②に代入すると，

$x+2x=12$，$x=4$

$x=4$ を①に代入すると，$y=8$

$(x,\ y)=(4,\ 8)$

(2) $\begin{cases} 2x-y=6 & \cdots\cdots ① \\ x=y-3 & \cdots\cdots ② \end{cases}$ (1)，(2) p.43 問6

②を①に代入すると，

$2(y-3)-y=6$，$y=12$

$y=12$ を②に代入すると，$x=9$

$(x,\ y)=(9,\ 12)$

(3) $\begin{cases} x+y=6 & \cdots\cdots ① \\ x-3y=2 & \cdots\cdots ② \end{cases}$

②を x について解くと，

$x=3y+2$　……②′

②′を①に代入すると，

$3y+2+y=6$，$y=1$

$y=1$ を①に代入すると，$x=5$

$(x,\ y)=(5,\ 1)$

(4) $\begin{cases} 5x+2y=8 & \cdots\cdots ① \\ y-x=-3 & \cdots\cdots ② \end{cases}$ (3)，(4) p.43 問7

②を y について解くと，

$y=x-3$　……②′

②′を①に代入すると，

$5x+2(x-3)=8$，$x=2$

$x=2$ を②′に代入すると，$y=-1$

$(x,\ y)=(2,\ -1)$

5 次の連立方程式を解きなさい。

(1) $\begin{cases} 3x-7y=5 \\ 5x-(x+7y)=2 \end{cases}$　(2) $\begin{cases} x+2(y-1)=3 \\ x-3y=0 \end{cases}$

(3) $\begin{cases} x-y=4 \\ \frac{1}{10}x-\frac{3}{10}y=2 \end{cases}$　(4) $\begin{cases} 0.5x+0.4y=1.3 \\ x-2y=-3 \end{cases}$

ガイド 式のかっこをはずしたり，両辺に同じ数をかけて係数を簡単な整数にしてから解きます。

解答 (1) $\begin{cases} 3x-7y=5 & \cdots\cdots① \\ 5x-(x+7y)=2 & \cdots\cdots② \end{cases}$

②から，$5x-x-7y=2$

$4x-7y=2$　……②′

②′−①　$x=-3$

$x=-3$ を①に代入すると，

$-9-7y=5$，$y=-2$

$(x,\ y)=(-3,\ -2)$

(2) $\begin{cases} x+2(y-1)=3 & \cdots\cdots① \\ x-3y=0 & \cdots\cdots② \end{cases}$

①から，$x+2y-2=3$

$x+2y=5$　……①′

①′−②　$5y=5$，$y=1$

$y=1$ を②に代入すると，

$x-3=0$，$x=3$

$(x,\ y)=(3,\ 1)$

(1)，(2)　p.44 問8

(3) $\begin{cases} x-y=4 & \cdots\cdots① \\ \frac{1}{10}x-\frac{3}{10}y=2 & \cdots\cdots② \end{cases}$

②×10　$x-3y=20$　……②′

①−②′　$2y=-16$，$y=-8$

$y=-8$ を①に代入すると，

$x+8=4$，$x=-4$

$(x,\ y)=(-4,\ -8)$

p.45 問9

(4) $\begin{cases} 0.5x+0.4y=1.3 & \cdots\cdots① \\ x-2y=-3 & \cdots\cdots② \end{cases}$

①×10　$5x+4y=13$　……①′

②×2　$2x-4y=-6$　……②′

①′+②′　$7x=7$，$x=1$

$x=1$ を②に代入すると，

$1-2y=-3$，$y=2$

$(x,\ y)=(1,\ 2)$

p.45 話しあおう

6 方程式 $x+y=4x+3y=1$ を解きなさい。

ガイド **$A=B=C$** の形の方程式では，どの組み合わせで連立方程式にするか考えます。

解答 もとの方程式より，

p.46 問10

$\begin{cases} x+y=1 & \cdots\cdots① \\ 4x+3y=1 & \cdots\cdots② \end{cases}$

①×3　$3x+3y=3$　……①′

②−①′　$x=-2$

$x=-2$ を①に代入すると，$y=3$

$(x,\ y)=(-2,\ 3)$

7

> 1 個 100 円のりんごと，1 個 150 円のももをあわせて 10 個買うと，代金は 1200 円になりました。りんごとももを，それぞれ何個買いましたか。

この問題を解くために，りんごを x 個，ももを y 個買ったとして，連立方程式をつくります。

(1) 次の □ にあてはまる数を書き入れなさい。

$$\begin{cases} x+y=\square & \cdots\cdots① \\ \square x+\square y=1200 & \cdots\cdots② \end{cases}$$

(2) (1)の連立方程式を解いて，りんごとももを買った個数を，それぞれ求めなさい。

ガイド りんごを x 個，ももを y 個買ったとして，個数で 1 つ，代金で 1 つ，方程式をつくります。

解答 (1) $\begin{cases} x+y=\boxed{10} & \cdots\cdots① \\ \boxed{100}x+\boxed{150}y=1200 & \cdots\cdots② \end{cases}$

p.50 問 2

(2) ①×10　$10x+10y=100$　……①′

②÷10　$10x+15y=120$　……②′

②′−①′　$5y=20$，$y=4$

$y=4$ を①に代入すると，$x=6$

$(x,\ y)=(6,\ 4)$　この解は問題にあっている。　**りんご 6 個，もも 4 個**

8

> ある学校の生徒数は，昨年は，男子と女子あわせて 500 人でした。今年は，昨年とくらべて，男子が 80%，女子が 120% になったので，生徒数は，あわせて 480 人になりました。昨年の男子と女子の人数を，それぞれ求めなさい。

この問題を解くために，昨年の男子の人数を x 人，女子の人数を y 人として，連立方程式をつくります。

(1) 次の □ にあてはまる数を書き入れなさい。

$$\begin{cases} x+y=\square & \cdots\cdots① \\ \dfrac{\square}{100}x+\dfrac{\square}{100}y=480 & \cdots\cdots② \end{cases}$$

(2) (1)の連立方程式を解いて，昨年の男子と女子の人数を，それぞれ求めなさい。

ガイド 割合を分数で表して，連立方程式をつくります。

解答 (1) $\begin{cases} x+y=\boxed{500} & \cdots\cdots① \\ \dfrac{\boxed{80}}{100}x+\dfrac{\boxed{120}}{100}y=480 & \cdots\cdots② \end{cases}$

p.51 問 3

(2) ②×5　$4x+6y=2400$　……②′

①×4　$4x+4y=2000$　……①′

②′−①′　$2y=400$，$y=200$

$y=200$ を①に代入すると，

$x+200=500$，$x=300$

$(x,\ y)=(300,\ 200)$

この解は問題にあっている。

昨年の男子 300 人，昨年の女子 200 人

2章 章末問題　学びを身につけよう

教科書 p.56〜57

次の連立方程式を解きなさい。

(1) $\begin{cases} x+y=8 \\ x-y=-2 \end{cases}$　(2) $\begin{cases} 2x+6y=3 \\ 6x+3y=4 \end{cases}$　(3) $\begin{cases} 4x-3y=50 \\ 3x-2y=50 \end{cases}$

(4) $\begin{cases} y=3x-5 \\ x+y=7 \end{cases}$　(5) $\begin{cases} y=2x+3 \\ y=6x-1 \end{cases}$　(6) $\begin{cases} 10=5a+b \\ 1=2a+b \end{cases}$

(7) $\begin{cases} 3(x-2y)=y-17 \\ 6x+5y=4 \end{cases}$　(8) $\begin{cases} 3x-2y=3 \\ \frac{1}{2}x+\frac{3}{4}y=7 \end{cases}$

(9) $\begin{cases} 0.5x-0.3y=1 \\ x=3y+2 \end{cases}$　(10) $\begin{cases} 5x+2y=2(x+2y)+8 \\ \frac{x}{4}+\frac{y}{3}=\frac{1}{6} \end{cases}$

ガイド　かっこがあるものは，かっこをはずして整理し，分数や小数の係数はまず整数にしてから考えます。それから，代入法と加減法のどちらが使いやすいか判断します。

解答

(1) $\begin{cases} x+y=8 & \cdots\cdots① \\ x-y=-2 & \cdots\cdots② \end{cases}$

①+②　$2x=6$，$x=3$

$x=3$ を①に代入すると，$y=5$

$\boldsymbol{(x,\ y)=(3,\ 5)}$

(2) $\begin{cases} 2x+6y=3 & \cdots\cdots① \\ 6x+3y=4 & \cdots\cdots② \end{cases}$

②×2　$12x+6y=8$　……②′

②′−①　$10x=5$，$x=\frac{1}{2}$

$x=\frac{1}{2}$ を①に代入すると，$y=\frac{1}{3}$

$\boldsymbol{(x,\ y)=\left(\frac{1}{2},\ \frac{1}{3}\right)}$

(3) $\begin{cases} 4x-3y=50 & \cdots\cdots① \\ 3x-2y=50 & \cdots\cdots② \end{cases}$

①×2　$8x-6y=100$　……①′

②×3　$9x-6y=150$　……②′

②′−①′　$x=50$

$x=50$ を②に代入すると，$y=50$

$\boldsymbol{(x,\ y)=(50,\ 50)}$

(4) $\begin{cases} y=3x-5 & \cdots\cdots① \\ x+y=7 & \cdots\cdots② \end{cases}$

①を②に代入すると，

$x+3x-5=7$，$4x=12$，$x=3$

$x=3$ を②に代入すると，$y=4$

$\boldsymbol{(x,\ y)=(3,\ 4)}$

(5) $\begin{cases} y=2x+3 & \cdots\cdots① \\ y=6x-1 & \cdots\cdots② \end{cases}$

②を①に代入すると，

$6x-1=2x+3$，$4x=4$，$x=1$

$x=1$ を①に代入すると，$y=5$

$\boldsymbol{(x,\ y)=(1,\ 5)}$

(6) $\begin{cases} 10=5a+b & \cdots\cdots① \\ 1=2a+b & \cdots\cdots② \end{cases}$

①−②　$9=3a$，$a=3$

$a=3$ を②に代入すると，$b=-5$

$\boldsymbol{(a,\ b)=(3,\ -5)}$

(7) $\begin{cases} 3(x-2y)=y-17 & \cdots\cdots① \\ 6x+5y=4 & \cdots\cdots② \end{cases}$

①から，$3x-7y=-17$ ……①′

①′×2　$6x-14y=-34$ ……①″

②−①″　$19y=38$，$y=2$

$y=2$ を②に代入すると，

$6x+10=4$，$x=-1$

$(x,\ y)=(-1,\ 2)$

(8) $\begin{cases} 3x-2y=3 & \cdots\cdots① \\ \dfrac{1}{2}x+\dfrac{3}{4}y=7 & \cdots\cdots② \end{cases}$

②×4　$2x+3y=28$ ……②′

①×3　$9x-6y=9$ ……①′

②′×2　$4x+6y=56$ ……②″

①′+②″　$13x=65$，$x=5$

$x=5$ を①に代入すると，$y=6$

$(x,\ y)=(5,\ 6)$

(9) $\begin{cases} 0.5x-0.3y=1 & \cdots\cdots① \\ x=3y+2 & \cdots\cdots② \end{cases}$

①×10　$5x-3y=10$ ……①′

②を①′に代入すると，

$5(3y+2)-3y=10$，$12y=0$，$y=0$

$y=0$ を②に代入すると，$x=2$

$(x,\ y)=(2,\ 0)$

(10) $\begin{cases} 5x+2y=2(x+2y)+8 & \cdots\cdots① \\ \dfrac{x}{4}+\dfrac{y}{3}=\dfrac{1}{6} & \cdots\cdots② \end{cases}$

①から，　$3x-2y=8$ ……①′

②×12　$3x+4y=2$ ……②′

②′−①′　$6y=-6$，$y=-1$

$y=-1$ を①′に代入すると，$x=2$

$(x,\ y)=(2,\ -1)$

2 次の方程式を解きなさい。

(1) $4x-y-7=3x+2y=-1$

(2) $\dfrac{x+y}{4}=\dfrac{x+1}{3}=1$

(3) $3x+2y=5+3y=2x+11$

ガイド $A=B=C$ の形の方程式だから，どの組み合わせで連立方程式にするか決めます。

解答 (1) もとの方程式より，

$\begin{cases} 4x-y-7=-1 & \cdots\cdots① \\ 3x+2y=-1 & \cdots\cdots② \end{cases}$

①から，$4x-y=6$ ……①′

①′×2　$8x-2y=12$ ……①″

①″+②　$11x=11$，$x=1$

$x=1$ を①′に代入すると，$y=-2$

$(x,\ y)=(1,\ -2)$

(2) もとの方程式より，

$\begin{cases} \dfrac{x+y}{4}=1 & \cdots\cdots① \\ \dfrac{x+1}{3}=1 & \cdots\cdots② \end{cases}$

①から，$x+y=4$ ……①′

②から，$x+1=3$，$x=2$

$x=2$ を①′に代入すると，$y=2$

$(x,\ y)=(2,\ 2)$

(3) もとの方程式より，

$\begin{cases} 3x+2y=5+3y & \cdots\cdots① \\ 3x+2y=2x+11 & \cdots\cdots② \end{cases}$

①から，$3x-y=5$ ……①′

②から，$x+2y=11$ ……②′

①′×2　$6x-2y=10$ ……①″

②′+①″　$7x=21$，$x=3$

$x=3$ を①′に代入すると，$y=4$

$(x,\ y)=(3,\ 4)$

2章 連立方程式

テストによく出る

3 x, y についての連立方程式 $\begin{cases} ax+6y=6 \\ -3x+by=34 \end{cases}$ の解が，$(x,\ y)=(-3,\ 5)$ であるとき，a, b の値を求めなさい。

ガイド $x=-3$, $y=5$ を連立方程式のそれぞれの式に代入して，a, b についての連立方程式をつくり，これを解いて，a, b の値を求めます。

解答 $\begin{cases} ax+6y=6 & \cdots\cdots① \\ -3x+by=34 & \cdots\cdots② \end{cases}$

①，②に $x=-3$, $y=5$ を代入すると，

$\begin{cases} -3a+30=6 & \cdots\cdots①' \\ 9+5b=34 & \cdots\cdots②' \end{cases}$

①'から，$-3a=-24$, $a=8$

②'から，$5b=25$, $b=5$ **$a=8$, $b=5$**

4 2けたの正の整数があります。この整数は，各位の数の和の4倍よりも3大きい数です。
また，十の位の数と一の位の数を入れかえてできる2けたの数は，もとの整数よりも
9大きくなります。もとの整数を求めなさい。

ガイド 文字を使って2けたの整数を表し，数の大きさの関係から，方程式を2つつくります。

解答 もとの整数の十の位の数を x, 一の位の数を y とすると，

$\begin{cases} 10x+y=4(x+y)+3 & \cdots\cdots① \\ 10y+x=10x+y+9 & \cdots\cdots② \end{cases}$

①から，　$6x-3y=3$　……①'

②から，$-9x+9y=9$　……②'

①'÷3　$2x-y=1$　……①"

②'÷9　$-x+y=1$　……②"

①"+②"　$x=2$

$x=2$ を②"に代入すると，

$-2+y=1$, $y=3$

$(x,\ y)=(2,\ 3)$

この解は問題にあっている。

よって，もとの整数は，23

もとの整数23

テストによく出る

5 ある中学校の昨年の陸上部員数は，男女あわせて50人でした。今年は昨年とくらべて，
男子は10％減り，女子は20％増えたので，男女あわせて51人になりました。
昨年の男子と女子の部員数は，それぞれ何人ですか。

ガイド 昨年の男子を x 人，女子を y 人とすると，今年の男子は $\frac{90}{100}x$ 人，女子は $\frac{120}{100}y$ 人となります。

解答 昨年の陸上部の男子部員を x 人，女子部員を y 人とすると，

$\begin{cases} x+y=50 & \cdots\cdots① \\ \frac{90}{100}x+\frac{120}{100}y=51 & \cdots\cdots② \end{cases}$

②×10　$9x+12y=510$　……②'

②'÷3　$3x+4y=170$　……②"

①×3　$3x+3y=150$　……①'

②"−①'　$y=20$

$y=20$ を①に代入すると，$x=30$

$(x,\ y)=(30,\ 20)$

この解は問題にあっている。

昨年の男子部員30人，
昨年の女子部員20人

6 ある列車が，1260 m の鉄橋を渡(わた)りはじめてから渡り終わるまでに，60 秒かかりました。

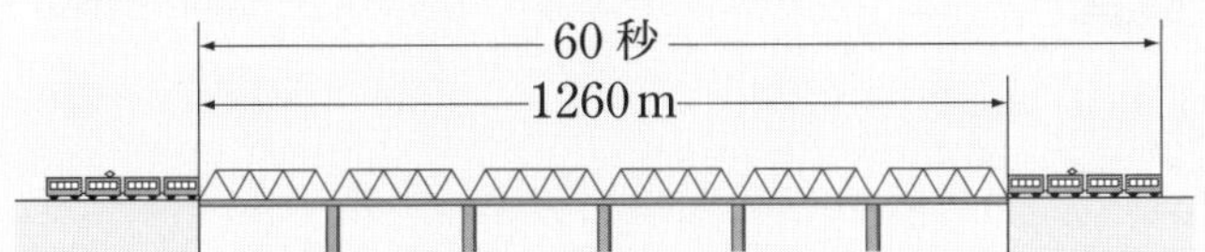

また，この列車が，2010 m のトンネルにはいりはじめてから出てしまうまでに，90 秒かかりました。この列車の長さと時速を求めなさい。

ガイド 教科書のイラストを見ると，列車が鉄橋を渡りはじめてから渡り終わるまでに列車が走る距離(きょり)は，鉄橋の長さと列車の長さの和であることがわかります。

解答 列車の長さを x m，列車の速さを秒速 y m とすると，

$$\begin{cases} 1260+x=60y & \cdots\cdots① \\ 2010+x=90y & \cdots\cdots② \end{cases}$$

②−①　$30y=750$，$y=25$

$y=25$ を①に代入すると，$x=240$

$(x,\ y)=(240,\ 25)$

この解は問題にあっている。

秒速 25 m は，時速になおすと 90 km になる。　列車の長さ **240 m**，時速 **90 km**

7 「勘者御伽双紙(かんじゃおとぎぞうし)」という江戸時代の本に，次のような「さっさ立て」という数あての問題がのっています。まず，いくつかの碁石(ごいし)を，次のルールにしたがって，㋑と㋺の 2 つの袋(ふくろ)に分けます。

> 【ルール】
> ・袋に 1 回入れるたびに，「はい」という。
> ・㋑の袋に入れるときは，1 回に 2 個入れる。
> ・㋺の袋に入れるときは，1 回に 1 個入れる。

この問題は，すべての碁石を分け終わってから，これを見ていなかった人が，最初にあった碁石の数と，「はい」といった回数だけから，それぞれの袋に何個の碁石がはいっているかをあてるものです。全部で 21 個の碁石を分け，「はい」を 13 回いったとすると，㋑と㋺の袋には，それぞれ何個の碁石がはいっていますか。

解答 ㋑の袋に x 個，㋺の袋に y 個の碁石がはいっているとすると，

$$\begin{cases} x+y=21 & \cdots\cdots① \\ \dfrac{x}{2}+y=13 & \cdots\cdots② \end{cases}$$

②×2　$x+2y=26$　……②′

②′−①　$y=5$

$y=5$ を①に代入すると，$x=16$

$(x,\ y)=(16,\ 5)$

この解は問題にあっている。

㋑の袋に **16 個**，㋺の袋に **5 個**

2 章 連立方程式

3章 一次関数

1節 一次関数とグラフ

水面の高さはどう変わるかな？

けいたさんとかりんさんの町で，お祭りが2日間おこなわれます。
2人はヨーヨーつりの水そうに，水を入れる係になりました。

1日目は，からの水そうに水を入れます。
水を入れはじめてからの時間をx分，底から水面までの高さをy cmとして，変化のようすを調べましょう。

解答

x	0	1	2	3	4	5	6	7	8
y	**0**	**2**	**4**	**6**	**8**	**10**	**12**	**14**	**16**

(1)　xの値が1増えると，**yの値は2増える**。

(2)　xの値が2倍，3倍，4倍になると，**yの値も2倍，3倍，4倍になる**。

(3)　$y=2x$

2日目の朝，水そうに水を入れようとしたら，1日目に入れた水が残っていました。
2日目は，すでに底から8 cmの高さまで水がはいった水そうに水を入れます。

話しあおう

教科書 p.59

底から8 cmの高さまで水がはいった水そうに，1分間に2 cmの割合で水面が高くなるように水を入れます。水を入れはじめてからの時間をx分，底から水面までの高さをy cmとすると，このxとyの関係について，どんなことがいえるでしょうか。

ガイド　からの水そうに，1分間に2 cmの割合で水を入れる場合をもとにして考えます。

解答例

x	0	1	2	3	4	5	6	7	8
y	**8**	**10**	**12**	**14**	**16**	**18**	**20**	**22**	**24**

- 水面の高さは，はじめは8 cmで，毎分2 cmの割合で増えていく。
- xの値が2倍，3倍，4倍になっても，yの値は2倍，3倍，4倍にはならない。
- $2x$の値は，順に，0，2，4，6，8，10，12，14，16となり，yの値は$2x$の値より，いつも8だけ大きくなっている。
- xとyの関係を式に表すと，$y=2x+8$ になる。

1 一次関数

学習のねらい

一次関数の性質や式の形を知り，比例との違いや比例との関係を理解し，身のまわりの一次関数で表されるものについて考えます。

教科書のまとめ **テスト前にチェック**

□一次関数 ▶ y が x の関数で，$y=2x+8$，$y=2x$ のように，y が x の一次式で表されるとき，y は x の**一次関数**(いちじかんすう)であるといいます。

□一次関数の式 ▶一次関数は，次の形の式で表すことができます。

$$y=ax+b \quad a,\ b\ \text{は定数}$$

□一次関数の式の特徴 ▶一次関数 $y=ax+b$ は，x に比例する部分 ax と定数の部分 b の和の形になっています。

□一次関数と比例との関係 ▶一次関数 $y=ax+b$ で，$b=0$ の場合，$y=ax$ となり，比例の関係になります。つまり，比例は一次関数の特別な場合です。

■ ともなって変わる２つの数量の間の関係について調べましょう。

問 1 y が x の関数で，次の(ア)〜(エ)の式で表されるとき，一次関数であるものをすべて選びなさい。また，一次関数については，x に比例する部分をいいなさい。 **教科書 p.61**

(ア) $y=8x-1$　　(イ) $y=\dfrac{4}{x}$　　(ウ) $y=\dfrac{1}{3}x$　　(エ) $y=5-7x$

ガイド 一次関数の式は，$y=ax+b$ で，a，b は定数です。
x に比例する部分は ax，定数の部分は b です。(イ)は反比例の関係です。

解答 一次関数であるもの…(ア)，(ウ)，(エ)

(ア)について，x に比例する部分は $\boldsymbol{8x}$

(ウ)について，x に比例する部分は $\boldsymbol{\dfrac{1}{3}x}$

(エ)について，x に比例する部分は $\boldsymbol{-7x}$

問 2 **例 1** で，地上からの高さが次のときの気温を，それぞれ求めなさい。 **教科書 p.61**

(1) 1 km　　(2) 4 km　　(3) 8.8 km

ガイド 地上からの高さ x km と，そのときの気温 y°C は，$y=20-6x$ という関係で表されることから考えます。x の変域は $0 \leqq x \leqq 10$ です。

解答 (1) $x=1$ のとき，$y=20-6\times1=14$　　**14°C**

(2) $x=4$ のとき，$y=20-6\times4=-4$　　**−4°C**

(3) $x=8.8$ のとき，$y=20-6\times8.8=20-52.8=-32.8$　　**−32.8°C**

練習問題 　1 一次関数 p.62

1 y が x の関数で，次の(ア)〜(ウ)の式で表されるとき，一次関数であるものをすべて選びなさい。

(ア) $y=-8x+3$　　(イ) $y=-\dfrac{12}{x}$　　(ウ) $y=\dfrac{3}{2}(x-2)$

ガイド 一次関数の式は，$y=ax+b$ と表され，a，b は定数です。
(ウ)は，かっこをはずして，式を $y=ax+b$ の形になおして考えます。

解答 (ア)は，一次関数である。

(イ)は，反比例の関係になっているので，一次関数ではない。

(ウ)は，$y=\dfrac{3}{2}(x-2)=\dfrac{3}{2}x-3$ だから，一次関数である。　　(ア)，(ウ)

2 次の(ア)〜(オ)のうち，y が x の一次関数であるものをすべて選びなさい。

(ア) 300 g ある小麦粉から，x g 使ったときの残り y g
(イ) 10 km の道のりを，時速 x km で歩いたときにかかる時間 y 時間
(ウ) 時速 4 km で x 時間歩いたときの道のり y km
(エ) 縦の長さ x cm，横の長さ 4 cm の長方形の周の長さ y cm
(オ) 半径 x cm の球の表面積 y cm^2

ガイド 数量の関係を x，y の文字を使って表し，y について解いた形にして，一次関数かどうか判断します。一次関数の場合は，$y=ax+b$ （a，b は定数）の形になっています。

(ア) (小麦粉の残りの重さ)=300−(使った小麦粉の重さ)
(イ) (かかる時間)$=\dfrac{(\text{道のり})}{(\text{時速})}$
(ウ) (道のり)=(時速)×(歩いた時間)
(エ) (長方形の周の長さ)=(縦の長さ)×2+(横の長さ)×2
　　または，(長方形の周の長さ)={(縦の長さ)+(横の長さ)}×2
(オ) (球の表面積)=4π×(半径)^2

解答 (ア) $y=300-x$ と表されるから，一次関数である。

(イ) $y=\dfrac{10}{x}$ と表されるから，反比例の関係である。

(ウ) $y=4x$ と表されるから，一次関数である。

(エ) $y=x\times2+4\times2$，$y=2x+8$ と表されるから，一次関数である。

(オ) $y=4\pi x^2$ と表されるから，一次関数ではない。

したがって，y が x の一次関数であるものは，(ア)，(ウ)，(エ)

参考 (ア)は，$y=-x+300$ と変形するとわかりやすくなります。
(ウ)は，比例の式ですが，一次関数の $b=0$ の場合にあたるから一次関数です。
(オ)は，$y=4\pi\times x\times x$ だから，y が x の一次式で表されていません。

2 一次関数の値の変化

学習のねらい

一次関数で，x の値の変化にともなって，y の値がどのように変化するかを調べ，変化の割合が一定であることを確かめます。

教科書のまとめ　テスト前にチェック

□変化の割合

▶ x の増加量に対する y の増加量の割合を，**変化の割合**（へんかのわりあい）といいます。

$$\text{変化の割合}=\frac{y\text{の増加量}}{x\text{の増加量}}$$

□一次関数の変化の割合

▶一次関数 $y=ax+b$ では，変化の割合は一定で，a に等しくなります。

$$\text{変化の割合}=\frac{y\text{の増加量}}{x\text{の増加量}}=a,\qquad a\text{は一定}$$

このことは，x の増加量が1のときの y の増加量が a であることを表しています。したがって，一次関数 $y=ax+b$ では，次のことがいえます。

・$a>0$ のとき，x の値が増加すると，y の値は増加する。

・$a<0$ のとき，x の値が増加すると，y の値は減少する。

一次関数の x の値に対応する y の値の変化のようすを調べましょう。

一次関数 $y=2x+1$ で，対応する x，y の値を求めると，下の表（解答欄（らん））のようになります。

□にあてはまる数を書き入れ，x の増加量と y の増加量をくらべましょう。

教科書 p.63

ガイド 表を見て，y の増加量を調べます。

解答

x：$-2 \xrightarrow{2} 0 \xrightarrow{1} 1 \xrightarrow{3} 4$

x	…	-3	-2	-1	0	1	2	3	4	…
y	…	-5	-3	-1	1	3	5	7	9	…

y：$-3 \xrightarrow{\boxed{4}} 1 \xrightarrow{\boxed{2}} 3 \xrightarrow{\boxed{6}} 9$

一次関数 $y=2x+1$ で，x の値が1から4まで変わるとき，

x の増加量は，$4-1=3$

y の増加量は，$9-3=6$

だから，<u>y の増加量は，x の増加量の **2** 倍になる。</u>

x：$1 \xrightarrow{3} 4$

x	1	4
y	3	9

y：$3 \xrightarrow{6} 9$

$\dfrac{6}{3}=2$

問1 一次関数 $y=2x+1$ で，x の値が5から9まで変わるとき，y の増加量は，x の増加量の何倍になりますか。

教科書 p.63

ガイド $y=2x+1$ に，$x=5$，$x=9$ をそれぞれ代入して，y の値を調べます。

解答 $y=2x+1$ で，

$x=5$ のとき，$y=2\times5+1=11$

$x=9$ のとき，$y=2\times9+1=19$

よって，右の表のようになる。これより，

x の増加量は 4，y の増加量は 8

だから，**y の増加量は，x の増加量の 2 倍になる。**

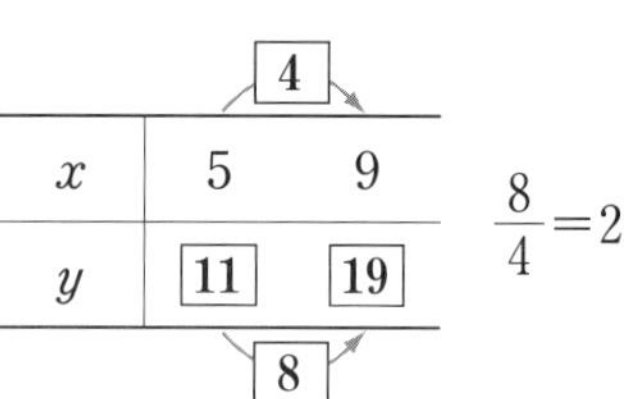

x	5	9
y	11	19

（x の増加量 4，y の増加量 8）　$\frac{8}{4}=2$

一次関数 $y=-2x+7$ について，下の表（解答欄）を完成させて，変化の割合を調べましょう。　教科書 p.64

(1) x の値が 1 から 4 まで変わるとき，y の増加量を調べ，変化の割合を求めましょう。

(2) x の値が□から○まで変わるとき，□や○の数を自分で決めて，y の増加量を調べ，変化の割合を求めましょう。

(3) x の増加量が 1 のときの y の増加量を調べましょう。

ガイド $y=-2x+7$ に，$x=-3$，-2，-1，0，1，2，3，4 を代入して y の値を調べ，表を完成させます。その表を見て，(1)，(2)，(3)の問題に答えます。

解答

x	…	−3	−2	−1	0	1	2	3	4	…
y	…	**13**	**11**	**9**	**7**	**5**	**3**	**1**	**−1**	…

(1) x の増加量は，$4-1=3$，y の増加量は，$-1-5=\mathbf{-6}$

変化の割合$=\frac{-6}{3}=\mathbf{-2}$

(2) x の値が□から○まで変わるとき，例えば，□を -3，○を 2 とすると，

x の増加量は，$2-(-3)=5$，y の増加量は，$3-13=\mathbf{-10}$

変化の割合$=\frac{-10}{5}=\mathbf{-2}$

(3) **−2**

問 2 一次関数 $y=\frac{2}{3}x+5$ で，次の場合の y の増加量を求めなさい。　教科書 p.64

(1) x の増加量が 1 のとき　　(2) x の増加量が 3 のとき

ガイド 変化の割合と x の増加量から，y の増加量を求めます。

$\frac{y\text{の増加量}}{x\text{の増加量}}=a$ から，(y の増加量)$=a\times$(x の増加量) です。

解答 (1) x の増加量が 1 だから，

y の増加量は，

$\frac{2}{3}\times1=\frac{2}{3}$　　$\underline{\mathbf{\frac{2}{3}}}$

(2) x の増加量が 3 だから，

y の増加量は，

$\frac{2}{3}\times3=2$　　$\underline{\mathbf{2}}$

練習問題　　2 一次関数の値の変化　p.65

1 次の一次関数の変化の割合をいいなさい。
また，x の値が増加するとき，y の値は増加しますか，減少しますか。

(1) $y=7x+2$　　(2) $y=-3x+4$　　(3) $y=\frac{1}{5}x-6$

ガイド 一次関数 $y=ax+b$ の変化の割合は a で，$a>0$ の場合は，x の値が増加するとき y の値は増加し，$a<0$ の場合は，x の値が増加するとき y の値は減少します。

解答 (1) 変化の割合は **7**，x の値が増加するとき，**y の値は増加する**。

(2) 変化の割合は **−3**，x の値が増加するとき，**y の値は減少する**。

(3) 変化の割合は $\frac{1}{5}$，x の値が増加するとき，**y の値は増加する**。

2 一次関数 $y=-6x-5$ で，次の場合の y の増加量を求めなさい。

(1) x の増加量が 1 のとき　　(2) x の増加量が 5 のとき

ガイド $\frac{y\text{の増加量}}{x\text{の増加量}}=a$ から，(y の増加量)$=a\times$(x の増加量) で求めます。
$a<0$ だから，x の値が増加するとき，y の値は減少します。

解答 (1) x の増加量が 1 だから，y の増加量は，$-6\times1=-6$　　**−6**

(2) x の増加量が 5 だから，y の増加量は，$-6\times5=-30$　　**−30**

参考 (1) 一次関数 $y=ax+b$ の変化の割合は a だから，x の値が 1 増加すると，y の値は a 増加します。

3 一次関数 $y=-\frac{3}{4}x+1$ で，次の場合の y の増加量を求めなさい。

(1) x の増加量が 1 のとき　　(2) x の増加量が 4 のとき

ガイド (y の増加量)$=a\times$(x の増加量) です。
変化の割合が分数でも，整数の場合と同じようにして求められます。

解答 (1) x の増加量が 1 だから，y の増加量は，$-\frac{3}{4}\times1=-\frac{3}{4}$　　$-\frac{3}{4}$

(2) x の増加量が 4 だから，y の増加量は，$-\frac{3}{4}\times4=-3$　　**−3**

3章 一次関数

3 一次関数のグラフ

学習のねらい

一次関数のグラフが直線になることを理解し，いろいろな一次関数のグラフがかけるようにします。

教科書のまとめ **テスト前にチェック**

□一次関数のグラフ

▶一次関数 $y=ax+b$ のグラフは，傾き a，切片 b の直線で，a の値によって右のようになります。

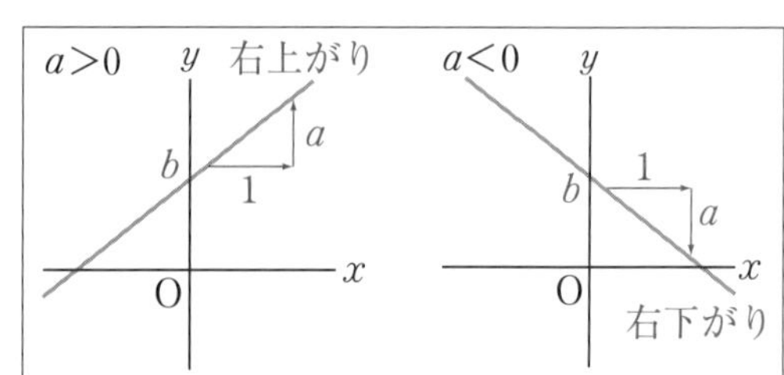

注　一次関数 $y=ax+b$ のグラフは，直線 $y=ax$ に平行で，y 軸上の点 $(0,\ b)$ を通る直線です。

□一次関数のグラフのかき方

▶一次関数 $y=ax+b$ のグラフは，切片 b で y 軸との交点を決め，その点を通る傾き a の直線をひいてかくことができます。

一次関数のグラフについて考えましょう。

教科書 p.66

(1)　一次関数 $y=2x+3$ について，下の表(解答欄)を完成させましょう。

(2)　上の表(解答欄)で，対応する x と y の値の組を座標とする点を左(解答欄)の図にかき入れましょう。

(3)　比例の関係 $y=2x$ のグラフを左(解答欄)の図にかき入れましょう。

(4)　一次関数 $y=2x+3$ のグラフはどんなグラフになるか予想しましょう。

ガイド　(1)　**xの値を $y=2x+3$ の式に代入して，対応するyの値を求めます。**

解答　(1)

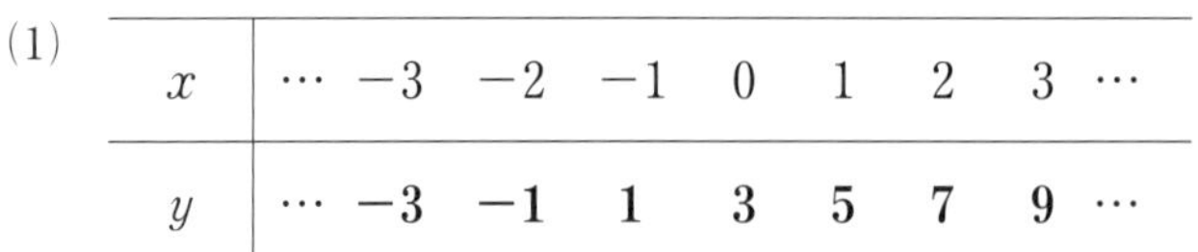

x	…	−3	−2	−1	0	1	2	3	…
y	…	**−3**	**−1**	**1**	**3**	**5**	**7**	**9**	…

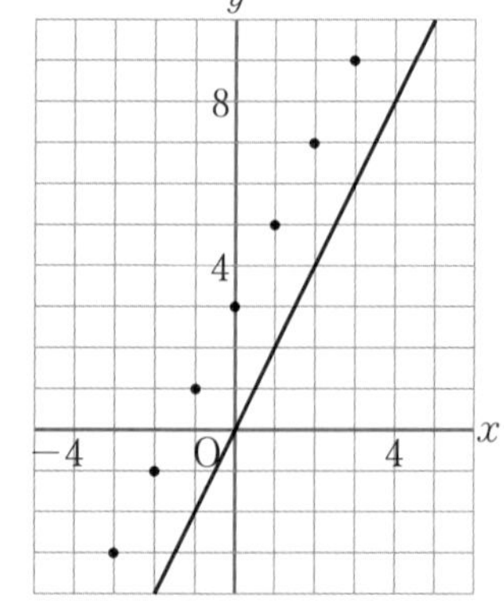

(2)　(1)の表より，次の座標をかき入れる。

$(-3,\ -3)$，$(-2,\ -1)$，$(-1,\ 1)$，$(0,\ 3)$，$(1,\ 5)$，$(2,\ 7)$，$(3,\ 9)$　**(右の図の点)**

(3)　グラフは**右の図**　(原点を通る直線)

(4)　・グラフは，直線になりそうである。

・グラフは，$y=2x$ のグラフに平行になりそうである。

問 1 右の図は，$y=2x$ と $y=-2x$ のグラフです。これをもとにして，次の一次関数のグラフを右の図にかき入れなさい。

教科書 p.67

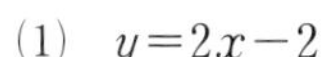

(1) $y=2x-2$

(2) $y=-2x+4$

(3) $y=-2x-3$

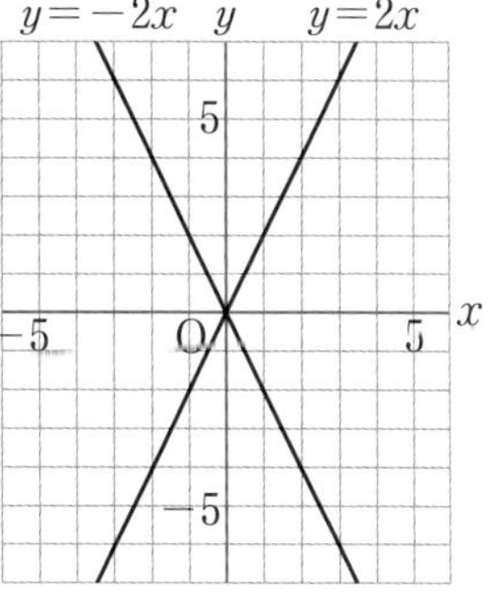

ガイド (1)は $y=2x$ のグラフを，(2)，(3)は $y=-2x$ のグラフを，それぞれ，上方，または下方にどれだけ平行移動するか，定数の項(こう)から判断します。

解答 (1) $y=2x-2$ のグラフは，$y=2x$ のグラフを2だけ下方に平行移動した直線である。

(2) $y=-2x+4$ のグラフは，$y=-2x$ のグラフを4だけ上方に平行移動した直線である。

(3) $y=-2x-3$ のグラフは，$y=-2x$ のグラフを3だけ下方に平行移動した直線である。

よって，グラフは**右の図**

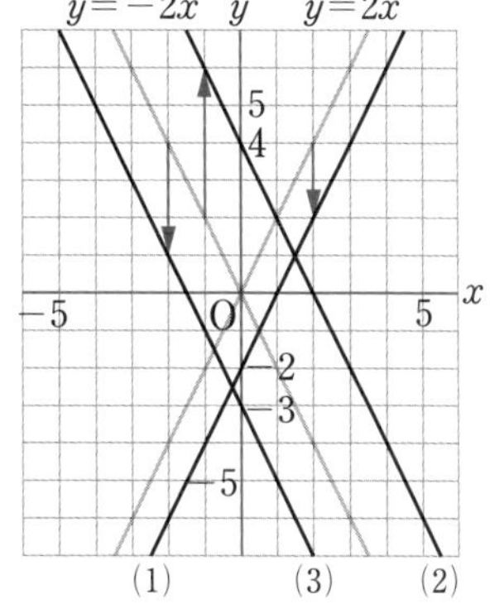

参考 (1)のグラフは，直線 $y=2x$ に平行で，点 $(0,\ -2)$ を通る直線になります。

(2)，(3)のグラフは，直線 $y=-2x$ に平行で，それぞれ点 $(0,\ 4)$，点 $(0,\ -3)$ を通る直線になります。

問 2 次の直線の切片をいいなさい。

教科書 p.67

(1) $y=-3x+5$　　(2) $y=2x-4$　　(3) $y=-5x$

ガイド 直線 $y=ax+b$ では，b を切片といいます。

解答 (1) **5**　　(2) **−4**　　(3) **0**

一次関数 $y=ax+b$ で，a の値とグラフの関係を調べましょう。

教科書 p.68

右の図で，①～③は，それぞれ，

① $y=x+2$　② $y=2x+2$　③ $y=3x+2$

のグラフです。

x の係数の違いは，①～③のグラフにどのように現れているでしょうか。

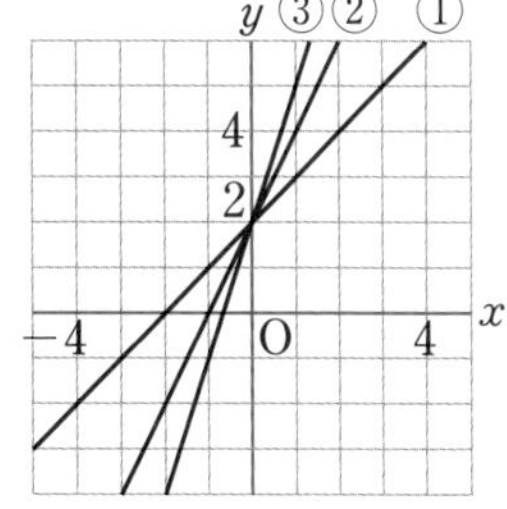

3章 一次関数

ガイド ①，②，③は，$y=ax+2$ の a の値を 1，2，3 と 1 ずつ大きくしたものになっています。このときのグラフのようすの違いを答えます。

解答例 $y=ax+2$ の a の値が 1，2，3 と大きくなるほど，より起き上がったグラフになっている。

問 3 次の直線の傾きと切片をいいなさい。 教科書 p.69

また，それぞれの直線は，右上がり，右下がりのどちらになりますか。

(1)　$y=3x-4$　　(2)　$y=-x+6$

(3)　$y=\frac{4}{5}x-1$　　(4)　$y=-\frac{3}{2}x+1$

ガイド 直線 $y=ax+b$ で，a は傾き，b は切片です。
$a>0$ のとき，右上がりの直線，$a<0$ のとき，右下がりの直線になります。

解答 (1)　**傾き 3，切片 −4，右上がり**　　(2)　**傾き −1，切片 6，右下がり**

(3)　**傾き $\frac{4}{5}$，切片 −1，右上がり**　　(4)　**傾き $-\frac{3}{2}$，切片 1，右下がり**

一次関数のグラフをかきましょう。

問 4 次の一次関数のグラフをかきなさい。 教科書 p.70

(1)　$y=x-3$　　(2)　$y=-3x+1$　　(3)　$y=\frac{2}{3}x-3$

(4)　$y=-3x-4$　　(5)　$y=-\frac{1}{3}x+2$

ガイド 一次関数 $y=ax+b$ のグラフをかくには，まず，切片 b で y 軸との交点を決め，その点を通る傾き a の直線をひきます。

解答 グラフは，**右の図**

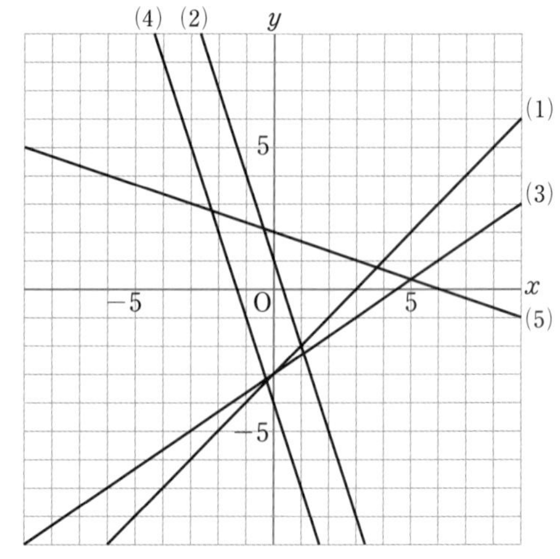

xの変域に制限があるときのyの変域について考えましょう。

問 5 一次関数 $y=-3x-3$ について，x の変域が次のときの y の変域を求めなさい。 教科書 p.71

(1) $-2 \leqq x \leqq 1$　　(2) $-3 \leqq x \leqq -1$

ガイド xの変域に制限があるときは，xの値に対応するyの値を調べます。

解答 (1) $x=-2$ のとき $y=3$,
$x=1$ のとき $y=-6$
だから，y の変域は，$\mathbf{-6 \leqq y \leqq 3}$

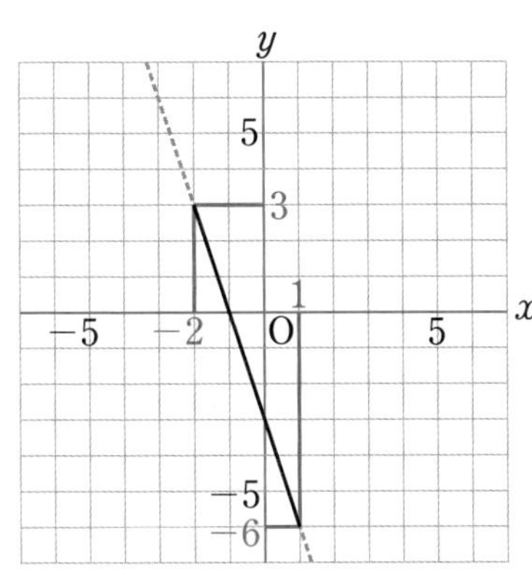

(2) $x=-3$ のとき $y=6$,
$x=-1$ のとき $y=0$
だから，y の変域は，$\mathbf{0 \leqq y \leqq 6}$

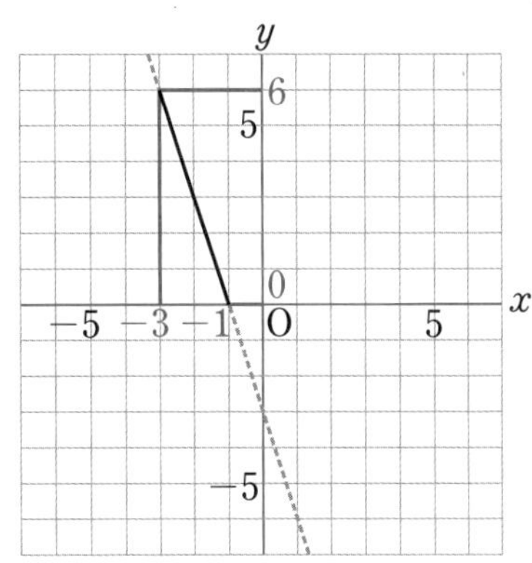

練習問題　③ 一次関数のグラフ p.71

1 一次関数 $y=-\frac{3}{2}x+4$ について，x の変域が次のときの y の変域を求めなさい。

(1) $4 \leqq x \leqq 6$　　(2) $-2 \leqq x \leqq 2$

ガイド 一次関数のグラフをかいて，xの変域に制限があるときのyの変域を調べます。

解答 (1) $x=4$ のとき $y=-2$,
$x=6$ のとき $y=-5$
だから，y の変域は，$\mathbf{-5 \leqq y \leqq -2}$

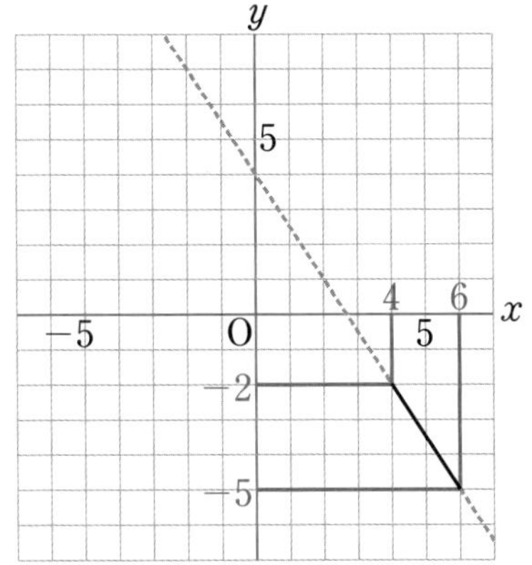

(2) $x=-2$ のとき $y=7$,
$x=2$ のとき $y=1$
だから，y の変域は，$\mathbf{1 \leqq y \leqq 7}$

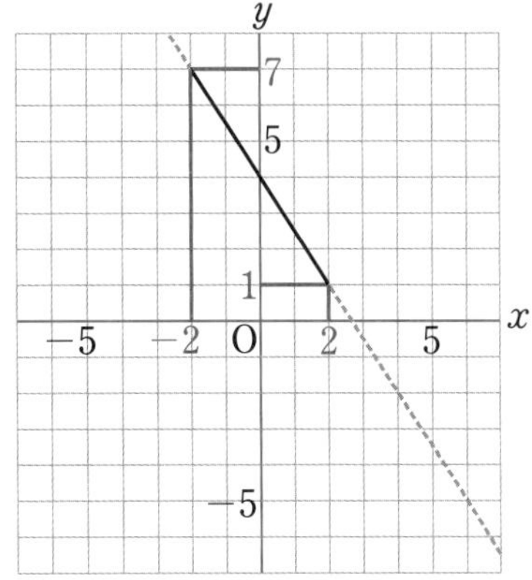

4 一次関数の式を求めること

学習のねらい

与(あた)えられたグラフや条件から，一次関数の式を求めます。傾きと切片，グラフが通る1点の座標と傾き，グラフが通る2点の座標などからの求め方を学習します。

教科書のまとめ　テスト前にチェック

□傾きと切片から式を求める
▶グラフから傾き a や切片 b を読みとり，一次関数の式 $y=ax+b$ を求めます。

□傾きと1点の座標から式を求める
▶傾きがわかっているから，$y=ax+b$ の a は決まります。グラフが通る1点の座標の x，y の値を $y=ax+b$ に代入して，b を求めます。

□2点の座標から式を求める
▶2点の座標から傾きを求め，2点のうちの1点の座標から式を求めます。
▶$y=ax+b$ に，2点の座標の x，y の値をそれぞれ代入して，a，b についての連立方程式とみて解き，a，b を求めます。

グラフから一次関数の式を求めましょう。

● 傾きと切片がわかるとき

教科書 p.73

右の図は，ある一次関数のグラフです。このグラフから一次関数の式を求めるには，どうすればよいでしょうか。

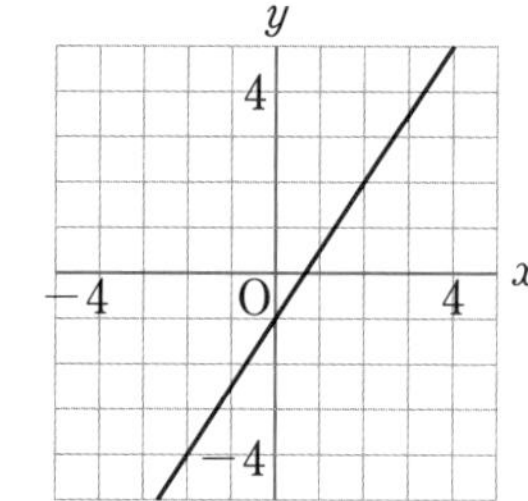

ガイド　グラフと y 軸との交点の y 座標を調べ，次に，傾きを調べます。この直線は，2点 $(0,\ -1)$ と $(2,\ 2)$ を通っていることから，傾きを求めることができます。

解答例　グラフの直線の傾きと切片を読みとればよい。

参考　この直線は，点 $(0,\ -1)$ を通るから，切片は -1

また，$(0,\ -1)$ と $(2,\ 2)$ を通っているので，右へ2進むと上へ3進むから，傾きは $\frac{3}{2}$

よって，求める式は，$y=\frac{3}{2}x-1$ です。

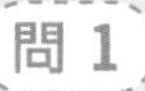

教科書 p.73

問 1　右の直線①〜③は，一次関数のグラフです。これらの一次関数の式を，それぞれ求めなさい。

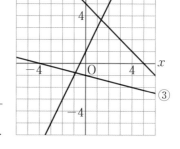

ガイド　グラフから，$y=ax+b$ の a，b の値を求めます。

解答 ① 切片は1，右へ1進むと上へ2進むから，傾きは2
よって，$y=2x+1$

② 切片は5，右へ1進むと下へ1進む（上へ −1 進む）から，
傾きは −1　　よって，$y=-x+5$

③ 切片は −1，右へ4進むと下へ1進む（上へ −1 進む）
から，傾きは $-\frac{1}{4}$　　よって，$y=-\frac{1}{4}x-1$

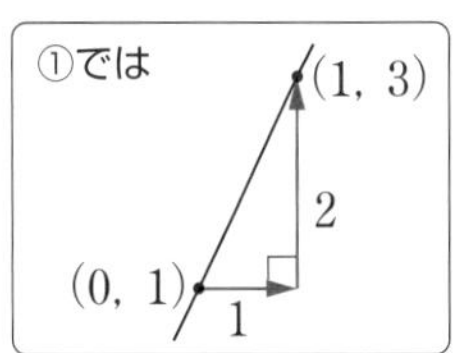

● 傾きと1点の座標がわかるとき

問2 y は x の一次関数で，そのグラフが点 (1, 2) を通り，傾き −3 の直線であるとき，この一次関数の式を求めなさい。 教科書 p.74

ガイド 傾きが −3 だから，$y=-3x+b$ と表して，b の値を求めます。

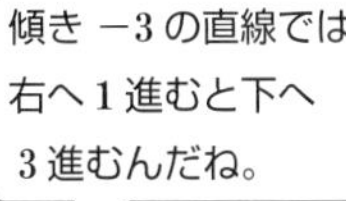

傾き −3 の直線では，
右へ1進むと下へ
3進むんだね。

解答 傾きは −3 だから，求める一次関数の式を，$y=-3x+b$ …① とする。
この直線は，点 (1, 2) を通るから，
$x=1$，$y=2$ を①に代入すると，
$2=-3\times1+b$，$b=5$　　よって，求める式は，$y=-3x+5$

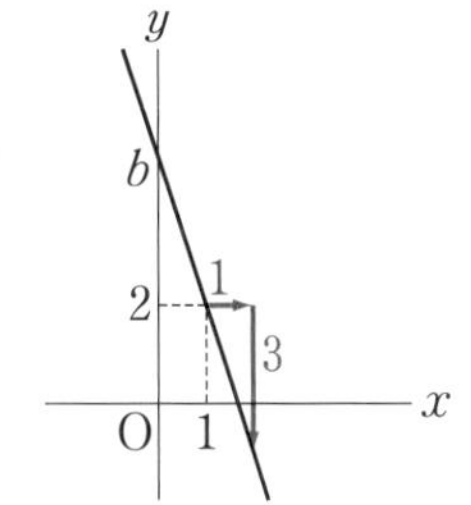

説明しよう 教科書 p.74

右の図の直線は，ある一次関数のグラフです。この一次関数の式の求め方を説明しましょう。

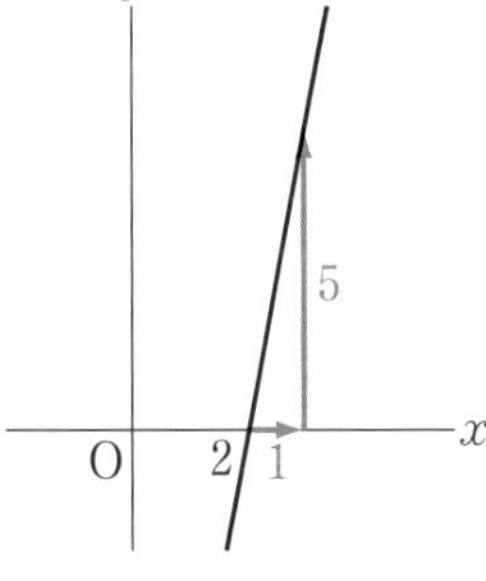

ガイド 与えられたグラフには，直線と y 軸の交点が示されていないから，切片が読みとれません。しかし，傾きは，右に1進むと上へ5進むことが示されているので，5とわかります。そして，直線と x 軸の交点から点 (2, 0) を通っていることがわかります。これで，傾きと1点の座標がわかったことになります。

解答例 グラフから，傾きは5だから，求める一次関数の式を，
$y=5x+b$ …① とする。この直線は，点 (2, 0) を通るから，
$x=2$，$y=0$ を①に代入すると，
$0=5\times2+b$，$b=-10$
よって，求める式は，$y=5x-10$ となる。

グラフをよく見て，
傾きと通る点の座
標を読みとるのが，
ポイントだね！

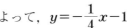

● 2点の座標がわかるとき

問 3　y は x の一次関数で，そのグラフが2点 $(-1,\ -4)$，$(3,\ 8)$ を通る直線であるとき，この一次関数の式を求めなさい。　教科書 p.75

ガイド　まず，右のようなだいたいの図をかいてみます。
この直線が通る2点の座標から，傾き a を求めて，
求める一次関数の式を，$y=ax+b$ とします。
（↑求めた値）
2点のうちのどちらかを選んで，座標の x，y の値をこの式に代入して，切片を求めます。
また，求める一次関数の式を，$y=ax+b$ として，
2点の座標の x，y の値をそれぞれ代入し，連立方程式をつくって解く方法でも，求めることができます。

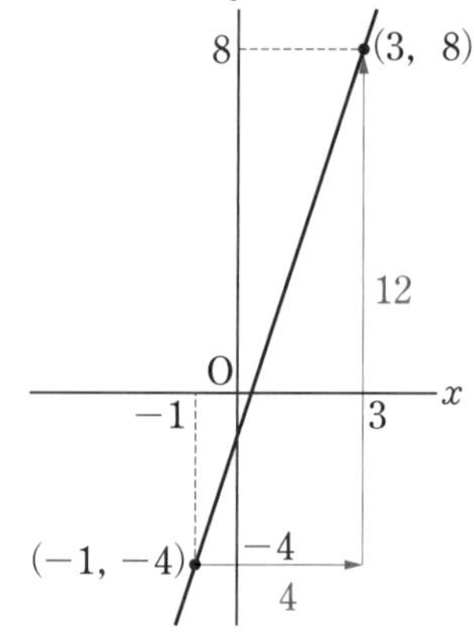

解答　・〈傾きと1点の座標で解く〉

2点 $(-1,\ -4)$，$(3,\ 8)$ を通る直線の傾きは，

$$\frac{8-(-4)}{3-(-1)}=3$$

だから，求める一次関数の式を，$y=3x+b$ とする。
この直線は，点 $(3,\ 8)$ を通るから，$x=3$，$y=8$ を代入すると，

$8=3\times3+b$

$b=-1$

よって，求める式は，$\underline{\boldsymbol{y=3x-1}}$

・〈連立方程式とみて解く〉

求める一次関数の式を，$y=ax+b$ とする。
$x=-1$ のとき $y=-4$ だから，$-4=-a+b$　……①
$x=3$ のとき $y=8$ だから，　$8=3a+b$　……②
この①と②を，a，b についての連立方程式とみて解く。
②−①　$12=4a$，$a=3$
$a=3$ を①に代入すると，$-4=-3+b$，$b=-1$

$(a,\ b)=(3,\ -1)$

よって，求める式は，$\underline{\boldsymbol{y=3x-1}}$

連立方程式の解き方は，2章で学習したね。

参考　2点の座標がわかっているとき，一次関数 $y=ax+b$ の x，y に，2点の座標の値を代入して，a，b についての連立方程式とみて解く方法はよく使われます。計算だけで求められるので，連立方程式の解き方に習熟してさえいれば確実で便利です。
一方，だいたいのグラフをかいて，傾きと1点の座標で解く方法は，式がグラフで確認できるので，誤りが少なくなります。
どちらの方法でも解けるようにしておきましょう。

問 4 y は x の一次関数で，$x=-2$ のとき $y=-1$，$x=4$ のとき $y=8$ となります。この一次関数の式を求めなさい。

教科書 p.75

ガイド 一次関数を $y=ax+b$ として，$x=-2$，$y=-1$ を代入した式と，$x=4$，$y=8$ を代入した式を，a，b についての連立方程式とみて解きます。

解答 求める一次関数の式を，$y=ax+b$ とする。

$x=-2$ のとき $y=-1$ だから，　$-1=-2a+b$ ……①

$x=4$ のとき $y=8$ だから，　$8=4a+b$ ……②

この①と②を，a，b についての連立方程式とみて解くと，

②−①　$9=6a$，$a=\dfrac{3}{2}$

$a=\dfrac{3}{2}$ を①に代入すると，$b=2$

$(a,\ b)=\left(\dfrac{3}{2},\ 2\right)$

よって，求める式は，$\underline{y=\dfrac{3}{2}x+2}$

まとめよう

教科書 p.76

これまでに，表，式，グラフを使って，一次関数を調べてきました。ここで，一次関数を1つ決めて，その表，式，グラフをかき，それらの関係についてまとめましょう。

解答例 $y=-\dfrac{1}{2}x+1$ について考える。

〈一次関数 $y=-\dfrac{1}{2}x+1$ の表，式，グラフの関係について〉

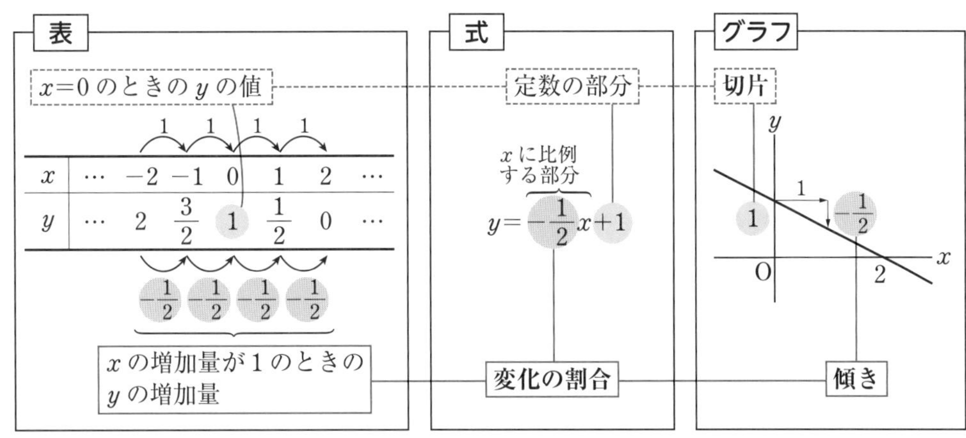

表で，$x=0$ のときの y の値1が，式では定数の部分の1になり，グラフでは切片の1になる。表で，x の増加量が1のときの y の増加量 $-\dfrac{1}{2}$ が，式では変化の割合になり，グラフでは傾きになり，このグラフの直線は，右へ1進むと上へ $-\dfrac{1}{2}$ 進むことになる。

練習問題 ④ 一次関数の式を求めること p.76

1 次の一次関数の式を求めなさい。

(1) グラフが，点 $(2,\ -1)$ を通り，傾き 3 の直線である。

(2) 変化の割合が -5 で，$x=2$ のとき $y=3$ である。

(3) $x=-3$ のとき $y=2$ で，x の増加量が 3 のときの y の増加量が 5 である。

(4) グラフが，点 $(0,\ 5)$ を通り，$y=\frac{2}{3}x$ のグラフに平行な直線である。

(5) グラフが，2 点 $(0,\ -2)$，$(4,\ 1)$ を通る直線である。

(6) $x=-2$ のとき $y=2$，$x=2$ のとき $y=8$ である。

ガイド (1) 求める式を $y=3x+b$ として，$x=2$，$y=-1$ を代入して b を求めます。

(5) 2 点の座標から傾きを求めます。

(6) $y=ax+b$ とおいて，x, y の値を代入し，a, b についての連立方程式を解きます。

解答 (1) 傾きは 3 だから，求める一次関数の式を，$y=3x+b$ とする。

点 $(2,\ -1)$ を通るから，$-1=3\times2+b$，$b=-7$

よって，求める式は，$\boldsymbol{y=3x-7}$

(2) 変化の割合が -5 だから，求める一次関数の式を，$y=-5x+b$ とする。

$x=2$，$y=3$ を代入すると，$3=-5\times2+b$，$b=13$

よって，求める式は，$\boldsymbol{y=-5x+13}$

(3) x の増加量が 3 のときの y の増加量が 5 だから，変化の割合は，$\frac{5}{3}$

求める一次関数の式を $y=\frac{5}{3}x+b$ として，$x=-3$，$y=2$ を代入すると，

$2=\frac{5}{3}\times(-3)+b$，$b=7$

よって，求める式は，$\boldsymbol{y=\frac{5}{3}x+7}$

(4) グラフが点 $(0,\ 5)$ を通るから，切片は 5，$y=\frac{2}{3}x$ のグラフに平行な直線だから，

傾きは $\frac{2}{3}$　よって，求める一次関数の式は，$\boldsymbol{y=\frac{2}{3}x+5}$

(5) 点 $(0,\ -2)$ を通るから，切片は -2，傾きは，$\frac{1-(-2)}{4-0}=\frac{3}{4}$

よって，求める一次関数の式は，$\boldsymbol{y=\frac{3}{4}x-2}$

(6) 求める一次関数の式を，$y=ax+b$ とする。

$x=-2$，$y=2$ を代入すると，$2=-2a+b$ ……①

$x=2$，$y=8$ を代入すると，$8=2a+b$ ……②

①，②を a，b についての連立方程式とみて解くと，$(a,\ b)=\left(\frac{3}{2},\ 5\right)$

よって，求める式は，$\boldsymbol{y=\frac{3}{2}x+5}$

②節 一次関数と方程式

どのように並んでいるかな？

❶ 二元一次方程式

$2x+y=5$ ……①

の解について考えましょう。

次のxとyの値の組が，方程式①の解となるように，□に値を書き入れましょう。

(−1, □), (□, 5), (0.5, □)

(□, 3), (2.5, □), (□, −1)

❷ 上のxとyの値の組を座標とする点を，下の図にかき入れましょう。(図は省略)

ガイド ❶ (−1, □), (0.5, □), (2.5, □) は，それぞれ，$x=-1$, $x=0.5$, $x=2.5$ を $2x+y=5$ に代入して，yの値を求めます。

(□, 5), (□, 3), (□, −1) は，それぞれ，$y=5$, $y=3$, $y=-1$ を $2x+y=5$ に代入して，xの値を求めます。

❷ ❶で求めたx, yの値の組を，点として表します。

解答 ❶ xとyの値の組は，(−1, 7), (0, 5), (0.5, 4), (1, 3), (2.5, 0), (3, −1)

❷ 右の図

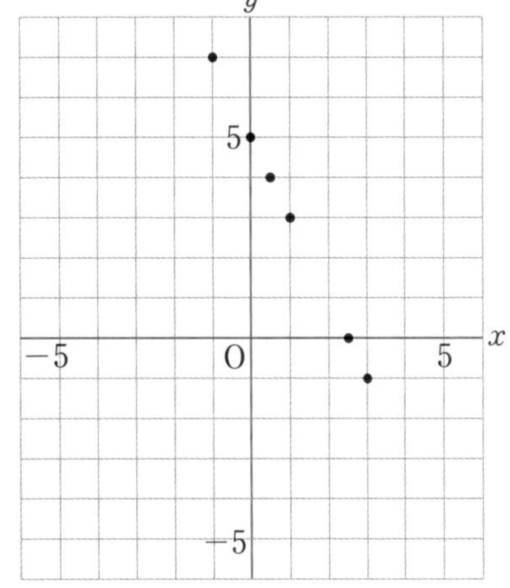

参考 $x=1.5$ のとき $y=2$ だから，(1.5, 2) も二元一次方程式 $2x+y=5$ の解になります。

他の解も調べると，次のようになります。

x	−0.5	1.5	2	3.5
y	6	2	1	−2

話しあおう

教科書 p.77

上でかいた図から，どんなことがわかるでしょうか。

解答例

- 二元一次方程式のグラフをかくと直線になりそう。
- 二元一次方程式 $2x+y=5$ のグラフは，切片が5で，傾きが −2 の直線になりそう。
- 二元一次方程式 $2x+y=5$ を，一次関数のように変形すると，$y=-2x+5$ になるから，一次関数のグラフになりそう。

1 方程式とグラフ

学習のねらい

$ax+by=c$, $y=k$, $x=h$ のグラフはどのようになるかを学習し，方程式のグラフと一次関数のグラフとの関係を明らかにします。

教科書のまとめ テスト前にチェック

□方程式 $ax+by=c$ のグラフ
▶二元一次方程式 $ax+by=c$ の解を座標とする点の全体は，この式を y について解いた一次関数 $\left(y=-\dfrac{a}{b}x+\dfrac{c}{b}\right)$ のグラフと一致し，直線になります。この直線が，**方程式 $ax+by=c$ のグラフ**で，$ax+by=c$ を，この直線の式といいます。

□$y=k$ のグラフ
▶$y=k$ のグラフは，点 $(0,\ k)$ を通り，x 軸に平行な直線になります。

□$x=h$ のグラフ
▶$x=h$ のグラフは，点 $(h,\ 0)$ を通り，y 軸に平行な直線になります。

■ 方程式 $ax+by=c$ のグラフについて考えましょう。

問 1 次の方程式を，y について解き，そのグラフを右上（解答欄）の図にかき入れなさい。 教科書 p.78

(1) $x-2y=6$　　(2) $4x+3y=0$

ガイド 等式の性質を利用して，y について解き，傾きと切片からグラフをかきます。

解答 (1) $x-2y=6$

$-2y=-x+6$

$y=\dfrac{1}{2}x-3$

(2) $4x+3y=0$

$3y=-4x$

$y=-\dfrac{4}{3}x$

グラフは右の図

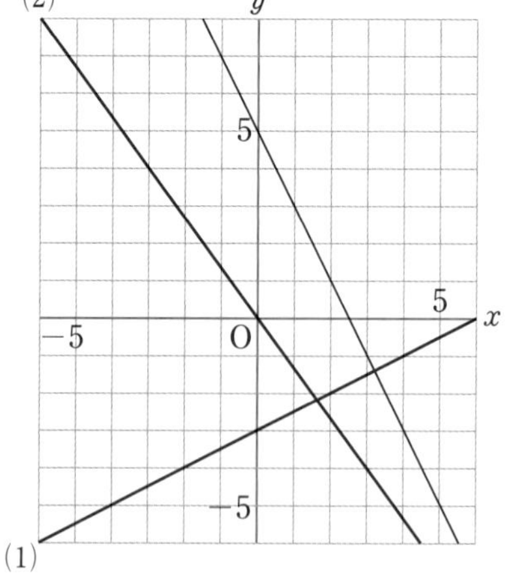

問 2 次の方程式のグラフをかきなさい。 教科書 p.79

(1) $x-y=5$　　(2) $x+2y=-2$

ガイド 方程式 $ax+by=c$ のグラフは直線になります。直線上の 2 点を求めてグラフをかきますが，直線の式の x に適当な値を代入して y を求め，2 点を決めます。もっとも簡単な 2 点は，y 軸と交わる点（$x=0$ を代入して y の値を求める）と x 軸と交わる点（$y=0$ を代入して x の値を求める）です。または，$y=ax+b$ の形に変形して，グラフをかいてもよいです。

解答 (1) $x-y=5$ $(y=x-5)$

$x=0$ のとき，$y=-5$

$y=0$ のとき，$x=5$

2 点 $(0,\ -5)$，$(5,\ 0)$ を通る直線になる。

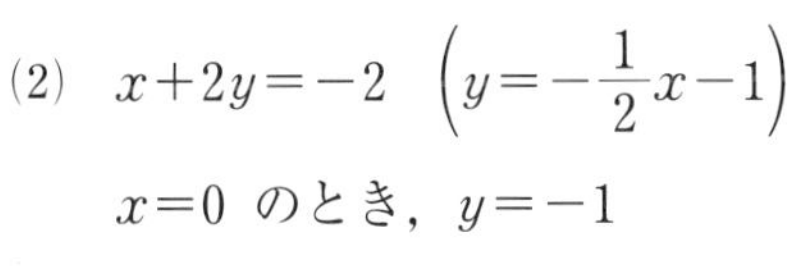

(2) $x+2y=-2$ $\left(y=-\dfrac{1}{2}x-1\right)$

$x=0$ のとき，$y=-1$

$y=0$ のとき，$x=-2$

2 点 $(0,\ -1)$，$(-2,\ 0)$ を通る直線になる。

グラフは右の図

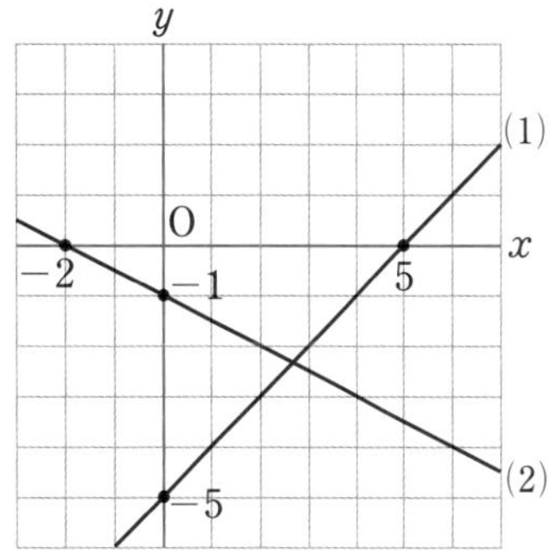

説明しよう

教科書 p.79

方程式 $x-3y=7$ のグラフを，座標が整数の組になる 2 点を求めてかこうと思います。この直線上で，座標が整数の組になる点は，どうすれば見つけられるでしょうか。下のけいたさん，かりんさんの考え (省略) も参考にして，説明しましょう。

ガイド 方程式 $x-3y=7$ を x について解いて，y に適当な値を代入してみます。

解答例 (説明) 方程式 $x-3y=7$ を x について解くと，

$x=3y+7$ ……①

①の y に整数を代入したとき，x の値も整数になる。例えば，

$y=-1$ のとき，$x=3\times(-1)+7=4$

$y=-2$ のとき，$x=3\times(-2)+7=1$

だから，2 点 $(4,\ -1)$，$(1,\ -2)$ を通る直線をかけばよい。

参考 グラフは右の図のようになります。

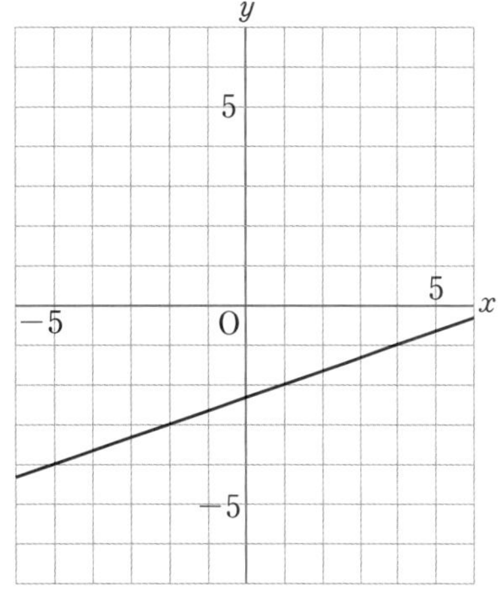

● $y=k$ のグラフ

問 3 次の方程式のグラフをかきなさい。

教科書 p.80

(1) $y=2$　　(2) $2y=-6$

ガイド (1) $y=k$ は，x がどんな値をとっても y の値は k であることを意味しています。だから，点 $(0,\ k)$ を通り，x 軸に平行な直線になります。

(2) $y=\sim$ の形にします。

解答　(1)　点 $(0,\ 2)$ を通り，x 軸に平行な直線になる。

グラフは右の図の(1)

(2)　$2y=-6$

両辺を2でわると，$y=-3$

よって，グラフは，点 $(0,\ -3)$ を通り，

x 軸に平行な直線になる。

グラフは右の図の(2)

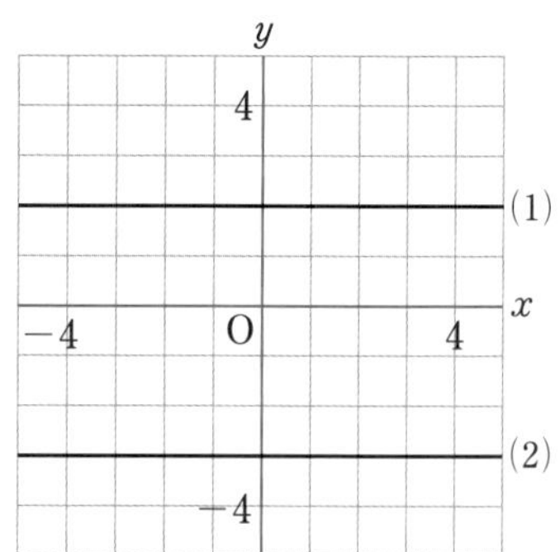

● $x=h$ のグラフ

方程式 $ax+by=c$ で，$a=1$，$b=0$，$c=2$ とすると，方程式は，$x=2$ となります。このグラフは，どんなグラフになるでしょうか。

教科書 p.80

ガイド　方程式 $ax+by=c$ で，$a=0$，$b=1$，$c=k$ のとき，方程式は $y=k$，グラフは点 $(0,\ k)$ を通り，x 軸に平行な直線になりました。

ここでは，方程式 $ax+by=c$ で，$a=1$，$b=0$，$c=h$ の場合を考えます。

このとき，方程式は $x=h$ となって，これは，y がどんな値をとっても x の値は h であることを意味しています。だから，グラフは，点 $(h,\ 0)$ を通り，y 軸に平行な直線になります。

解答　点 $(2,\ 0)$ を通り，y 軸に平行な直線になる。

グラフは右の図

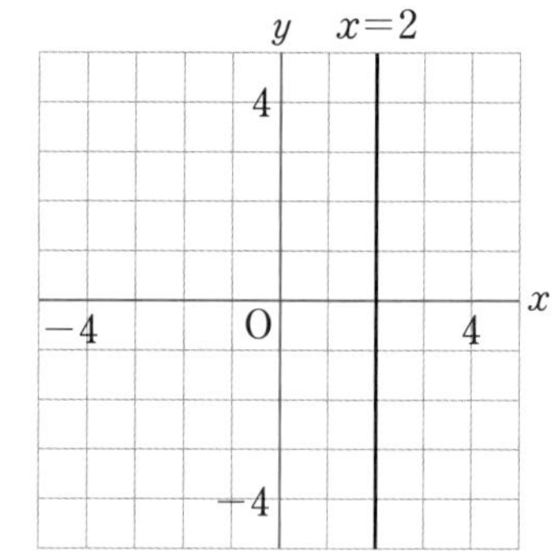

問4　次の方程式のグラフをかきなさい。

教科書 p.81

(1)　$x=-2$　　(2)　$3x=12$

ガイド　$x=h$ のグラフは，点 $(h,\ 0)$ を通り，y 軸に平行な直線になります。

(2)　$x=\sim$ の形にします。

解答　(1)　グラフは右の図の(1)

(2)　$3x=12$

$x=4$

グラフは右の図の(2)

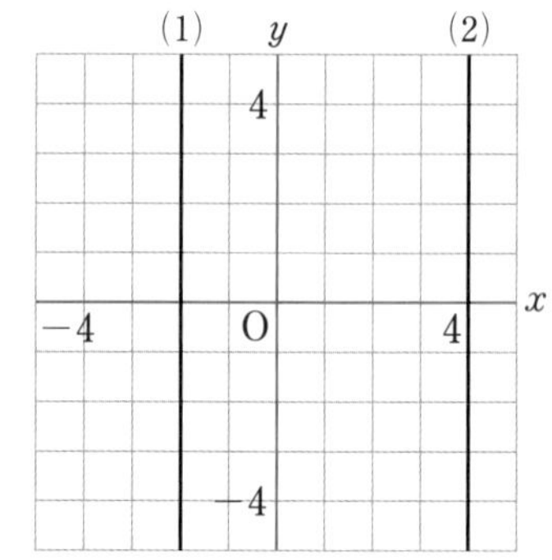

問 5 $x=0$ は，どんな直線を表していますか。
また，$y=0$ は，どんな直線を表していますか。

教科書 p.81

ガイド $x=h$ のグラフは，点 $(h,\ 0)$ を通り，y 軸に平行な直線を表すから，$h=0$ として，点 $(0,\ 0)$ を通り y 軸に平行な直線は何を意味するか考えます。
同じように，$y=k$ のグラフは，点 $(0,\ k)$ を通り，x 軸に平行な直線を表すから，$k=0$ として，点 $(0,\ 0)$ を通り x 軸に平行な直線を考えます。

解答 **$x=0$ は y 軸を，$y=0$ は x 軸を表している。**

練習問題　1 方程式とグラフ　p.81

1 次の方程式のグラフをかきなさい。

(1) $3x-4y=12$　　(2) $4x+y-2=0$

(3) $3x=2y$　　(4) $4y-16=0$

(5) $6+2x=0$

ガイド (1) $x=0$ のとき，$y=-3$，$y=0$ のとき，$x=4$ になります。
(2) 一次関数の式にします。
(3) $y=\sim$ の形にします。
(4) $y=k$ のグラフになります。
(5) $x=h$ のグラフになります。

解答 (1) 2 点 $(0,\ -3)$，$(4,\ 0)$ を通る直線になる。
(2) $y=-4x+2$ となるから，傾き -4，切片 2 の直線である。
(3) $y=\dfrac{3}{2}x$ となるから，原点を通る直線である。
(4) $y=4$ となるから，点 $(0,\ 4)$ を通り，x 軸に平行な直線である。
(5) $x=-3$ となるから，点 $(-3,\ 0)$ を通り，y 軸に平行な直線である。
グラフは右の図

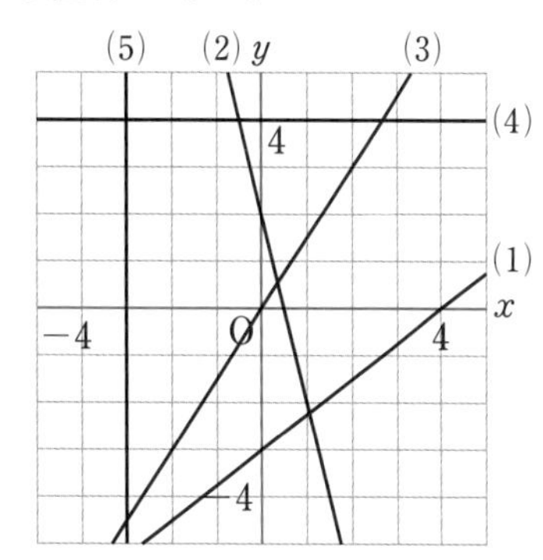

2 連立方程式とグラフ

学習のねらい

二元一次方程式 $ax+by=c$ のグラフが直線であることをもとにして，2直線の交点と連立方程式の解との関係を理解します。

教科書のまとめ　テスト前にチェック

□連立方程式の解とグラフ

▶連立方程式 $\begin{cases} ax+by=c & \cdots\cdots① \\ a'x+b'y=c' & \cdots\cdots② \end{cases}$

の解は，直線①，②の交点の座標と一致します。

連立方程式とグラフの関係について調べましょう。

教科書 p.82

2つの方程式

$x+y=7,\qquad 2x+y=10$

のグラフをかき，2直線の交点の座標を読みとりましょう。

また，2つの方程式を連立方程式とみて解きましょう。

どんなことがわかるでしょうか。

ガイド　それぞれの方程式を y について解いて，切片と傾きを使ってグラフをかきます。
2つの直線の交点の x 座標と y 座標を読みとるのだから，ていねいにかく必要があります。
2つの方程式を連立方程式で解くには，加減法を使うと簡単です。

解答　$x+y=7$ のグラフは，$y=-x+7$ と変形できるので，
切片 7，傾き -1 のグラフ（右の図の直線 ℓ）
$2x+y=10$ のグラフは，$y=-2x+10$ と変形できるので，切片 10，傾き -2 のグラフ（右の図の直線 m）
グラフから，交点Pの座標は，

(3，4)

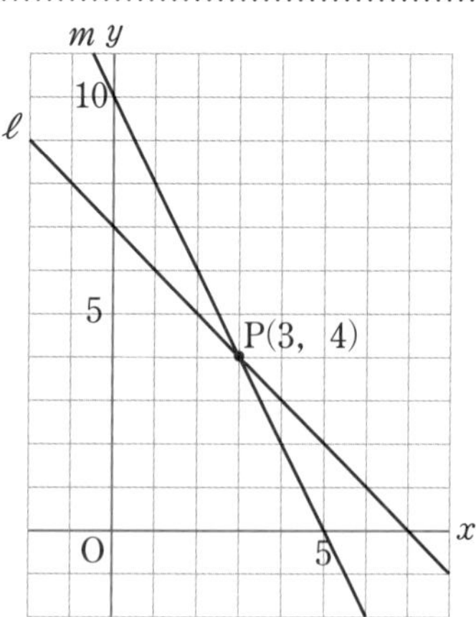

次に，2つの式を連立方程式とみて解く。

$$\begin{cases} x+y=7 & \cdots\cdots① \\ 2x+y=10 & \cdots\cdots② \end{cases}$$

②－①　$x=3$

$x=3$ を①に代入すると，$y=4$

よって，連立方程式の解は，

$(x,\ y)=(3,\ 4)$

したがって，**2直線の交点Pの座標は，その2直線を表す2つの式を連立方程式とみたときの解と一致している。**

問 1 次の連立方程式を，グラフを使って解きなさい。 教科書 p.83

$$\begin{cases} x+2y=2 \\ 2x+y=-2 \end{cases}$$

また，計算で求めた解と一致することを確かめなさい。

ガイド グラフは，それぞれ y について解き，傾きと切片からかきます。

解 答 $x+2y=2$ ……①

y について解くと，$y=-\dfrac{1}{2}x+1$ グラフは右の図①

$2x+y=-2$ ……②

y について解くと，$y=-2x-2$ グラフは右の図②

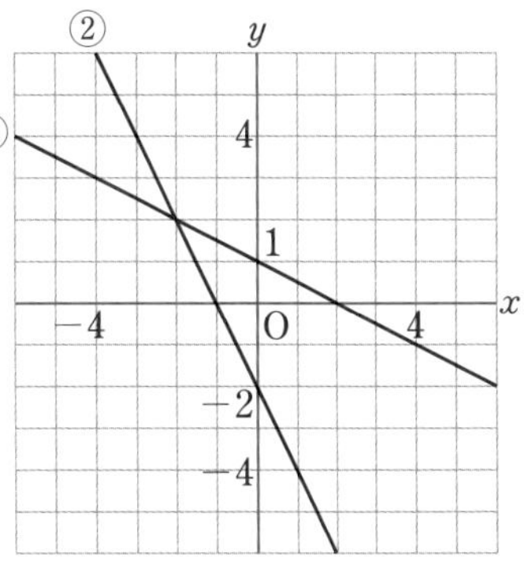

①，②の交点の座標は $(-2,\ 2)$ だから，

連立方程式の解は，$(\boldsymbol{x},\ \boldsymbol{y})=(\boldsymbol{-2},\ \boldsymbol{2})$

また，①，②を連立方程式とみて，計算で解を求めると，次のようになる。

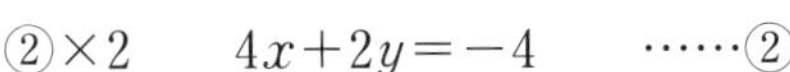

②×2 $4x+2y=-4$ ……②′

①−②′ $-3x=6$，$x=-2$

$x=-2$ を②に代入すると，$2\times(-2)+y=-2$，$y=2$

$(\boldsymbol{x},\ \boldsymbol{y})=(\boldsymbol{-2},\ \boldsymbol{2})$

よって，**グラフを使って解いた解は，計算で求めた解と一致する。**

問 2 右の図で，2 直線 ℓ，m の交点Pの座標を求めなさい。 教科書 p.83

ガイド 交点Pの座標は，グラフから読みとれないので，2 つの直線の式を求め，それらを連立方程式とみて解きます。直線 ℓ は，切片 2，傾き -3，直線 m は，切片 -2，傾き $-\dfrac{1}{3}$ です。

解 答 直線 ℓ，m の式は，それぞれ，

$y=-3x+2$ ……①

$y=-\dfrac{1}{3}x-2$ ……②

①を②に代入すると，$-3x+2=-\dfrac{1}{3}x-2$，$x=\dfrac{3}{2}$

$x=\dfrac{3}{2}$ を②に代入すると，$y=-\dfrac{5}{2}$

よって，$(x,\ y)=\left(\dfrac{3}{2},\ -\dfrac{5}{2}\right)$ したがって，交点Pの座標は，$\underline{\left(\dfrac{3}{2},\ -\dfrac{5}{2}\right)}$

3章 一次関数

③節 一次関数の利用

ダムの貯水量は？

けいたさんの住む町には，ダムがあります。
けいたさんは，このダムの貯水量を調べることにしました。

けいたさんはホームページで，このダムの7月31日からの貯水量を調べました。
けいたさんの町では，このダムの貯水量が650万 m^3 より少なくなると，水不足への対策がとられるそうです。

ダムの貯水量
7月31日 975万m³
8月1日 948万m³
8月2日 926万m³
8月3日 900万m³
8月4日 873万m³
8月5日 854万m³
貯水量がどんどん減っているね

話しあおう

教科書 p.84

8月6日以降も同じように貯水量が減っていくとしたとき，貯水量が650万 m^3 になるのはいつになるのかを予想するには，どうすればよいでしょうか。

ガイド 表にまとめて，変わり方のきまりを見つけて考えましょう。

解答例 7月31日からの貯水量を表にまとめると，次のようになる。

日にち	7月31日	8月1日	8月2日	8月3日	8月4日	8月5日
貯水量(万 m^3)	975	948	926	900	873	854

- 7月31日から，毎日どれだけの貯水量が減っているかを調べると，
  27，22，26，27，19，……
  だいたい同じくらいの貯水量が減っていることがわかる。
- $(27+22+26+27+19)\div5=24.2$
  毎日，およそ24.2万 m^3 の貯水量が減っている。
- 貯水量が650万 m^3 になるには，$975-650=325$（万 m^3）の貯水量が減ることになるので，$325\div24.2=13.4\cdots$（日）
  およそ，13日後の8月13日に650万 m^3 になると予想できる。

1 一次関数の利用

問1 右の図で並んだ点のなるべく近くを通る直線が，2点(0, 975)，(3, 900)を通るとします。この直線の式を求めなさい。

教科書 p.85

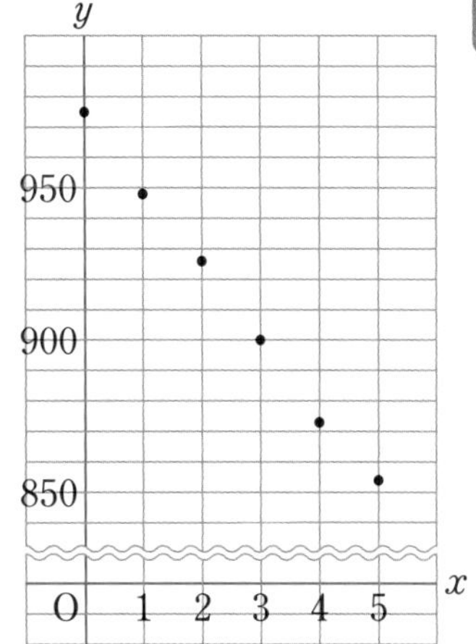

ガイド 2点の座標から，直線の傾きと切片を求めます。

解答 2点(0, 975)，(3, 900)を通る直線の傾きは，

$$\frac{900-975}{3-0}=-25$$

また，点(0, 975)を通るから，切片は975

よって，求める式は，$y=-25x+975$

$\underline{y=-25x+975}$

問2 貯水量が650万m^3になるのは，何月何日になると推測できますか。

教科書 p.85

ガイド 問1 で求めた一次関数の式に，$y=650$ を代入して考えます。

解答 $y=-25x+975$ で，$y=650$ のとき，$x=13$

7月31日から13日後なので，8月13日になると推測できる。 **8月13日**

問3 問1 で求めた直線の式の切片と傾きは，何を表していますか。

教科書 p.85

ガイド 場面の状況と，数値とをくらべて考えましょう。

解答 切片975は，**7月31日の貯水量**(万m^3)を表している。

傾き −25は，**1日ごとの貯水量の変化**を表している。

● グラフの読みとり

問4 上(図は省略)のグラフを使って，次の問いに答えなさい。

教科書 p.86

(1) 上のグラフの，A地点，B地点，C地点は，けいたさんの家，おじさんの家，買い物をした店のどれを表していますか。

(2) 店で買い物をする前とあとでは，けいたさんの歩く速さはどちらが速いですか。

(3) けいたさんが自分の家を出発してから25分後にいる地点から，おじさんの家までの道のりは何kmですか。

(4) けいたさんがB地点とC地点の間にいるときの，xとyの関係を式に表しなさい。

? 上のグラフから，ほかにどんなことがわかるかな。

ガイド グラフを見て読みとりましょう。

解答 (1) A地点……**けいたさんの家** B地点……**買い物をした店** C地点……**おじさんの家**

(2) 直線の傾きを見ると，店で買い物をする前の方が急なので，**店で買い物をする前の方が速い。**

(3) A地点とB地点の間のグラフの式は，$y=\dfrac{1}{10}x$

この式に $x=25$ を代入すると，$y=\dfrac{5}{2}$ $5-\dfrac{5}{2}=\dfrac{5}{2}$ (km) **$\dfrac{5}{2}$ km**

(4) 2点 (50, 3)，(90, 5) を通る直線の傾きは，

$$\frac{5-3}{90-50}=\frac{1}{20}$$

だから，求める一次関数の式を，$y=\dfrac{1}{20}x+b$ とする。

この直線は，点 (50, 3) を通るから，

$$3=\frac{1}{20}\times 50+b,\ b=\frac{1}{2}$$

よって，求める式は，$y=\dfrac{1}{20}x+\dfrac{1}{2}$ **$y=\dfrac{1}{20}x+\dfrac{1}{2}$ $(50\leqq x\leqq 90)$**

❓ 店で買い物をした時間，A地点とB地点の間にいた時間とB地点とC地点の間にいた時間のどちらが長いかなど。

問 5 おじさんの自転車の速さは一定であると考えて，次の問いに答えなさい。 教科書 p.87

(1) おじさんがけいたさんの家まで進んだとして，おじさんが進むようすを表すグラフを，前ページの図 (解答欄) にかき入れなさい。

(2) おじさんについて，x と y の関係を式に表しなさい。

(3) おじさんとけいたさんが出会ったのは午前何時何分ですか。また，けいたさんの家から何 km の地点ですか。

ガイド まず，(1)のおじさんが進むようすをグラフにかき入れて，グラフを見て読みとります。

解答 (1) グラフは**右の図**

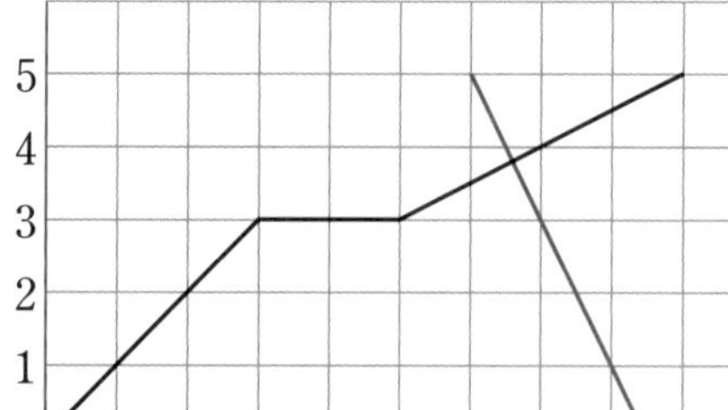

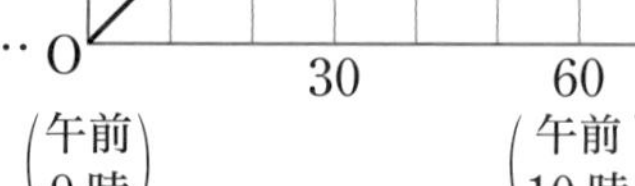

(2) 2点 (60, 5)，(65, 4) を通る直線の傾きは，

$$\frac{4-5}{65-60}=-\frac{1}{5}$$

だから，求める一次関数の式を，

$y=-\dfrac{1}{5}x+b$ とする。

この直線は，点 (60, 5) を通るから，

$$5=-\frac{1}{5}\times 60+b,\ b=17$$

よって，求める式は，$y=-\dfrac{1}{5}x+17$

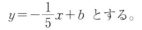

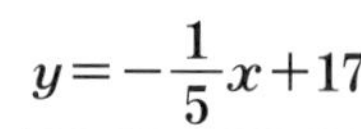

$y=-\dfrac{1}{5}x+17$

(3) 問4 の(4) $y=\frac{1}{20}x+\frac{1}{2}$ と，(2)で求めた $y=-\frac{1}{5}x+17$ の2直線の交点の座標を求める。

$$\begin{cases} y=\frac{1}{20}x+\frac{1}{2} & \cdots\cdots① \\ y=-\frac{1}{5}x+17 & \cdots\cdots② \end{cases}$$

①と②を連立方程式とみて解くと，

$$(x,\ y)=\left(66,\ \frac{19}{5}\right)$$

よって，おじさんとけいたさんが出会ったのは，午前9時から66分後の午前10時6分，けいたさんの家から $\frac{19}{5}$ km の地点となる。

午前10時6分，$\frac{19}{5}$ km

説明しよう 教科書 p.87

もし，午前9時30分におじさんが家を出発したとすると，けいたさんとおじさんが出会うのはどの地点でしょうか。次の(ア)～(ウ)から選び，理由も説明しましょう。

(ア) けいたさんの家と店の間　(イ) 店　(ウ) 店とおじさんの家の間

? けいたさんとおじさんが，けいたさんの家と店の間で出会うためには，おじさんは家を何時何分までに出発しなければいけないかな。

ガイド 問5 と同じように，おじさんが進むようすをグラフにかき入れて考えましょう。

解答例 午前9時30分におじさんが家を出発すると，右のようなグラフになる。けいたさんと出会うのはB地点で，店である。

(イ)

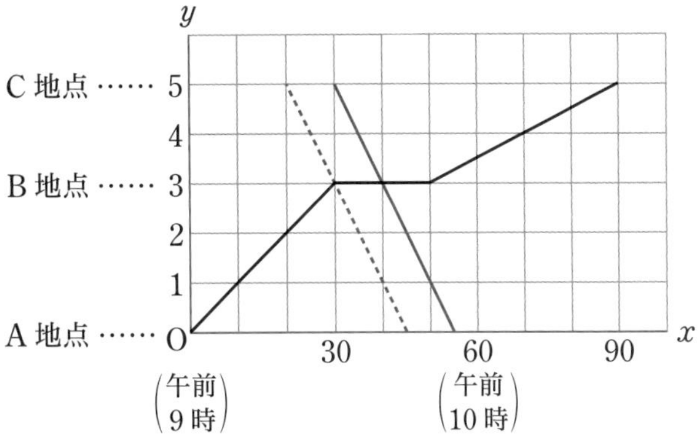

y
C地点 …… 5
4
B地点 …… 3
2
1
A地点 …… 0
30
60
90
x
(午前9時)
(午前10時)

? けいたさんとおじさんが，けいたさんの家と店の間で出会うためには，おじさんが午前9時30分までにB地点に着いていなければいけない。(図の点線のグラフ)

上のグラフを使って考えると，おじさんが午前9時30分にB地点に着くのは，家を午前9時20分に出発したときになる。

つまり，おじさんは午前9時20分までに出発しなければいけないことがわかる。

● 動く点と面積の変化

右の図のような長方形ABCDの周上を，点Pは，毎秒1cmの速さで，AからB，Cを通ってDまで動きます。点Pが，次のそれぞれの場合に，△APDの面積は，どのように変化するでしょうか。

教科書 p.88

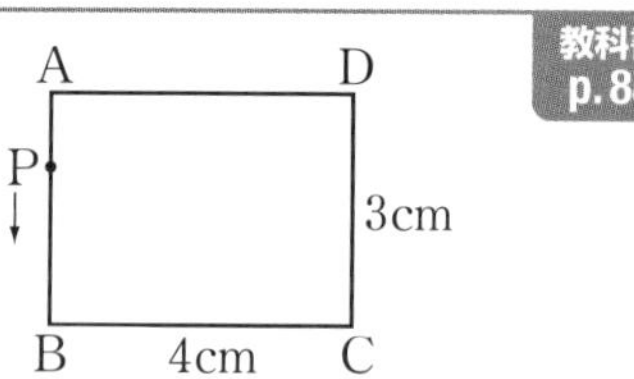

(ア)　点Pが辺AB上を動くとき

(イ)　点Pが辺BC上を動くとき

(ウ)　点Pが辺CD上を動くとき　　(図は省略)

ガイド　(ア)では，△APDの底辺はAD(一定)で，高さAPが増えていきます。(イ)では，底辺も高さも一定，(ウ)では，高さDPが減っていきます。

解答　(ア)　**面積は増加する**　(イ)　**面積は一定**　(ウ)　**面積は減少する**

問6　上の(ア)の場合のxとyの関係を表す式を求めなさい。また，このときのxの変域はどうなりますか。

教科書 p.88

ガイド　△APDの底辺ADは4cm，高さAPは$x$cmです。

解答　△APDの面積は，$\frac{1}{2}\times AD\times AP$ より，$y=\frac{1}{2}\times 4\times x=2x$　　よって，$\boldsymbol{y=2x}$

AB=3cm だから，xの変域は，$\boldsymbol{0\leqq x\leqq 3}$

問7　上(ひろげよう)の(イ)，(ウ)の場合についても，それぞれ式と変域を求めなさい。また，点PがAからDまで動くときのxとyの関係を表すグラフを，左(解答欄)の図にかき入れなさい。

教科書 p.88

ガイド　(イ)では，高さはAB=3cmで一定です。(ウ)では，高さDPをxの式で表します。

解答　(イ)　△APDの面積は，$\frac{1}{2}\times AD\times AB$ より，$y=\frac{1}{2}\times 4\times 3=6$

よって，$\boldsymbol{y=6}$ **(**$\boldsymbol{3\leqq x\leqq 7}$**)**

(ウ)　△APDの面積は，$\frac{1}{2}\times AD\times DP$ より，

$y=\frac{1}{2}\times 4\times(10-x)=-2x+20$　(10 ← AB+BC+CD)

よって，$\boldsymbol{y=-2x+20}$ **(**$\boldsymbol{7\leqq x\leqq 10}$**)**

グラフは右の図

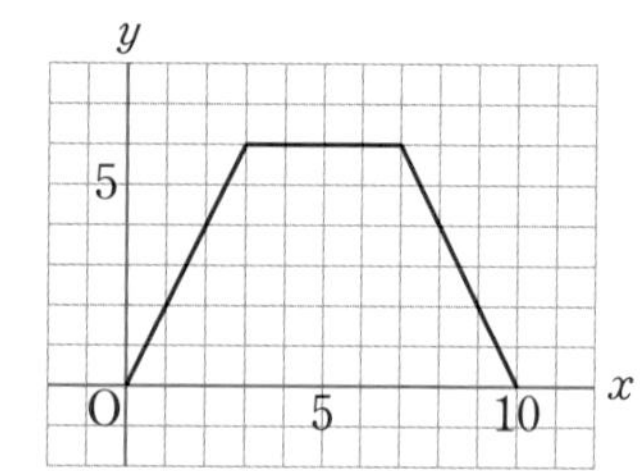

問8　△APDの面積が4cm²となるのは，点PがAを出発してから何秒後ですか。

教科書 p.88

ガイド　グラフから，$y=4$ となるxの値を読みとります。

解答　**2秒後，8秒後**

3章 章末問題　学びをたしかめよう

教科書 p.90〜91

1 次の(ア)〜(ウ)のうち，y が x の一次関数であるものをすべて選びなさい。

(ア)　500 mL の牛乳を，x mL 飲んだときの残り y mL

(イ)　面積 30 cm^2 の長方形の縦の長さ x cm と横の長さ y cm

(ウ)　1 辺の長さが x cm の正三角形の周の長さ y cm

ガイド　x と y の数量の関係を等式に表し，y について解いて，一次関数であるかどうかを判断します。一次関数の式は，$y=ax+b$ で，a，b は定数で表されます。

解答　(ア)　(残りの量)=(もとの量)−(飲んだ量) だから，$y=500-x$

p.61 問1

この式は，$y=-x+500$ と表されるから，一次関数である。

(イ)　(長方形の面積)=(縦の長さ)×(横の長さ) だから，$30=xy$

y について解くと，$y=\dfrac{30}{x}$　よって，一次関数ではない。

(ウ)　(正三角形の周の長さ)=(1 辺の長さ)×3 だから，$y=3x$　これは一次関数である。

したがって，y が x の一次関数であるものは，(ア)，(ウ)

2 一次関数 $y=3x+5$ で，次の場合の y の増加量を求めなさい。

(1)　x の増加量が 2 のとき　　(2)　x の増加量が 5 のとき

ガイド　一次関数 $y=ax+b$ では，(y の増加量)=a×(x の増加量) となります。

解答　(1)　$3\times2=6$　　**6**　　(2)　$3\times5=15$　　**15**

p.64 問2

3 次の一次関数のグラフをかきなさい。

(1)　$y=x-5$　　(2)　$y=-3x+4$　　(3)　$y=\dfrac{1}{2}x+1$

ガイド　一次関数 $y=ax+b$ のグラフをかくには，まず切片 b から y 軸との交点を決め，その点を通る傾き a の直線をひきます。あるいは，切片以外にもう 1 つの点をとり，2 つの点を通る直線をひきます。

解答　(1)　$y=x-5$ は，切片が -5 で傾きが 1 だから，グラフは，右の図の(1)

(2)　$y=-3x+4$ は，切片が 4 で傾きが -3 だから，グラフは右の図の(2)

(3)　$y=\dfrac{1}{2}x+1$ は，切片が 1 で傾きが $\dfrac{1}{2}$ だから，グラフは右の図の(3)

p.70 問4

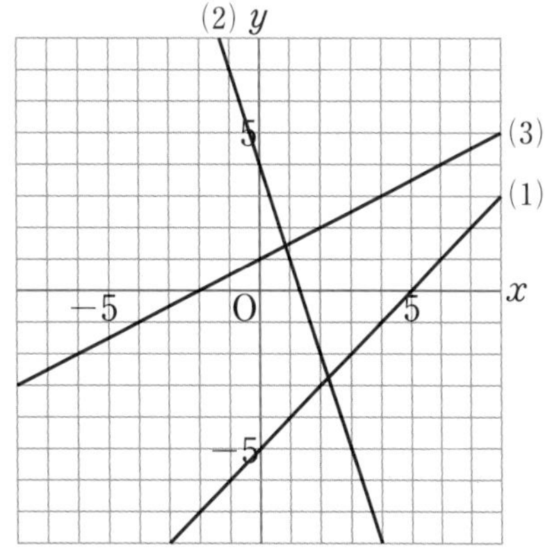

3章 一次関数

4 一次関数 $y=-\frac{2}{3}x+3$ について，x の変域が $-6 \leqq x \leqq 3$ のときの y の変域を求めなさい。

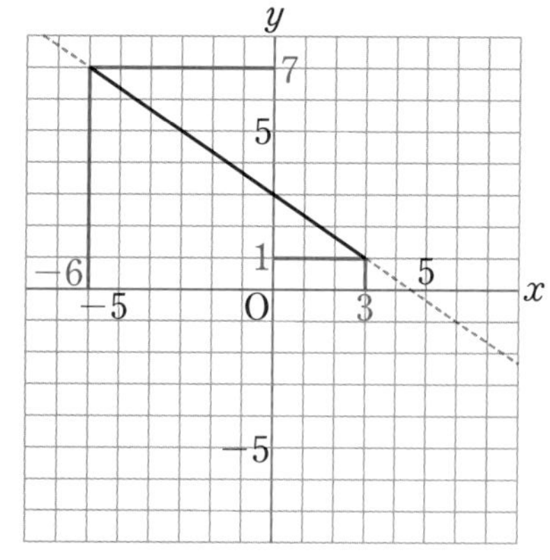

ガイド x の変域に制限があるとき，x の値に対応する y の値を調べます。

解答 $x=-6$ のとき $y=7$,
$x=3$ のとき $y=1$
だから，y の変域は，$\mathbf{1 \leqq y \leqq 7}$

p.71 問5

5 右の直線①〜③は，一次関数のグラフです。これらの一次関数の式を，それぞれ求めなさい。

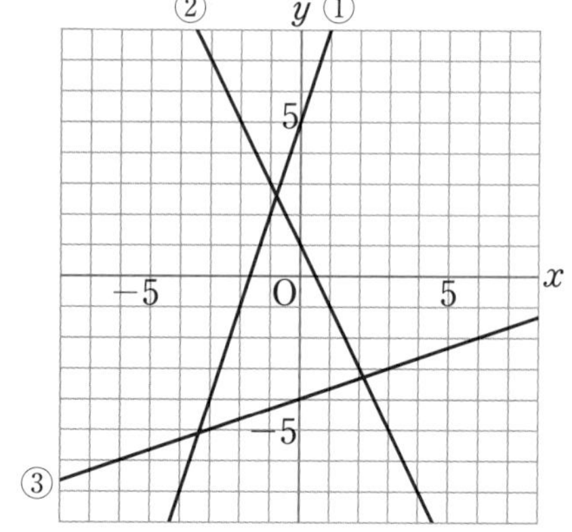

ガイド グラフから，$y=ax+b$ の a，b の値を求めます。

解答 ① 切片は5，右へ1進むと上へ3進むから，傾きは3 よって，$\mathbf{y=3x+5}$

② 切片は1，右へ1進むと下へ2進む（上へ-2進む）から，傾きは -2
よって，$\mathbf{y=-2x+1}$

③ 切片は -4，右へ3進むと上へ1進むから，
傾きは $\frac{1}{3}$ よって，$\mathbf{y=\frac{1}{3}x-4}$

p.73 問1

6 次の一次関数の式を求めなさい。
(1) グラフが，傾き5，切片7の直線である。
(2) グラフが，点(2, 3)を通り，傾き -1 の直線である。
(3) グラフが，2点$(-2, -4)$，$(1, 5)$を通る直線である。

ガイド 一次関数の式は $y=ax+b$ と表されるので，条件から a，b の値を求めます。

解答 (1) 傾きが5で，切片が7だから，$\mathbf{y=5x+7}$ p.73 問1

(2) 傾きが -1 だから，求める一次関数の式を $y=-x+b$ とする。
この式に $x=2$，$y=3$ を代入すると，$3=-2+b$，$b=5$
よって，求める式は，$\mathbf{y=-x+5}$ p.74 問2

(3) 2点$(-2, -4)$，$(1, 5)$を通る直線の傾きは，$\frac{5-(-4)}{1-(-2)}=3$
求める一次関数の式を $y=3x+b$ として，この式に $x=1$，$y=5$ を代入すると，$5=3\times1+b$，$b=2$ よって，求める式は，$\mathbf{y=3x+2}$ p.75 問3

参考 〈2点の座標の x, y の値を代入して，a, b の連立方程式とみて解く場合〉

(3) 求める一次関数の式を，$y=ax+b$ とすると，2点 $(-2,\ -4)$，$(1,\ 5)$ を通るから，

$$\begin{cases} -4=-2a+b & \cdots\cdots① \\ 5=a+b & \cdots\cdots② \end{cases}$$

②−① $3a=9$, $a=3$

$a=3$ を②に代入すると，$b=2$

よって，求める式は，$\boldsymbol{y=3x+2}$

7

次の方程式のグラフをかきなさい。

(1) $2x+y=1$　　(2) $4x-3y=9$

(3) $y=6$　　(4) $x=-5$

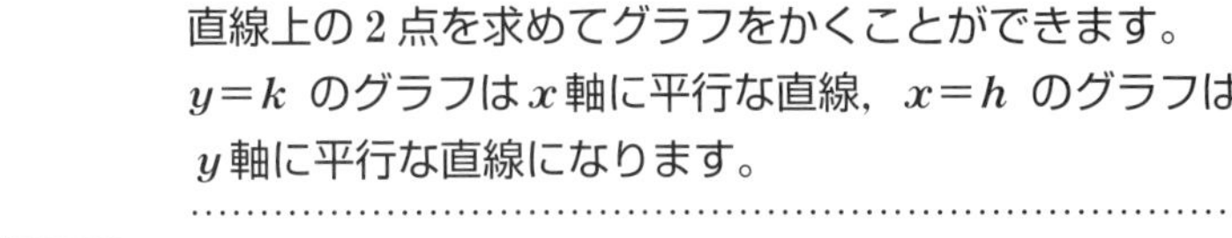

ガイド 二元一次方程式のグラフは直線になります。
直線上の2点を求めてグラフをかくことができます。
$y=k$ のグラフは x 軸に平行な直線，$x=h$ のグラフは y 軸に平行な直線になります。

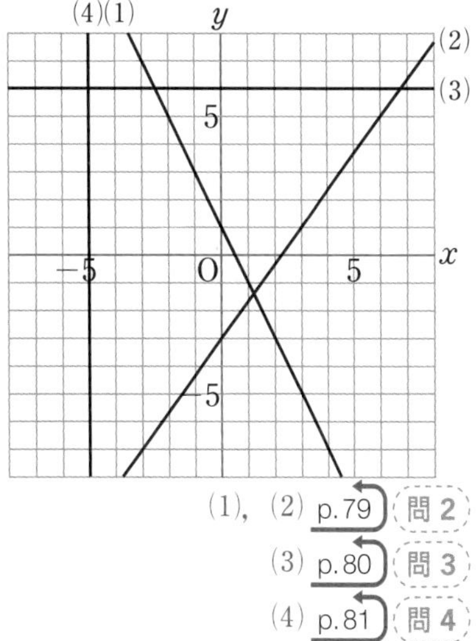

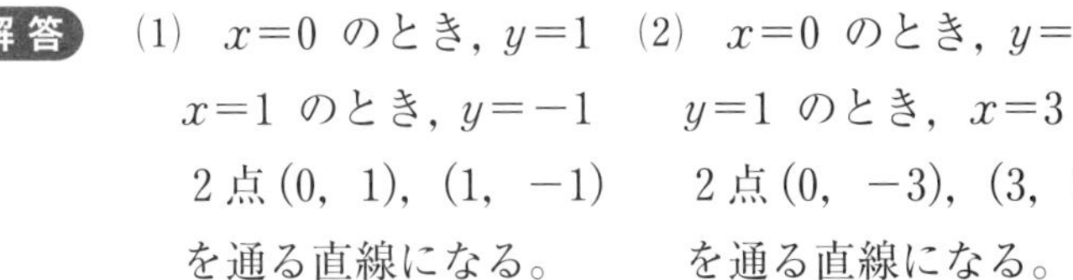

解答 (1) $x=0$ のとき，$y=1$
$x=1$ のとき，$y=-1$
2点 $(0,\ 1)$，$(1,\ -1)$ を通る直線になる。

(2) $x=0$ のとき，$y=-3$
$y=1$ のとき，$x=3$
2点 $(0,\ -3)$，$(3,\ 1)$ を通る直線になる。

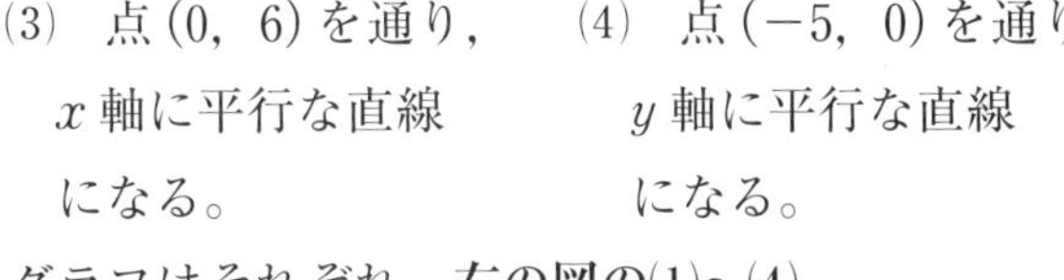

(3) 点 $(0,\ 6)$ を通り，x 軸に平行な直線になる。

(4) 点 $(-5,\ 0)$ を通り，y 軸に平行な直線になる。

グラフはそれぞれ，**右の図の(1)〜(4)**

(1)，(2) p.79 問2
(3) p.80 問3
(4) p.81 問4

8

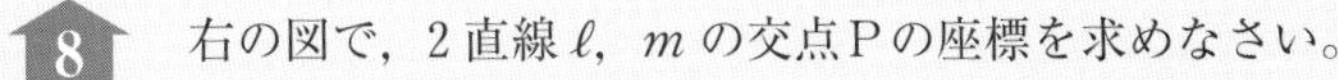

右の図で，2直線 ℓ, m の交点Pの座標を求めなさい。

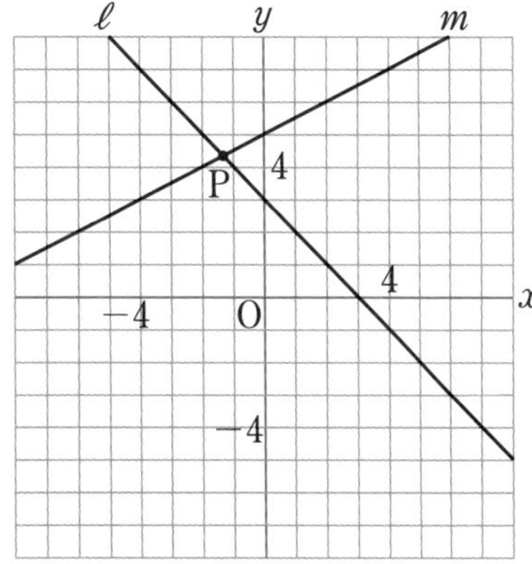

ガイド 交点Pの座標は，グラフから読みとれないので，2つの直線の式を求め，それらを連立方程式とみて解きます。

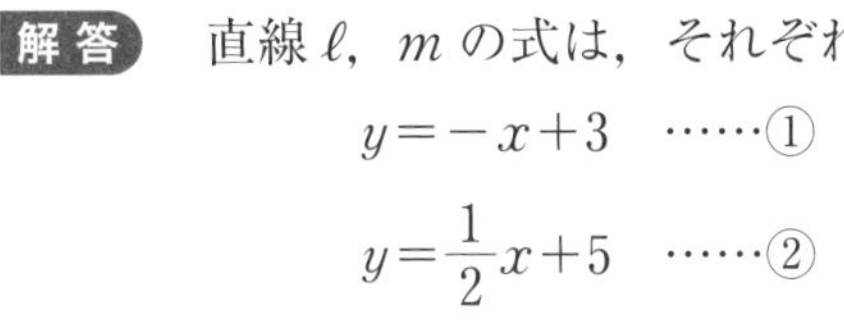

解答 直線 ℓ, m の式は，それぞれ，

$y=-x+3$ ……①

$y=\dfrac{1}{2}x+5$ ……②

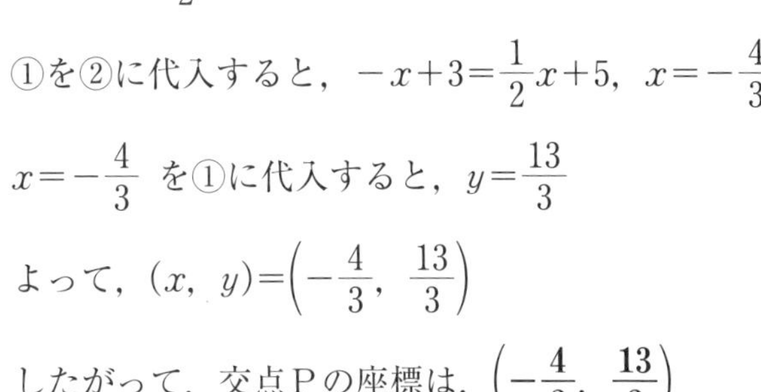

①を②に代入すると，$-x+3=\dfrac{1}{2}x+5$, $x=-\dfrac{4}{3}$

$x=-\dfrac{4}{3}$ を①に代入すると，$y=\dfrac{13}{3}$

よって，$(x,\ y)=\left(-\dfrac{4}{3},\ \dfrac{13}{3}\right)$

したがって，交点Pの座標は，$\boldsymbol{\left(-\dfrac{4}{3},\ \dfrac{13}{3}\right)}$

p.83 問2

3章 章末問題 学びを身につけよう

教科書 p.92〜93

1 次の一次関数の式を求めなさい。

(1) グラフが，直線 $y=\frac{1}{2}x+1$ に平行で，点 $(-2,\ 2)$ を通る直線である。

(2) グラフが，点 $(-1,\ 0)$ を通り，切片 -1 の直線である。

(3) x の増加量が3のときの y の増加量が -2 で，$x=2$ のとき $y=0$ である。

(4) $x=-3$ のとき $y=4$，$x=12$ のとき $y=-1$ である。

ガイド 一次関数の式を $y=ax+b$ として，条件から a，b の値を求めます。

解答 (1) グラフが直線 $y=\frac{1}{2}x+1$ に平行だから，傾きは $\frac{1}{2}$ となり，

求める一次関数の式は，$y=\frac{1}{2}x+b$ と表される。

この式に，$x=-2$，$y=2$ を代入すると，$2=\frac{1}{2}\times(-2)+b$，$b=3$

よって，求める式は，$\boldsymbol{y=\frac{1}{2}x+3}$

(2) 切片が -1 だから，求める一次関数の式は，$y=ax-1$ と表される。

この式に，$x=-1$，$y=0$ を代入すると，$0=a\times(-1)-1$，$a=-1$

よって，求める式は，$\boldsymbol{y=-x-1}$

(3) x の増加量が3のときの y の増加量が -2 だから，$y=-\frac{2}{3}x+b$ と表される。

この式に，$x=2$，$y=0$ を代入すると，$0=-\frac{2}{3}\times2+b$，$b=\frac{4}{3}$

よって，求める式は，$\boldsymbol{y=-\frac{2}{3}x+\frac{4}{3}}$

(4) 求める一次関数の式を，$y=ax+b$ とする。

$x=-3$ のとき $y=4$ だから，　$-3a+b=4$　……①

$x=12$ のとき $y=-1$ だから，　$12a+b=-1$　……②

①−②　$-15a=5$，$a=-\frac{1}{3}$

$a=-\frac{1}{3}$ を①に代入すると，$b=3$

よって，求める式は，$\boldsymbol{y=-\frac{1}{3}x+3}$

次の直線の式を求めなさい。

(1) 点 $(0,\ -4)$ を通り，x 軸に平行な直線

(2) 2 点 $(-7,\ 6)$，$(-7,\ -9)$ を通る直線

(3) 2 点 $(-2,\ 0)$，$(0,\ -5)$ を通る直線

ガイド (1) x 軸に平行な直線は，x がどんな値をとっても，y の値は一定です。
(2) 2 点の x 座標が同じであることに注意します。

解答 (1) y 軸上の点 $(0,\ -4)$ を通り，x 軸に平行な直線の式は，$\boldsymbol{y=-4}$

(2) y 座標が異なっても x 座標が同じであるから，y がどんな値をとっても，x の値は -7 よって，求める式は，$\boldsymbol{x=-7}$

(3) 直線が点 $(0,\ -5)$ を通るから，この直線の切片は -5 で，$y=ax-5$ と表される。

この式に，$x=-2$，$y=0$ を代入すると， $0=-2a-5$，$a=-\dfrac{5}{2}$

よって，求める式は，$\boldsymbol{y=-\dfrac{5}{2}x-5}$

次の方程式で表される直線を，それぞれ，右の図の①～⑤の中から選びなさい。

(1) $2x-y+3=0$　　(2) $y=-2$

(3) $2x+y=0$　　(4) $2x-8=0$

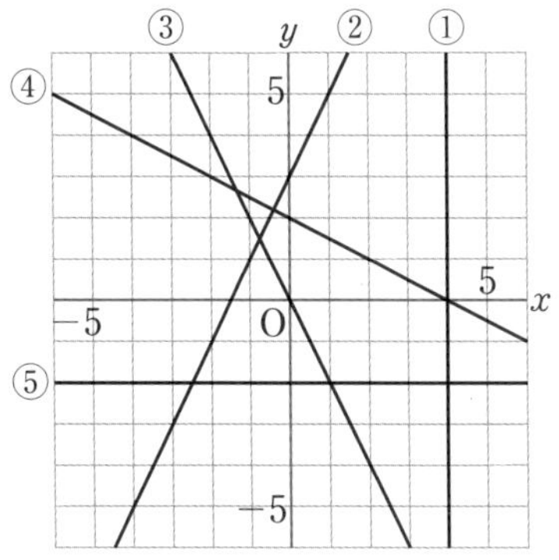

ガイド (1)～(4)の式を変形して，切片や傾きがどうなっているかを調べます。

解答 (1) $2x-y+3=0$，$y=2x+3$　よって，②

(2) $y=-2$　点 $(0,\ -2)$ を通り，x 軸に平行な直線
よって，⑤

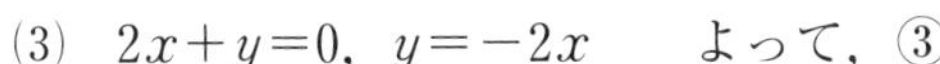

(3) $2x+y=0$，$y=-2x$　よって，③

(4) $2x-8=0$，$2x=8$，$x=4$　点 $(4,\ 0)$ を通り，y 軸に平行な直線
よって，①

一次関数 $y=ax+b$ のグラフが，右の図のようになるのは，a，b がどのような値のときですか。次の(ア)～(カ)のうち，正しいものを選びなさい。

(ア) $a>0$，$b>0$	(イ) $a>0$，$b<0$
(ウ) $a<0$，$b=0$	(エ) $a<0$，$b>0$
(オ) $a=0$，$b<0$	(カ) $a=0$，$b=0$

ガイド 一次関数 $y=ax+b$ のグラフは，$a>0$ のとき右上がりに，$a<0$ のとき右下がりになります。

解答 前ページの図で，一次関数 $y=ax+b$ のグラフは右下がりになっているので，$a<0$
また，切片 b は $b>0$ なので，(エ)が正しい。 **(エ)**

5 一次関数 $y=-2x+b$ で，x の変域が $-2 \leqq x \leqq 5$ のとき，y の変域が $-7 \leqq y \leqq 7$ です。
このとき，b の値を求めなさい。

ガイド 一次関数 $y=-2x+b$ のグラフは，傾きが -2 なので，右下がりになります。x が大きくなると y は小さくなることに注意しましょう。

解答 一次関数 $y=-2x+b$ のグラフは，傾きが -2 なので，右下がりになる。x の変域が $-2 \leqq x \leqq 5$ で，x がいちばん大きい 5 のとき，y はいちばん小さい -7 になる。
だから，$-7=-2\times5+b$，$b=3$ **$b=3$**

テストによく出る

6 右の図には，2 直線 ℓ，m がかかれていますが，グラフ用紙が破れていて，ℓ と m の交点を読みとることができません。
2 直線 ℓ，m の交点の座標を求めなさい。

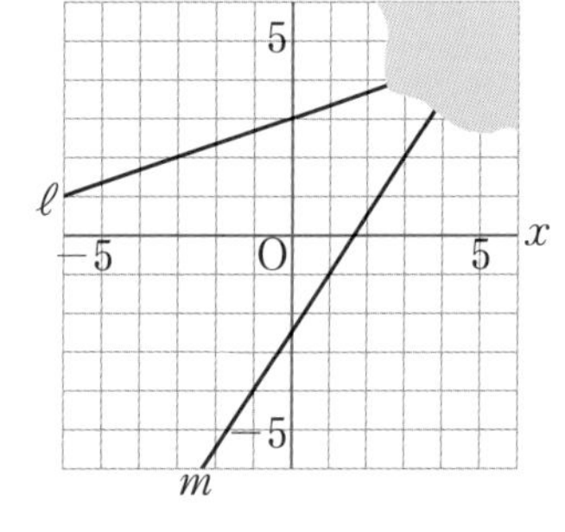

ガイド 2 直線の式を求め，それらを連立方程式とみて解きます。

解答 直線 ℓ の式は，傾きが $\frac{1}{3}$ で，切片が 3 だから，

$y=\frac{1}{3}x+3$ ……①

直線 m は，傾きが $\frac{3}{2}$ だから，$y=\frac{3}{2}x+b$ とする。点 $(1,\ -1)$ を通るから，

この式に $x=1$，$y=-1$ を代入すると，$-1=\frac{3}{2}\times1+b$，$b=-\frac{5}{2}$

よって，m の式は，$y=\frac{3}{2}x-\frac{5}{2}$ ……②

①，②を連立方程式とみて解くと，$(x,\ y)=\left(\frac{33}{7},\ \frac{32}{7}\right)$

よって，2 直線の交点の座標は，$\left(\frac{33}{7},\ \frac{32}{7}\right)$

下の図は，けいたさんが徒歩でＰ地点からＱ地点に，
かりんさんが自転車でＱ地点からＰ地点に向かって進んだときの，
時刻とＰ地点からの道のりの関係を表したグラフです。(図は省略)

(1) けいたさんは，途中(とちゅう)で何分間同じ場所にいましたか。

(2) けいたさんの歩く速さは分速何 km ですか。

(3) 2人が出会ったのは午前何時何分ですか。
また，2人が出会ったのは，Q 地点から何 km 離(はな)れたところですか。

 グラフを見て読みとりましょう。

解答

(1) 10 時から 10 時 20 分までの間なので，**20 分間**

(2) 9 時から 10 時までの 60 分で 4 km 歩いているので，

$4\div60=\frac{1}{15}$　　**分速 $\frac{1}{15}$ km**

(3) けいたさんがＰ地点を出発してからの時間を x 分，Ｐ地点からの道のりを y km とする。

10 時 20 分以降のけいたさんの式は，

$y=\frac{1}{15}x-\frac{4}{3}$　……①

かりんさんの式は，

$y=-\frac{1}{5}x+24$　……②

①と②を連立方程式とみて解くと，

$(x,\ y)=(95,\ 5)$

Q地点からの道のりは，12−5=7 (km)

午前 10 時 35 分　Q 地点から 7 km 離れたところ

あるばねにおもりをつるしたときのばねの長さを調べたところ，
下の表のようになりました。

おもりの重さ (g)	0	10	20	30	40	50	60
ばねの長さ (cm)	10.0	11.7	13.4	15.1	16.8	18.5	20.2

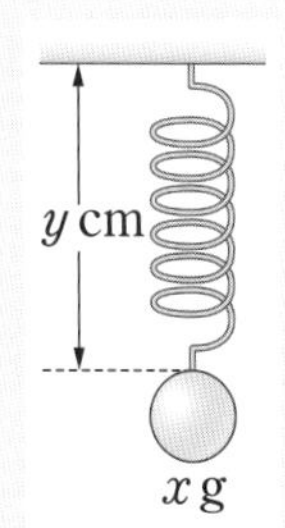

おもりの重さを x g，ばねの長さを y cm とすると，$0\leqq x\leqq60$ では，
y は x の一次関数とみることができます。その理由を説明しなさい。

ガイド　**y が x の一次式で表されるとき，y は x の一次関数であるといいます。**

解答例　表から，x の値が 10 増えるごとに，y の値は 1.7 ずつ増えることがわかる。
x と y の関係を式に表すと，$y=0.17x+10$ となり，y が x の一次式で表されるので，
y は x の一次関数とみることができる。

4章 図形の調べ方

1節 平行と合同

平行な直線の性質を調べよう

直線が1つあります。ここには，どんな角があるでしょうか。

上（右）の直線に，もう1つ直線を追加すると，2直線が，
(ア) 交わる　　　(イ) 平行である
の2つの場合があります。

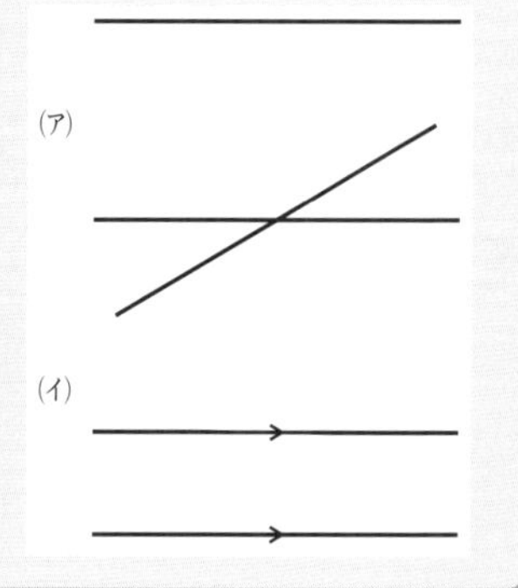

話しあおう　教科書 p.94

上の(ア)の図の中にある角の間には，どんな関係があるでしょうか。

ガイド　分度器を使って，角の間の関係を調べます。

解答例　(ア)の図の中で，向かいあっている角の大きさは等しい。

前ページの（上の）(イ)のような，平行な2直線に交わるように，さらにもう1つ直線をひきます。

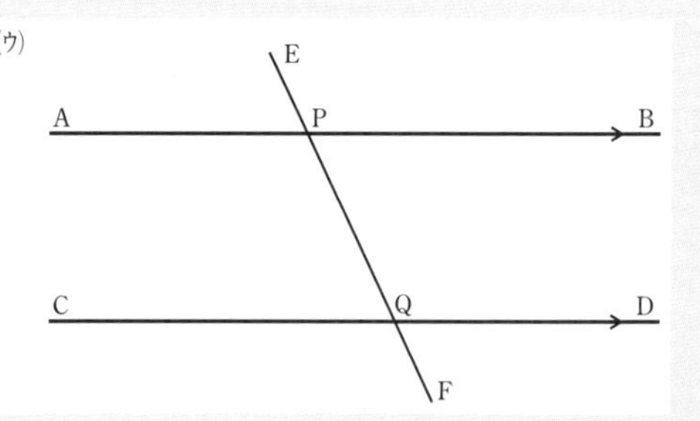

話しあおう　教科書 p.95

上の(ウ)の図で，平行な2直線と，それらに交わる直線によってできる角には，どんな関係があるでしょうか。

ガイド　分度器を使って，角の間の関係を調べます。

解答例　∠EPA＝∠BPQ＝∠PQC＝∠DQF（＝64°）
∠EPB＝∠APQ＝∠PQD＝∠CQF（＝116°）
このことは，直線EFのひき方を変えても，いつでもいえそうである。

1 角と平行線

学習のねらい

２つの直線が交わってできる角の性質，２つの直線にもう１本の直線が交わってできる角の位置関係と性質，平行線の性質と平行線になる条件を学習します。

教科書のまとめ　テスト前にチェック

□対頂角
▶右の図で，$\angle a$ と $\angle c$ のように向かいあっている２つの角を，対頂角（たいちょうかく）といいます。

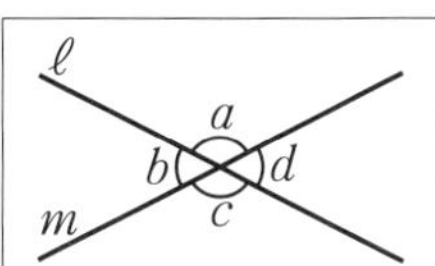

□対頂角の性質
▶対頂角は等しい。

□同位角・錯角
▶右の図で，$\angle a$ と $\angle e$ のような位置にある２つの角を，同位角（どういかく）といいます。
また，$\angle c$ と $\angle e$ のような位置にある２つの角を，錯角（さっかく）といいます。

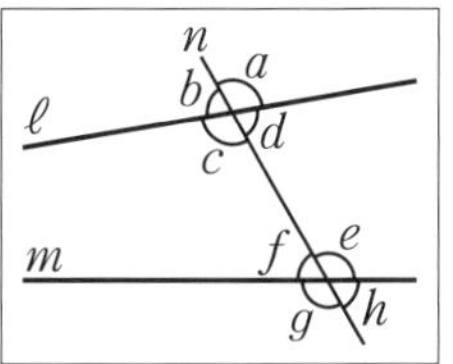

□平行線の性質
▶２つの直線に１つの直線が交わるとき，
❶　２つの直線が平行ならば，同位角は等しい。
❷　２つの直線が平行ならば，錯角は等しい。

□平行線になるための条件
▶２つの直線に１つの直線が交わるとき，次のことが成り立ちます。
❶　同位角が等しいならば，この２つの直線は平行である。
❷　錯角が等しいならば，この２つの直線は平行である。

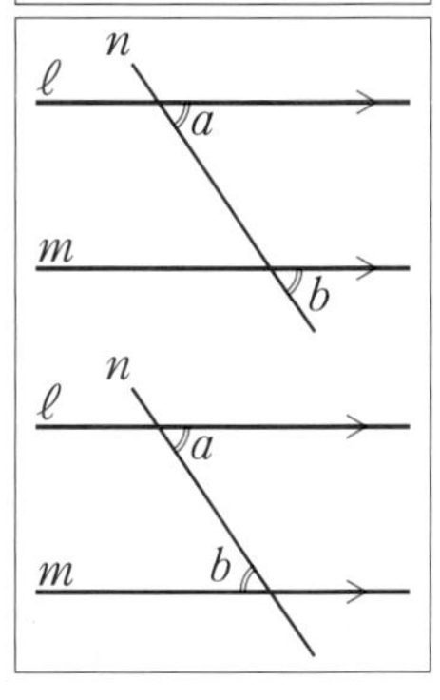

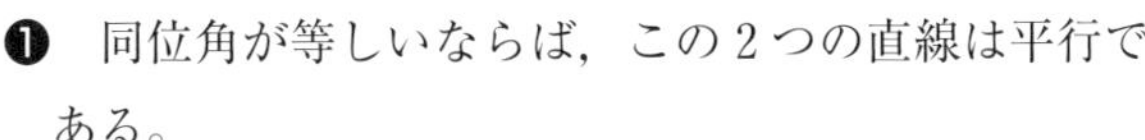

直線が交わってできる角の性質について調べましょう。

● 対頂角

左の直線に交わる直線をひき，交点のまわりにできる角の大きさを測ってみましょう。(図は省略)　教科書 p.96

ガイド　向かいあっている角の大きさを測ってみましょう。

解答例　向かいあっている角の大きさは等しい。
となりどうしの２つの角の和は 180°

問１　右の図のように，３直線が１点で交わっています。
このとき，$\angle a$，$\angle b$，$\angle c$，$\angle d$ の大きさを求めなさい。　教科書 p.96

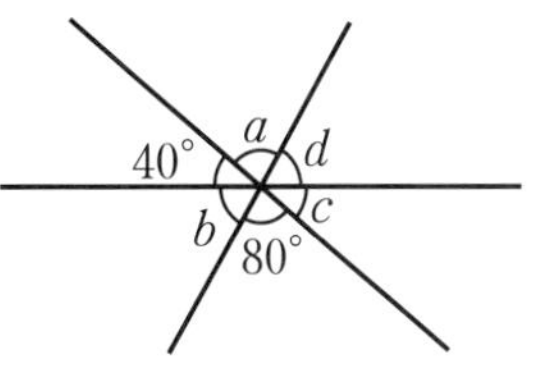

ガイド 対頂角は等しいです。一直線のつくる角は 180° です。
これらのことを利用して，求められる角から順に求めていきます。

解答 40° の角の対頂角は $\angle c$ だから，$\angle c=40^\circ$
80° の角の対頂角は $\angle a$ だから，$\angle a=80^\circ$
また，$40^\circ+\angle b+80^\circ$ は一直線になるから，$\angle b=180^\circ-(40^\circ+80^\circ)=60^\circ$
$\angle b$ と $\angle d$ は対頂角だから，$\angle d=\angle b=60^\circ$

$\angle \boldsymbol{a}=80^\circ$，$\angle \boldsymbol{b}=60^\circ$，$\angle \boldsymbol{c}=40^\circ$，$\angle \boldsymbol{d}=60^\circ$

● 同位角・錯角と平行線

問2 右の図で，$\angle a$ の同位角をいいなさい。
また，$\angle p$ の錯角をいいなさい。

教科書 p.97

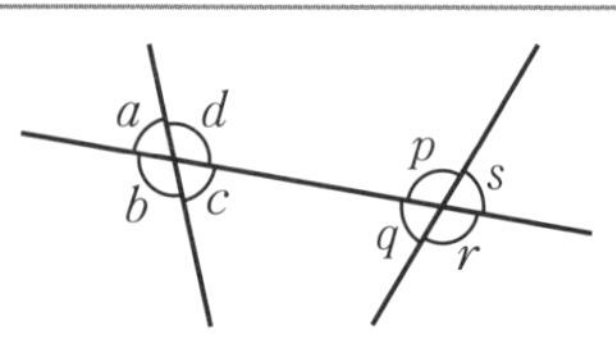

ガイド 同じ向きの角と反対向きの角をさがしてみましょう。

解答 $\angle a$ の同位角は $\angle \boldsymbol{p}$，$\angle p$ の錯角は $\angle \boldsymbol{c}$

参考 同位角や錯角という用語は，ふつう平行線に1本の直線が交わっている図の中で出てきます。そのために，問2のような図では同位角や錯角がわからなくなることがあります。同位角や錯角は，2つの直線に1つの直線が交わってできる角の位置関係で，2直線が平行であるかどうかは関係ないことを確認しておきましょう。

2つの平行な直線 ℓ，m に，右の図のように直線 n をひきました。
このとき，$\angle a$，$\angle b$，$\angle c$，$\angle d$ の大きさはどうなるでしょうか。

教科書 p.98

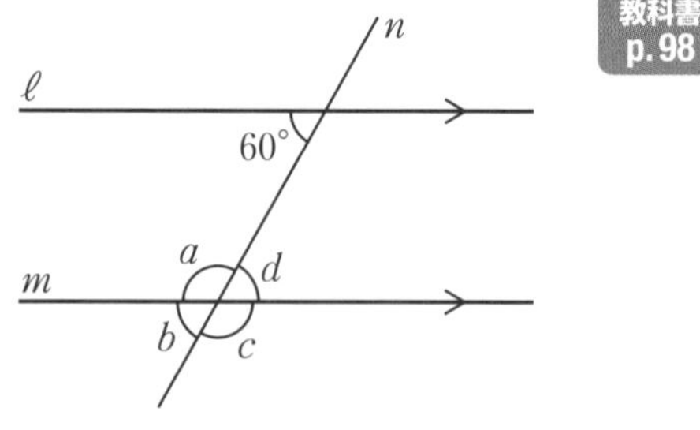

ガイド 平行線と同位角の関係から考えます。また，対頂角は等しいです。

解答 $\ell /\!/ m$ より，同位角は等しいので，$\angle b=60^\circ$
$\angle b$ と $\angle d$ は対頂角だから，$\angle d=\angle b=60^\circ$
$\angle a+\angle d=180^\circ$ で $\angle d=60^\circ$ より，$\angle a=180^\circ-60^\circ=120^\circ$
$\angle a$ と $\angle c$ は対頂角だから，$\angle c=\angle a=120^\circ$

$\angle \boldsymbol{a}=120^\circ$，$\angle \boldsymbol{b}=60^\circ$，$\angle \boldsymbol{c}=120^\circ$，$\angle \boldsymbol{d}=60^\circ$

問 3　右の図について，次の問いに答えなさい。

教科書 p.99

(1)　$\ell /\!/ m$ であることを説明しなさい。

(2)　$\angle x$，$\angle y$ の大きさを求めなさい。

(3)　ℓ と m のほかに，平行な直線の組を見つけ，記号 $/\!/$ を使って表しなさい。

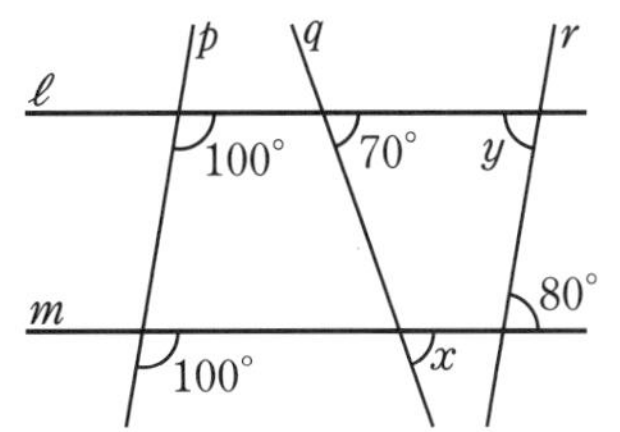

解答　(1)　（説明）　同位角が 100° で等しいから，
$\ell /\!/ m$ である。

(2)　$\ell /\!/ m$ ならば，同位角は等しいので，
$\angle x=70°$
　$\ell /\!/ m$ ならば，錯角は等しいので，
$\angle y=80°$　　　　**$\angle x=70°$，$\angle y=80°$**

(3)　右の図で，$\angle z=180°-80°=100°$
同位角が 100° で等しいから，**$p /\!/ r$** である。

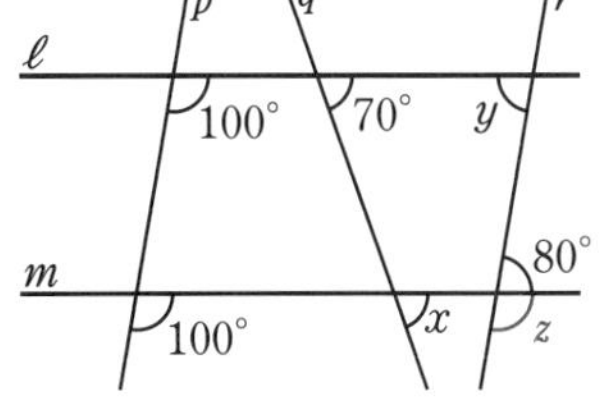

説明しよう

教科書 p.100

右の図で，
　$\angle a+\angle b=180°$ ならば，$\ell /\!/ m$
であることを説明しましょう。

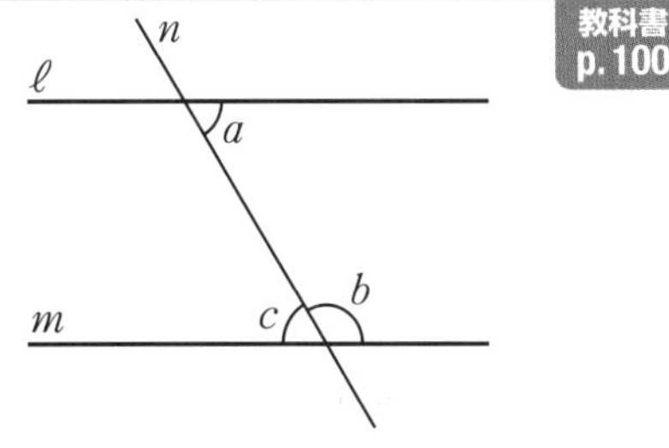

ガイド　**一直線のつくる角は 180° であることと，平行線と錯角の関係を利用します。**

解答例　$\angle a+\angle b=180°$ より，$\angle a=180°-\angle b$　……①
また，$\angle c+\angle b=180°$ より，$\angle c=180°-\angle b$　……②
①，②から，$\angle a=\angle c$　これらは錯角で，錯角が等しいならば，2 つの直線は平行であるから，$\ell /\!/ m$
よって，$\angle a+\angle b=180°$ ならば，$\ell /\!/ m$ である。

練習問題　　1 角と平行線　p.100

1　右の図のように，3 直線が 1 点で交わっています。
このとき，$\angle a$，$\angle b$，$\angle c$，$\angle d$ の大きさを求めなさい。

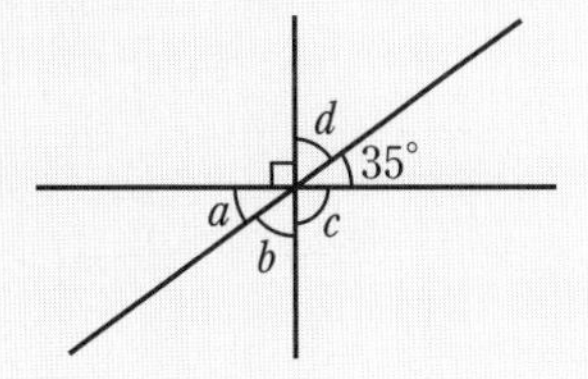

4章　図形の調べ方

ガイド 一直線のつくる角は 180° であることと，対頂角は等しいことを利用します。

解答 一直線のつくる角は 180° なので，$\angle d=180^\circ-90^\circ-35^\circ=55^\circ$

対頂角は等しいので，$\angle a=35^\circ$，$\angle b=\angle d=55^\circ$，$\angle c=90^\circ$

$\angle a=35^\circ$，$\angle b=55^\circ$，$\angle c=90^\circ$，$\angle d=55^\circ$

2 右の図で，$\ell /\!/ m$ のとき，$\angle x$ の大きさを求めなさい。

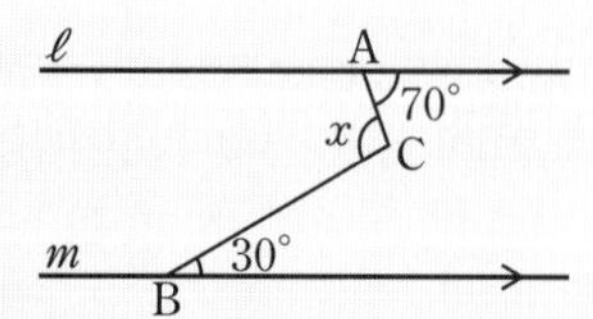

ガイド 点Cを通り，ℓ に平行な直線をひいて，平行線の性質を使って求めます。

解答 点Cを通り，ℓ に平行な直線 DE をひくと，

$\angle x=\angle \mathrm{ACD}+\angle \mathrm{BCD}$

$=70^\circ+30^\circ$（70°：錯角，30°：錯角）

$=100^\circ$

$\angle x=100^\circ$

参考 次のような方法でも求められます。この方法は，教科書 102 ページで学習します。

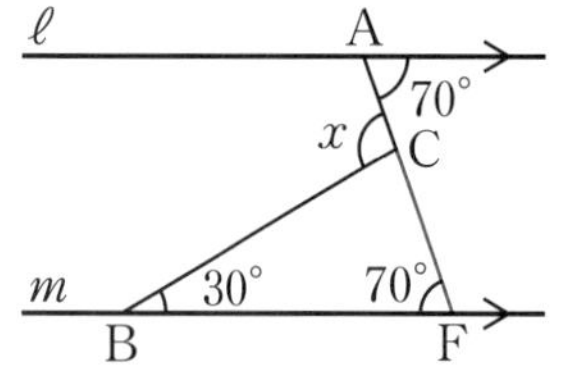

AC を延長して，直線 m との交点をFとすると，

$\angle \mathrm{CFB}=70^\circ$（錯角）

よって，$\angle x=\angle \mathrm{CBF}+\angle \mathrm{CFB}$

$=30^\circ+70^\circ=100^\circ$

3 右の図で，角の関係を使って，

$\ell /\!/ m$，$m /\!/ n$ ならば，$\ell /\!/ n$

であることを説明しなさい。

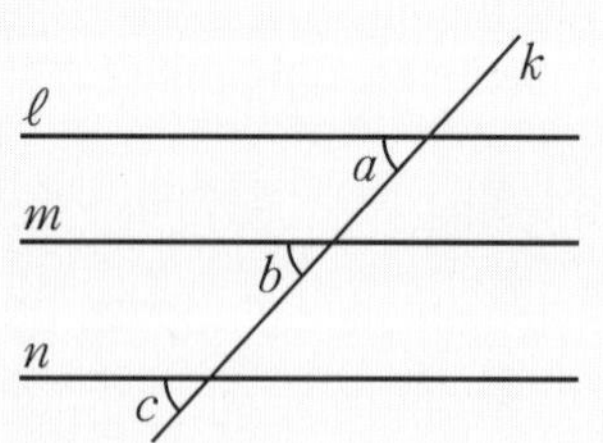

ガイド 平行線と同位角の関係から考えます。

解答 （説明）平行線の同位角は等しいので，

$\ell /\!/ m$ だから，$\angle a=\angle b$ ……①

$m /\!/ n$ だから，$\angle b=\angle c$ ……②

①，②から，$\angle a=\angle c$

同位角が等しいので，$\ell /\!/ n$ である。

2 多角形の角

学習のねらい 三角形の 3 つの内角の和が 180° であることをもとに，三角形の内角と外角の関係や，多角形の内角や外角の和を考えます。また，内角の大きさによって三角形を分類します。

教科書のまとめ **テスト前にチェック**

□三角形の内角と外角
▶右の図で，△ABC の 3 つの角 ∠A，∠B，∠C を，**内角**（ないかく）といいます。また，∠ACD，∠BCE を，△ABC の頂点 C における**外角**（がいかく）といいます。

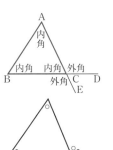

□三角形の内角・外角の性質
▶❶ 三角形の 3 つの内角の和は 180° である。
❷ 三角形の 1 つの外角は，そのとなりにない 2 つの内角の和に等しい。

□鋭角・鈍角
▶0° より大きく 90° より小さい角を**鋭角**（えいかく），90° より大きく 180° より小さい角を**鈍角**（どんかく）といいます。

□三角形の分類
▶**鋭角三角形**…… 3 つの内角がすべて鋭角である三角形
直角三角形…… 1 つの内角が直角である三角形
鈍角三角形…… 1 つの内角が鈍角である三角形

□多角形の内角の和
▶ n 角形の内角の和は，$180° \times (n-2)$ である。

□多角形の外角の和
▶多角形の外角の和は，360° である。

三角形の角の性質について調べましょう。

教科書 p.101

右の図で，直線 BA と CD はどんな位置関係にあるでしょうか。

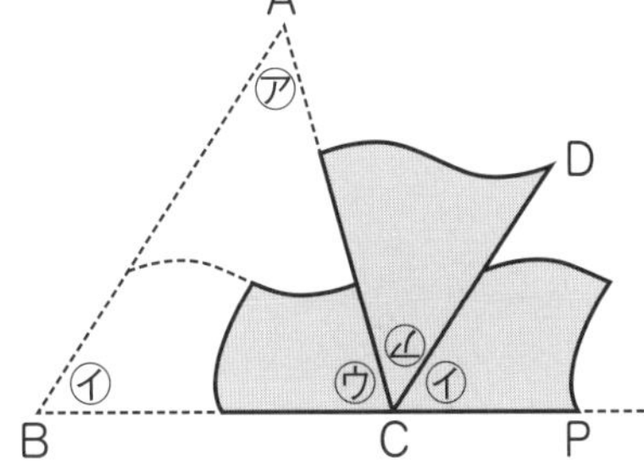
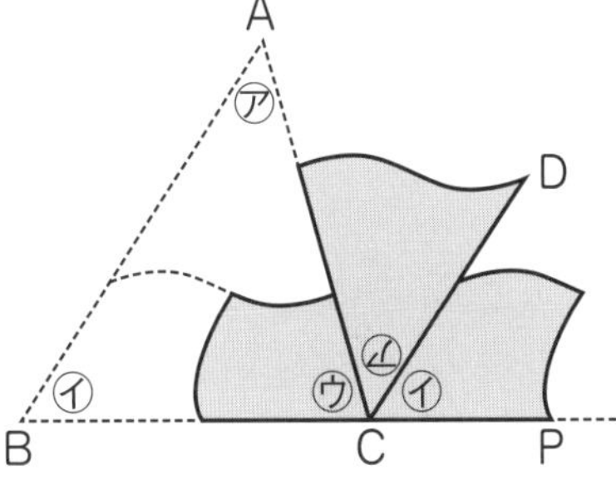

ガイド 錯角または同位角を見つけて平行線の性質を使います。

解答 切り取って移動した角㋐は，∠A に等しいから，∠A＝∠ACD
錯角が等しいので，**BA∥CD**

参考 角㋑に着目して，∠B＝∠DCP（同位角が等しい）からも，BA∥CD がいえます。

説明しよう

教科書 p.102

△ABC で，辺 BC を延長した直線上の点を D とします。このとき，∠A＋∠B と等しい角はどれですか。
また，その理由を説明しましょう。

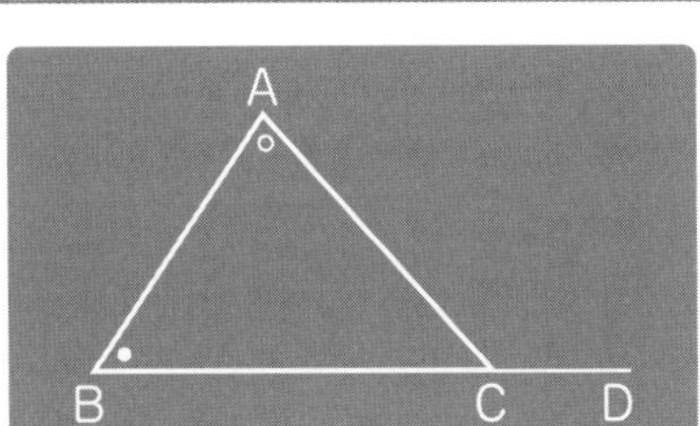

ガイド 補助線をひいて，平行線の性質を使って説明します。

解答例 ∠A＋∠B と等しい角は，**∠ACD**

（説明）点Cを通り，辺 BA に平行な直線 CE をひくと，

BA // CE より，∠A＝∠ACE（錯角）

∠B＝∠ECD（同位角）

よって，∠A＋∠B＝∠ACE＋∠ECD

＝∠ACD

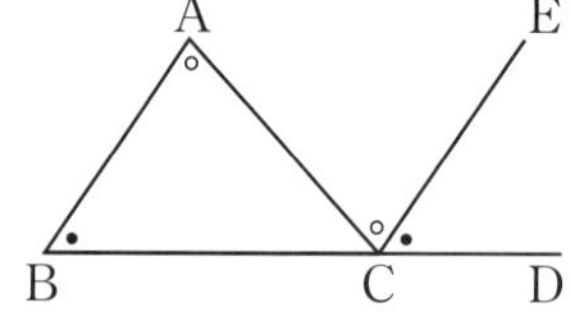

参考 三角形の内角の和が 180° になることから，∠A＋∠B＋∠ACB＝180°　……①
また，∠BCD＝180°　……②　①，②から，∠A＋∠B＋∠ACB＝∠BCD　……③
③の両辺から ∠ACB をひいて，∠A＋∠B＝∠ACD と説明してもかまいません。

問 1 △ABC で，頂点Aにおける外角を，左の図に示しなさい。 教科書 p.102

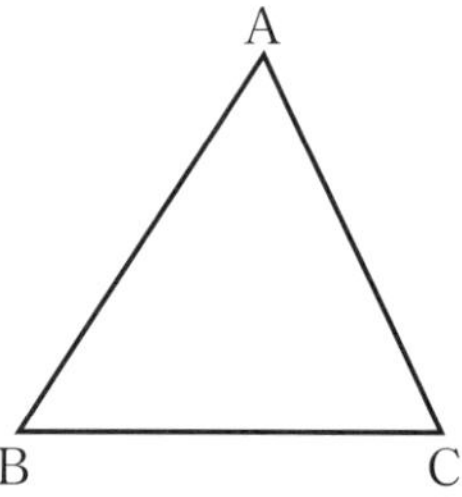

ガイド 1つの頂点における外角は，2通り考えられます。

解答 右の図

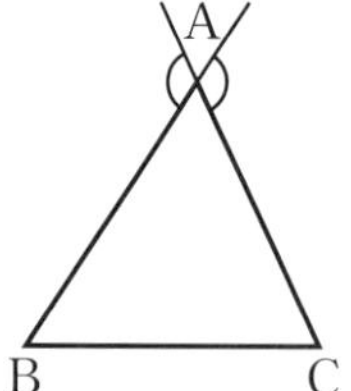

問 2 下の図で，∠x の大きさを，それぞれ求めなさい。 教科書 p.103

(1)

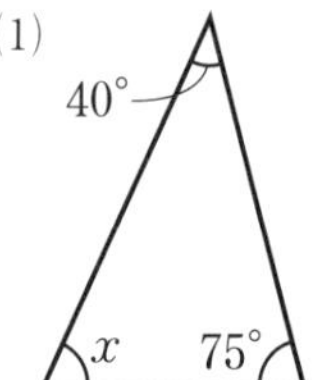

(2)

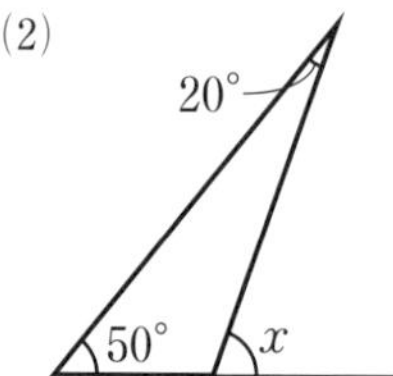

(3)

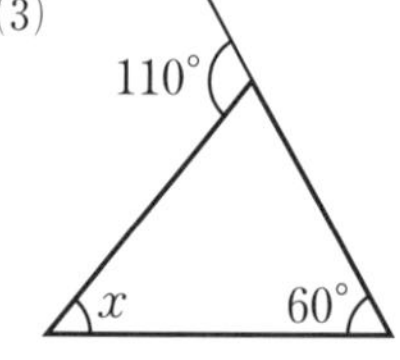

ガイド (1)　三角形の内角の和は 180° であることを使います。
(2)，(3)　三角形の1つの外角は，そのとなりにない2つの内角の和に等しいことを使います。

解答 (1)　$\angle x = 180° - (40° + 75°) = \mathbf{65°}$　　(2)　$\angle x = 20° + 50° = \mathbf{70°}$

(3)　$\angle x + 60° = 110°$ だから，$\angle x = 110° - 60° = \mathbf{50°}$

内角の大きさによって，三角形を分類しましょう。

問 3 三角形で，2 つの内角が次のような大きさのとき，その三角形は，鋭角三角形，直角三角形，鈍角三角形のどれになりますか。 教科書 p.103

(1) 20°，60°　　(2) 50°，80°　　(3) 25°，65°

ガイド 2 つの内角からもう 1 つの内角を求めて考えます。

解答
(1) もう 1 つの内角は，180°−(20°+60°)=100°　　**鈍角三角形**
(2) もう 1 つの内角は，180°−(50°+80°)=50°　　**鋭角三角形**
(3) もう 1 つの内角は，180°−(25°+65°)=90°　　**直角三角形**

多角形の内角の和や外角の和について調べましょう。

● 多角形の内角の和

四角形，五角形，六角形の内角の和は，それぞれ何度になるでしょうか。 教科書 p.103

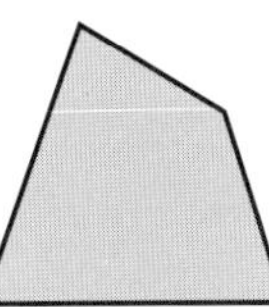
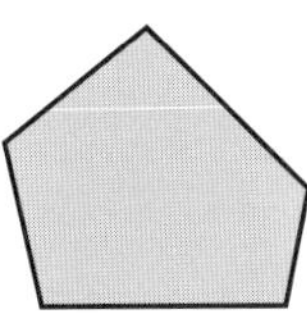
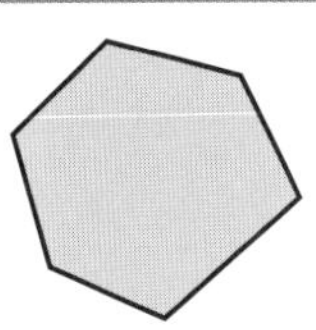

ガイド 1 つの頂点からひいた対角線で，いくつの三角形ができるかを考えます。

解答
四角形…180°×2=**360°**
五角形…180°×3=**540°**
六角形…180°×4=**720°**

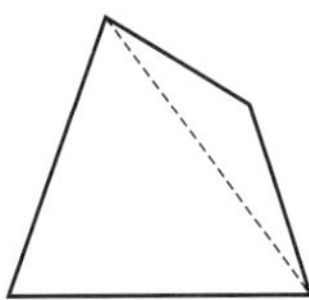
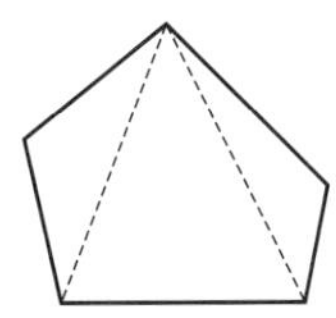
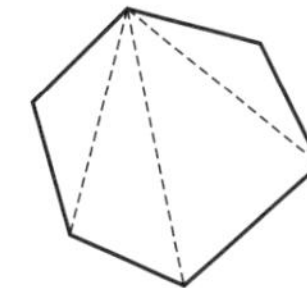

問 4 多角形の 1 つの頂点から対角線をひき，右(解答欄，一部省略)の表の□にあてはまる数を調べて書き入れなさい。 教科書 p.104

❓ 辺の数が 1 増えると，内角の和は何度増えるかな。

ガイド 七，八，九角形について，それぞれ 1 つの頂点からひいた対角線で，いくつの三角形ができるかを考えます。

解答

多角形	辺の数	三角形の数	内角の和
⋮	⋮	⋮	⋮
七角形	7	5	180°×5
八角形	8	6	180°×6
九角形	9	7	180°×7
⋮	⋮	⋮	⋮

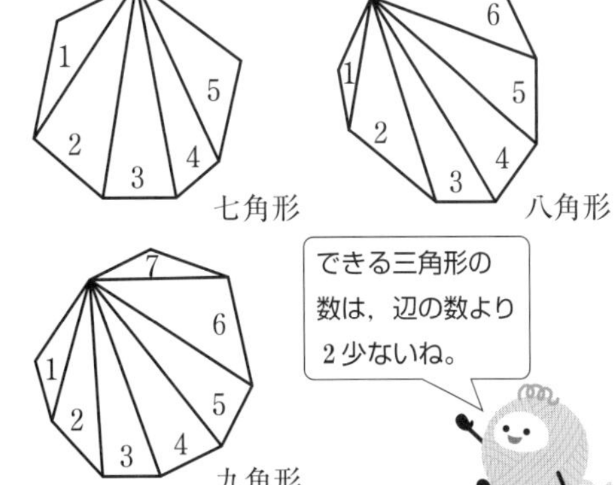

❓ 辺の数が 1 増えると，できる三角形の数も 1 増えるので，内角の和は 180° 増えます。

4章 図形の調べ方

問5　十角形の内角の和は何度ですか。また，正十角形の1つの内角の大きさは何度ですか。　**教科書 p.104**

ガイド　n 角形の内角の和は，$180°\times(n-2)$ です。正多角形の内角の大きさは，すべて等しいです。

解答　〈十角形の内角の和〉　$n=10$ のとき，$180°\times(10-2)=180°\times8=$**1440°**

〈正十角形の1つの内角〉　$1440°\div10=$**144°**

参考　正 n 角形の1つの内角の大きさは，$\dfrac{180°\times(n-2)}{n}$ で求められます。

問6　内角の和が次のようになる多角形は何角形ですか。　**教科書 p.105**

(1)　900°　　(2)　1800°

ガイド　n 角形の内角の和を求める式 $180°\times(n-2)$ を利用して，n についての方程式をつくり，それを解いて n の値を求めます。

解答　(1)　$180°\times(n-2)=900°$

$n-2=5$

$n=7$　　**七角形**

(2)　$180°\times(n-2)=1800°$

$n-2=10$

$n=12$　　**十二角形**

説明しよう　**教科書 p.105**

かりんさんは，n 角形の内角の和を，右の図のように考えて，

$180°\times n-360°$

という式で表しました。

かりんさんの考え方を説明しましょう。

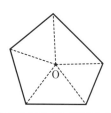

ガイド　式の中の $180°\times n$ と $360°$ が何を表しているか，考えましょう。

解答例　(説明)　n 角形の中に点Oをとり，それぞれの頂点に線をひくと n 個の三角形ができる。n 個の三角形の内角の和の合計は，$180°\times n$　これから点Oのまわりの角 360° をひくと，n 角形の内角の和が求められる。よって，$180°\times n-360°$ は n 角形の内角の和になる。

● 多角形の外角の和

下の図の三角形，四角形の外角の和は何度でしょうか。　**教科書 p.105**

また，ノートにいろいろな多角形をかいて，外角の和がどうなるかを調べましょう。

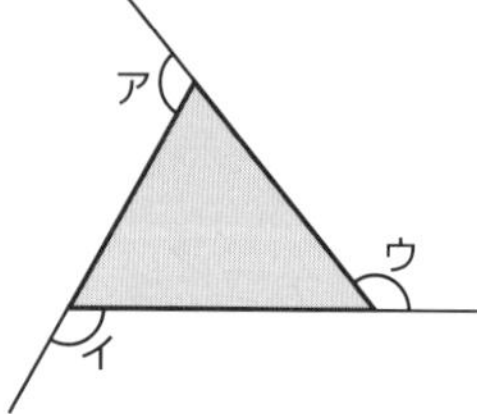

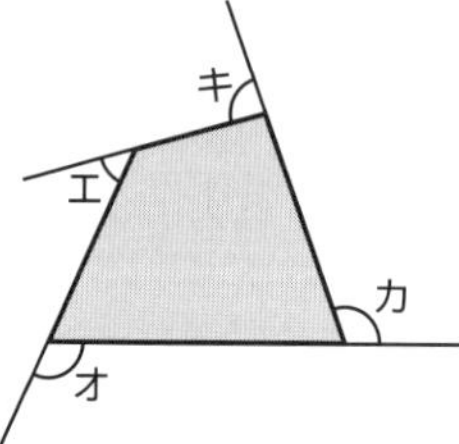

ガイド 調べ方として，
・いろいろな図をかいて，外角を分度器で測って和を求める。
・角を移動させて考える。
・すでに知っている内角の和の公式を使う。
などが考えられます。

解答例 図の三角形，四角形の外角の大きさを測って，それぞれ和を求めると，

$\angle$ア＋$\angle$イ＋$\angle$ウ$=110^\circ+120^\circ+130^\circ=\mathbf{360^\circ}$

$\angle$エ＋$\angle$オ＋$\angle$カ＋$\angle$キ$=50^\circ+115^\circ+110^\circ+85^\circ=\mathbf{360^\circ}$

また，右の図の五角形で外角の和を求めると，

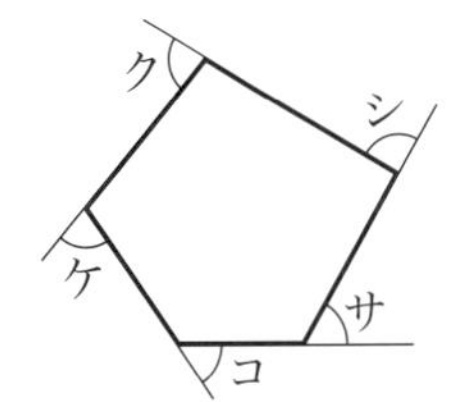

$\angle$ク＋$\angle$ケ＋$\angle$コ＋$\angle$サ＋$\angle$シ

$=80^\circ+75^\circ+55^\circ+60^\circ+90^\circ=\mathbf{360^\circ}$

問 7 下の図で，$\angle x$ の大きさを，それぞれ求めなさい。 教科書 p.106

(1)

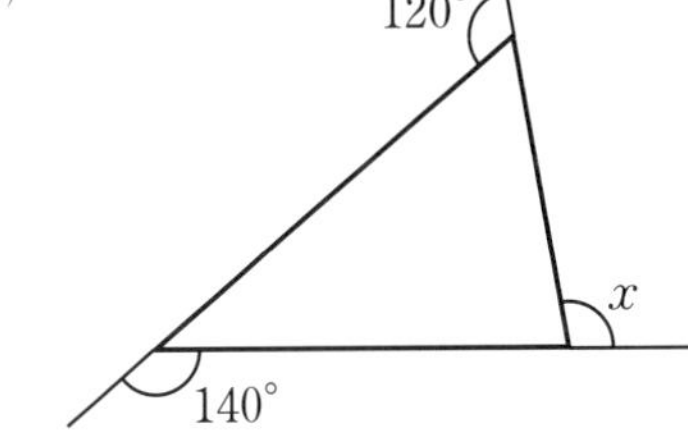

(2)

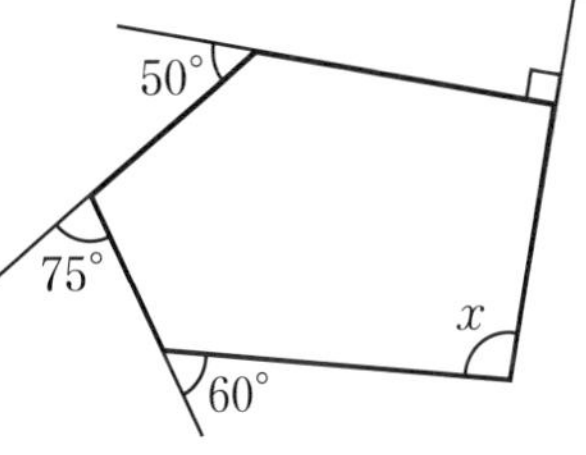

ガイド (1) 多角形の外角の和は 360° であることを利用します。
(2) $\angle x+(\angle x$ の外角$)=180^\circ$ を利用します。

解答 (1) $\angle x=360^\circ-(120^\circ+140^\circ)=\mathbf{100^\circ}$

(2) $\angle x$ の外角は，$360^\circ-(90^\circ+50^\circ+75^\circ+60^\circ)=85^\circ$

$\angle x=180^\circ-85^\circ=\mathbf{95^\circ}$

問 8 正十二角形の 1 つの外角の大きさは何度ですか。
また，1 つの内角の大きさは何度ですか。 教科書 p.106

ガイド 多角形の外角の和は，辺の数に関係なく 360° です。
1 つの内角の大きさは，どの頂点でも，内角と外角の和が 180° であることから考えます。

解答 外角の和は 360° だから，正十二角形の 1 つの外角は，$360^\circ\div12=\mathbf{30^\circ}$
1 つの頂点で，内角と外角の和は 180° で，外角が 30° だから，
1 つの内角は，$180^\circ-30^\circ=\mathbf{150^\circ}$

参考 正十二角形の内角の和は，$180^\circ\times(12-2)=1800^\circ$
1 つの内角は，$1800^\circ\div12=150^\circ$ として求めてもかまいません。

話しあおう

教科書 p.107

右の図で，$\angle x$ の大きさは，いろいろな方法で求められます。どんな求め方があるでしょうか。

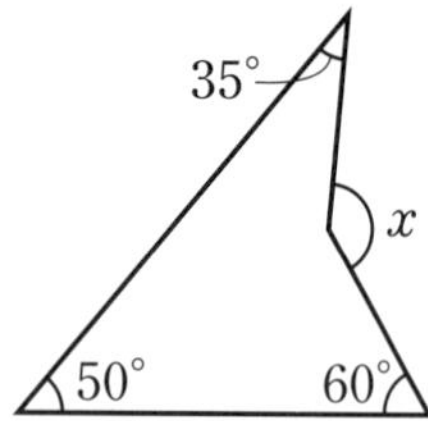

ガイド 適当な補助線をひいて，三角形の内角・外角の性質を使って求めます。

解答例

・㋐のように補助線をひくと，
三角形の内角・外角の性質から，
$\angle a+35^\circ=\angle c$，$\angle b+60^\circ=\angle d$
また，$\angle a+\angle b=50^\circ$，$\angle x=\angle c+\angle d$
よって，$\angle x=\angle a+35^\circ+\angle b+60^\circ$
$=(\angle a+\angle b)+95^\circ$
$=50^\circ+95^\circ$
$=\mathbf{145^\circ}$

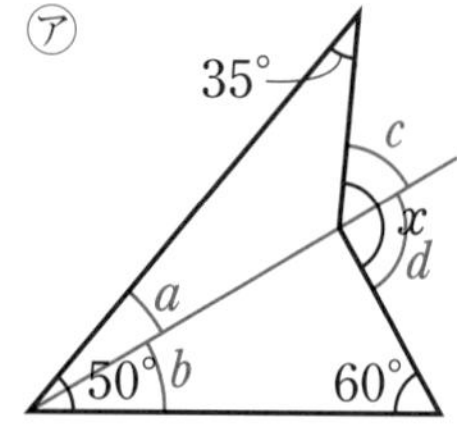

・㋑のように補助線をひくと，
三角形の内角・外角の性質から，
$\angle x=\angle p+60^\circ$
また，$\angle p=35^\circ+50^\circ$
よって，$\angle x=35^\circ+50^\circ+60^\circ$
$=\mathbf{145^\circ}$

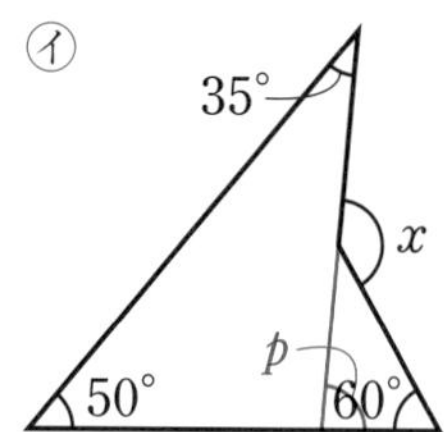

・㋒のように補助線をひくと，
三角形の内角の和は 180° だから，
$35^\circ+50^\circ+60^\circ+\angle m+\angle n=180^\circ$ より，
$\angle m+\angle n=35^\circ$
また，$\angle x+\angle m+\angle n=180^\circ$
よって，$\angle x=180^\circ-35^\circ$
$=\mathbf{145^\circ}$

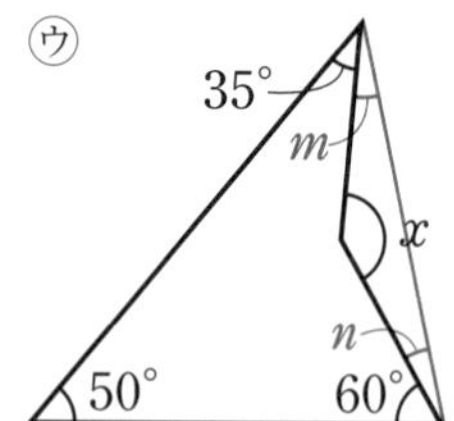

練習問題　　② 多角形の角 p.107

1 下の図で，$\angle x$ の大きさを，それぞれ求めなさい。

(1)

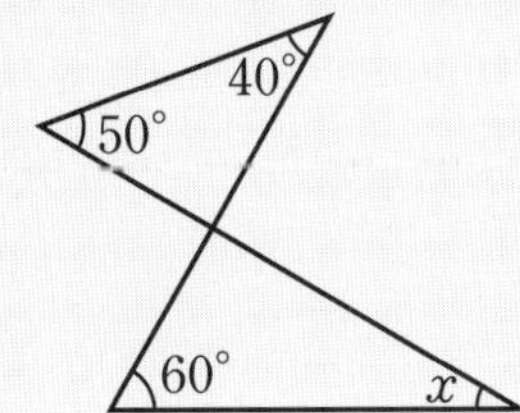

(2)

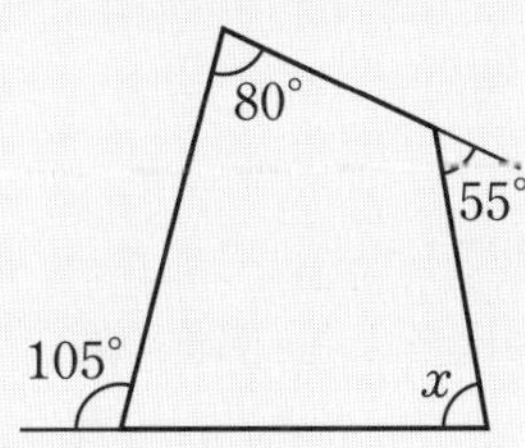

(3)

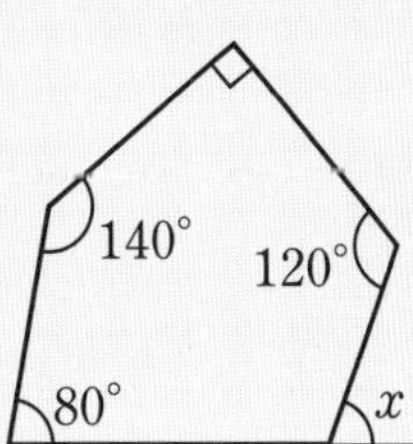

ガイド (1)は，三角形の内角・外角の性質から考えます。
(2)は，多角形の外角の和が **360°** であることを利用します。
(3)は，まず五角形の内角の和を求めてから，残りの 1 つの内角を求めます。

解答 (1) 右の図で，三角形の内角・外角の性質から，

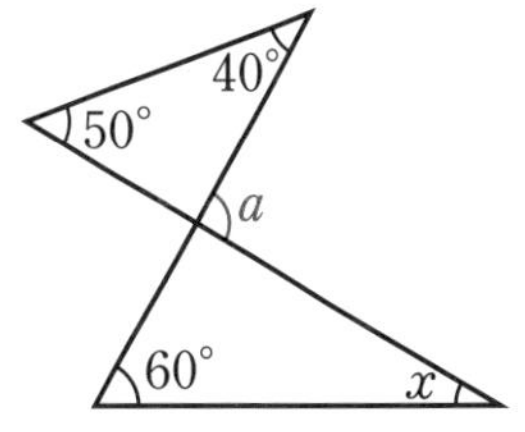

$\angle a = 40° + 50° = 90°$

また，$\angle x + 60° = \angle a$ だから，

$\angle x = 90° - 60°$

$= \mathbf{30°}$

(2) $\angle x$ の外角を $\angle y$ とする。

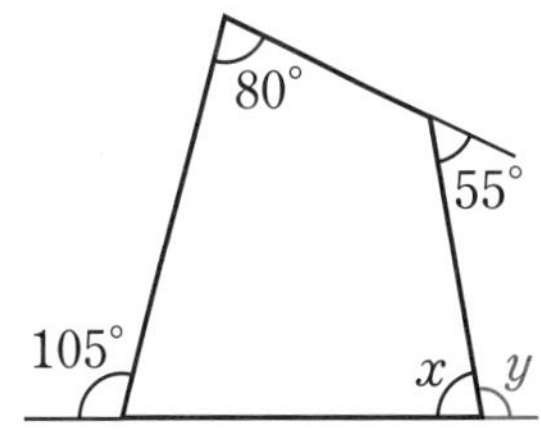

多角形の外角の和は 360° だから，

$105° + (180° - 80°) + 55° + \angle y = 360°$

$\angle y = 100°$

よって，$\angle x = 180° - \angle y$

$= 180° - 100°$

$= \mathbf{80°}$

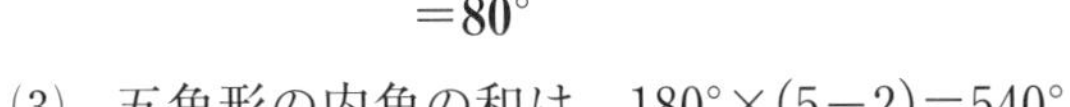

(3) 五角形の内角の和は，$180° \times (5-2) = 540°$ だから，

残りの 1 つの内角の大きさは，

$540° - (120° + 90° + 140° + 80°) = 540° - 430°$

$= 110°$

よって，$\angle x = 180° - 110°$

$= \mathbf{70°}$

3 三角形の合同

学習のねらい

平面上の2つの図形で，一方が他方にぴったり重なるとき，2つの図形は合同であることをもとにして，合同な図形の性質や三角形の合同条件を考えます。

教科書のまとめ　テスト前にチェック

□合同な図形の性質

▶❶ 合同な図形では，対応する線分の長さは，それぞれ等しい。

❷ 合同な図形では，対応する角の大きさは，それぞれ等しい。

□三角形の合同条件

▶2つの三角形は，次のそれぞれの場合に合同である。

❶ **3組の辺が，それぞれ等しいとき**

AB＝A′B′

BC＝B′C′

CA＝C′A′

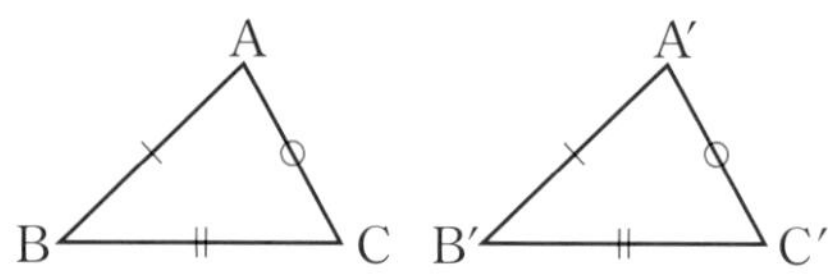

❷ **2組の辺とその間の角が，それぞれ等しいとき**

AB＝A′B′，BC＝B′C′

∠B＝∠B′

A　B　C　A′　B′　C′

❸ **1組の辺とその両端（りょうたん）の角が，それぞれ等しいとき**

BC＝B′C′

∠B＝∠B′，∠C＝∠C′

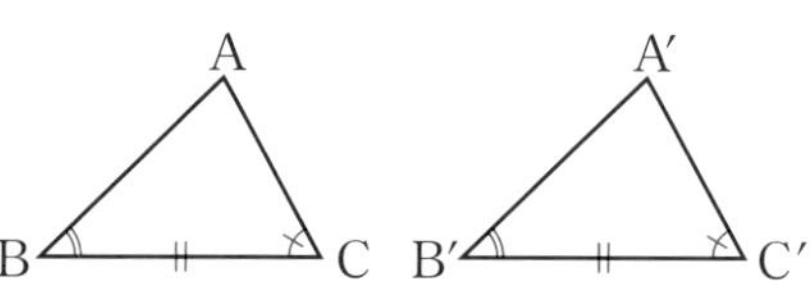

□合同な図形を表す記号

▶四角形 ABCD と四角形 EFGH が合同であることを，記号≡を使って，
四角形 ABCD≡四角形 EFGH のように表します。

合同な三角形の性質について調べましょう。

下の図で，㋑〜㋓のうち，㋐とぴったり重なる三角形はどれでしょうか。
また，そのとき重なり合う辺をいいましょう。

教科書 p.108

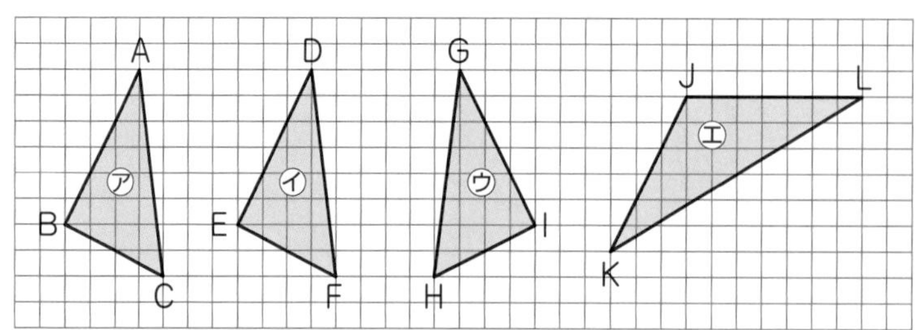

ガイド 図形を移動してぴったり重ねるには，ずらしたり，回したり，裏返したりする方法があります。

解答

・㋐とぴったり重なる三角形は，㋑と㋒

・重なり合う辺は，㋑…**辺 AB と辺 DE，辺 BC と辺 EF，辺 CA と辺 FD**

㋒…**辺 AB と辺 GI，辺 BC と辺 IH，辺 CA と辺 HG**

問 1　前ページの ひろげよう の合同な三角形㋐と㋒について，対応する辺と角を，それぞれいいなさい。また，この2つの三角形が合同であることを，記号≡を使って表しなさい。

教科書 p.109

ガイド　記号≡を使って2つの図形が合同であることを表すとき，対応する頂点を順に並べます。

解答
- 対応する辺…**辺 AB と辺 GI，辺 BC と辺 IH，辺 CA と辺 HG**
- 対応する角…**∠A と ∠G，∠B と ∠I，∠C と ∠H**
- **△ABC≡△GIH**

三角形の合同条件について学びましょう。

△ABC と合同な △DEF をかく方法を考えます。
はじめに，辺 BC と等しい長さの辺 EF をかきました。頂点 D は，どのようにして決めればよいでしょうか。

教科書 p.109

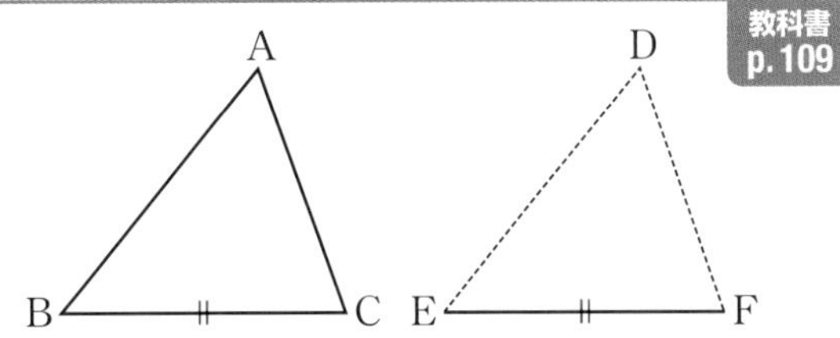

ガイド　頂点 D の決め方は，1通りではありません。

解答例　次の3通りの決め方が考えられる。

(1)　点 E を中心とする半径 AB の円と，点 F を中心とする半径 AC の円をそれぞれかき，その交点を D とする。

(2)　∠E＝∠B となるように直線をかき，点 E を中心とする半径 AB の円をかいて，その交点を D とする。または，∠F＝∠C となるように直線をかき，点 F を中心とする半径 AC の円をかいて，その交点を D とする。

(3)　∠E＝∠B，∠F＝∠C となるように2本の直線をかき，その交点を D とする。

問 2　上の ひろげよう で，EF＝BC のほかに，
∠E＝∠B，DE＝AB
となるように点 D を決めて，△DEF をかきなさい。

教科書 p.109

ガイド　ひろげよう の 解答例 の(2)のかき方です。

解答　右の図

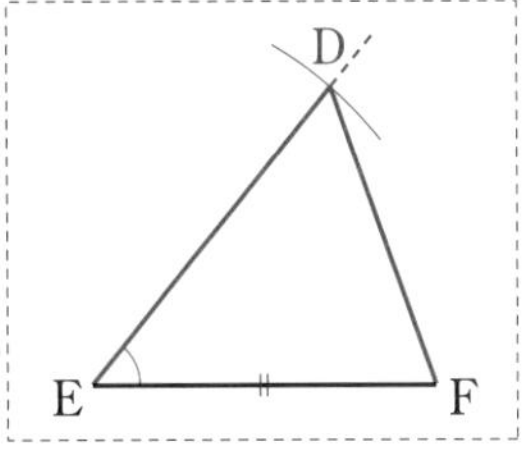

問 3　上の ひろげよう で，EF＝BC のほかに，
DE＝AB，DF＝AC
となるように点 D を決めて，△DEF をかきなさい。

教科書 p.109

ガイド　ひろげよう の 解答例 の(1)のかき方です。

解答　右の図

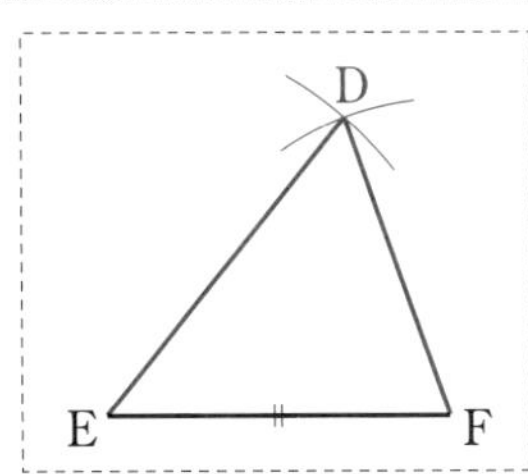

問 4 下の㋐〜㋖の三角形を，合同な三角形の組に分けなさい。
また，そのとき使った合同条件をいいなさい。

教科書 p.110

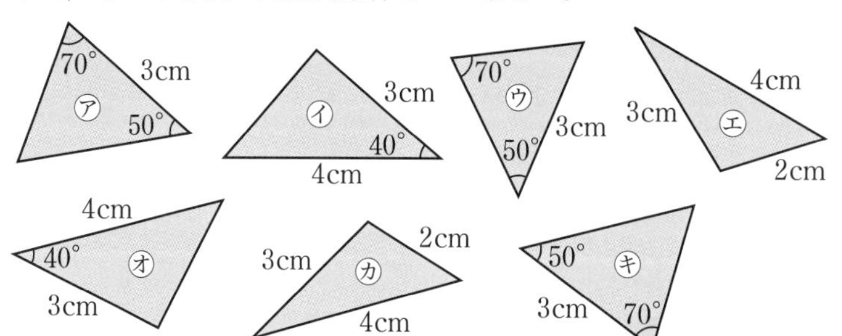

ガイド 辺の長さや角の大きさに着目し，三角形の合同条件のどれにあてはまるかを調べます。

解答 **㋐と㋖…1組の辺とその両端の角が，それぞれ等しい。**
㋑と㋔…2組の辺とその間の角が，それぞれ等しい。
㋓と㋕…3組の辺が，それぞれ等しい。

問 5 右の図で，線分ABとCDが，
AE=DE，CE=BE
となるように，点Eで交わっています。
この図で，合同な三角形の組を，記号≡を使って表しなさい。
また，そのとき使った合同条件をいいなさい。

教科書 p.110

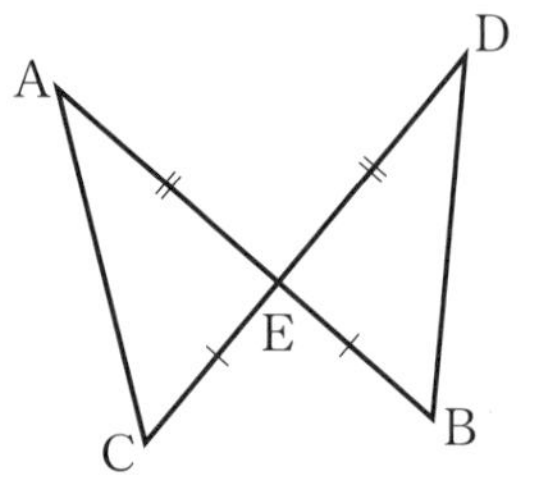

ガイド △ACEと△DBEの辺の長さや角の大きさに着目し，三角形の合同条件のどれにあてはまるかを調べます。

解答 上の図で，AE=DE，CE=BE
また，対頂角は等しいので，∠AEC=∠DEB
よって，**△ACE≡△DBE**
合同条件…**2組の辺とその間の角が，それぞれ等しい。**

練習問題

③ 三角形の合同 p.111

1 右の図で，△ABCと△ADEは合同になります。
このことをいうには，三角形の合同条件のどれを使えばよいですか。

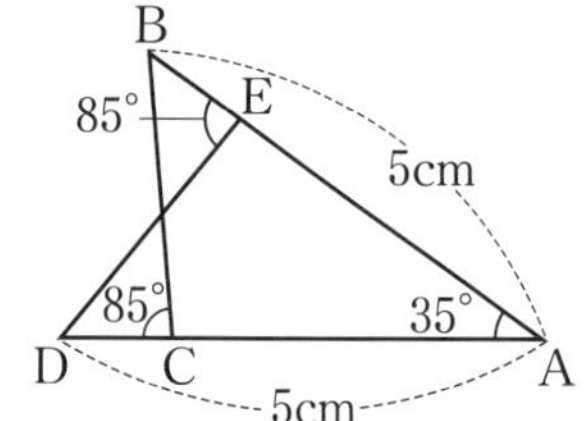

ガイド △ABCと△ADEの内角について，求められる角を計算で求めて考えます。

解答 △ABC で，$\angle B+35^\circ=85^\circ$ より，$\angle B=50^\circ$
△ADE で，$\angle D+35^\circ=85^\circ$ より，$\angle D=50^\circ$
よって，△ABC と △ADE で，

$AB=AD=5\text{ cm}$ ……①
$\angle BAC=\angle DAE=35^\circ$ ……②
$\angle ABC=\angle ADE=50^\circ$ ……③

①，②，③から，△ABC と △ADE は合同になる。
合同条件…**1 組の辺とその両端の角が，それぞれ等しい。**

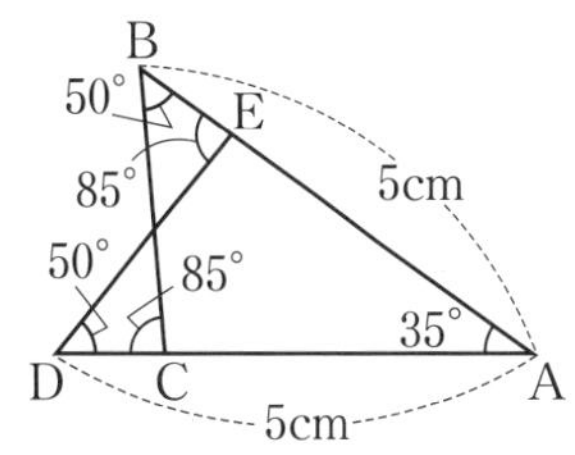

2 けいたさんとかりんさんが，次の(1)～(3)の三角形をかきます。2 人がかく三角形は，かならず合同になるといえますか。(1)～(3)のそれぞれについて答えなさい。

(1) 1 辺の長さが 5 cm の正三角形　(2) 等しい辺の長さが 7 cm の二等辺三角形
(3) 2 つの内角が 60° と 80° の三角形

ガイド 合同になる場合は，三角形の 3 つの合同条件のうちのどれかにあてはまります。
合同になるといえない場合は，合同にならない具体例を示しましょう。

解答 (1) 正三角形は 3 辺が等しいので，3 組の辺が，それぞれ等しいから，**合同になる。**
(2) 等しい辺の長さは同じでも，その間の角や残りの 1 辺の長さが異なることがあるので，**合同になるといえない。**
(3) 3 組の内角がそれぞれ等しくても辺の長さが決まらないから，**合同になるといえない。**

数学ライブラリー
2組の辺とその間にない角だと？

教科書 p. 111

2 つの三角形は，2 組の辺とその間の角が，それぞれ等しいとき，合同になります。では，2 組の辺とその間にない角が，それぞれ等しいときにはどうでしょうか。右の図のような △ABC と，$EF=8\text{ cm}$，$FD=6\text{ cm}$，$\angle E=40^\circ$ の △DEF で考えてみましょう。

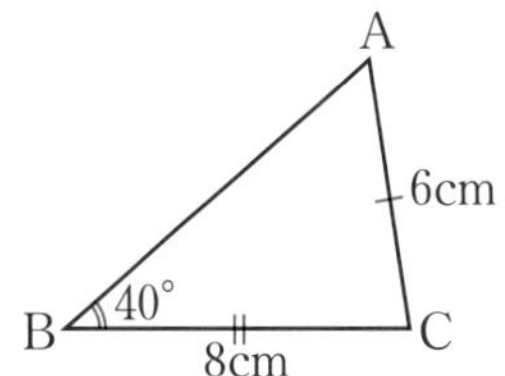

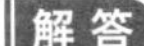
解答 ① $EF=8\text{ cm}$ の線分をかく。
② $\angle E=40^\circ$ となる直線 ED′ をひく。
③ F を中心として半径 6 cm の円をかき，
直線 ED′ との 2 つの交点を D_1，D_2 とする。
このとき，$\triangle D_1EF$，$\triangle D_2EF$ は，どちらも，$\angle E=40^\circ$，$EF=8\text{ cm}$，$FD_1=FD_2=6\text{ cm}$ の三角形になっている。
つまり，2 組の辺とその間にない角が，それぞれ等しくても，合同であるとはいえない。

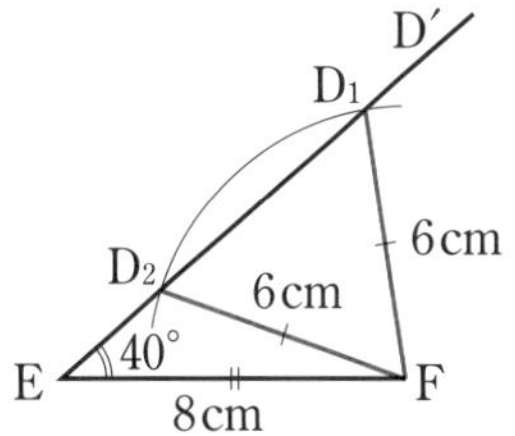

❷節 証 明

たこをつくろう

けいたさんは，自由研究で，右のような，

AB＝AD，BC＝DC

である四角形 ABCD のたこをつくろうとしています。

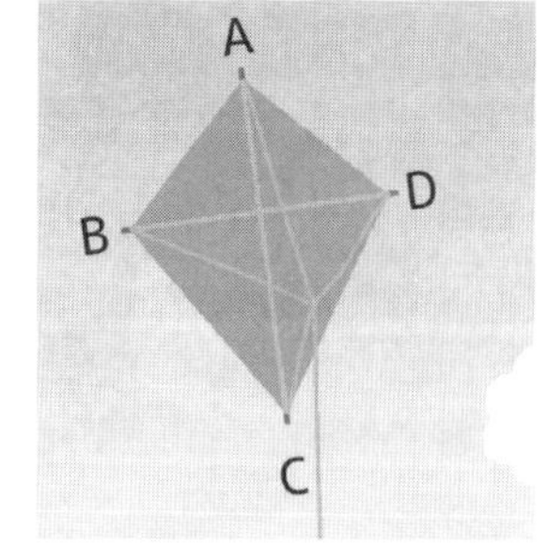

点 A，C から，コンパスを使って異なる半径の円をかき，その交点を点 B，D とします。
このとき，四角形 ABCD を作図しましょう。

解答 （作図）点Aと点Cをそれぞれ中心として，2つの円が交わるように，異なる半径で円をかき，その交点を，それぞれB，Dとする。
（図に合わせるため，左側の交点をB，右側の交点をDとする。）
点A，B，C，Dの順に直線で結び，四角形ABCDをかく。　**右の図**

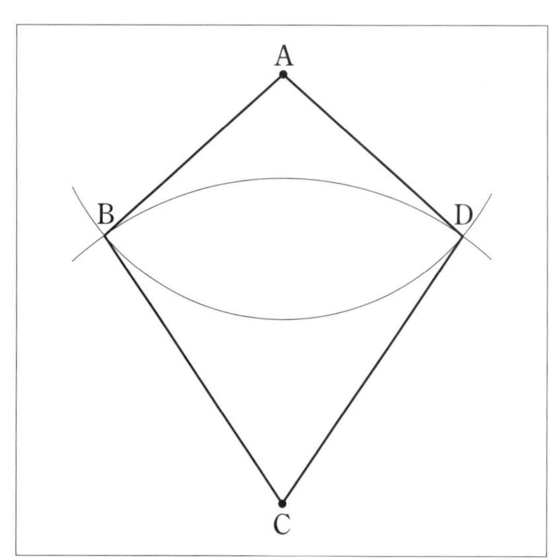

参考 点Aと点Cの間は5.5 cm だから，点Aを中心とする円と点Cを中心とする円の半径が，合わせて5.5 cm より大きくなければ交わりません。

話しあおう

教科書 p.112

できた図形の中から，等しい角を見つけましょう。
また，どうすれば等しいことがいえるでしょうか。

解答例 等しい角…∠B と ∠D が等しく見える。

- A，C を結ぶと，2つの三角形，△ABC と △ADC ができる。この2つの三角形が合同であることがいえたら，∠B＝∠D がいえる。
- AB と AD は同じ半径で等しく，CB と CD も同じ半径で等しい。AC は共通だから，3組の辺が，それぞれ等しい。これから，△ABC≡△ADC がいえる。
- B，D を結ぶと，2つの三角形 △ABD，△CBD ができる。この2つの三角形は二等辺三角形だから，それぞれ，∠ABD＝∠ADB，∠CBD＝∠CDB がいえる。このことから，∠B と ∠D が等しいことがいえる。

1 証明とそのしくみ

学習のねらい

あることがらがいつも成り立つことを説明するには，すじ道を立てて明らかにすることが必要です。この説明のしかたが証明であることを知り，証明のしくみを理解します。

教科書のまとめ **テスト前にチェック**

□仮定と結論

▶数学で考えていくことがらの中には，

(ア) ならば，(イ) である

のような形でいい表されるものがあります。

このとき，(ア) の部分を**仮定**（かてい），(イ) の部分を**結論**（けつろん）といいます。

(ア) は，与え（あた）られてわかっていること

(イ) は，(ア) から導こうとしていること

です。

□証明

▶すでに正しいと認められていることがらを根拠（こんきょ）として，仮定から結論を導くことを**証明**（しょうめい）といいます。

□証明のしくみ

❶ 仮定から出発し，

❷ すでに正しいと認められていることがらを根拠として，

❸ 結論を導く。

□根拠となることがら

- **対頂角の性質**
- **平行線の性質**
- **平行線になるための条件**
- **三角形の内角・外角の性質**
  - 三角形の 3 つの内角の和は 180°
  - 三角形の 1 つの外角は，そのとなりにない 2 つの内角の和に等しい。
- **多角形の内角の和**
  - n 角形の内角の和は，$180° \times (n-2)$
- **多角形の外角の和**
  - 多角形の外角の和は，360°
- **合同な図形の性質**
  - 合同な図形では，対応する線分の長さは，それぞれ等しい。
  - 合同な図形では，対応する角の大きさは，それぞれ等しい。
- **三角形の合同条件**

  2 つの三角形は，次のそれぞれの場合に合同である。
  - 3 組の辺が，それぞれ等しいとき
  - 2 組の辺とその間の角が，それぞれ等しいとき
  - 1 組の辺とその両端の角が，それぞれ等しいとき
- 数量についての基本的な性質
  - **等式の性質**など

図形の性質を明らかにするしくみについて学びましょう。

説明しよう

教科書 p.113

前ページ（教科書 p.112）でかいた四角形 ABCD では，

AB＝AD，BC＝DC のとき，∠ABC＝∠ADC　……(1)

上の(1)のことがらが成り立つことについて，けいたさんとかりんさんが，次のような会話をしています。
（けいたさんの考えは省略）
かりんさんのいうように，△ABC≡△ADC となるのはなぜでしょうか。
また，∠ABC＝∠ADC となる理由もいいましょう。

> 実際に測らなくても，
> 対角線 AC をひくと，
> AB＝AD，BC＝DC
> だから，
> △ABC≡△ADC
> になるよね。そこから，
> ∠ABC＝∠ADC
> がいえるよ
>
> A　B　D　C

かりんさんの考え

ガイド　三角形の合同条件のどれにあてはまるかを考えます。
∠ABC＝∠ADC となる理由は，合同な図形の性質を使って説明しましょう。

解答例　（説明）　△ABC と △ADC で，AB＝AD，BC＝DC
また，AC は共通だから，AC＝AC
3 組の辺が，それぞれ等しいので，△ABC≡△ADC となる。
合同な図形では，対応する角の大きさは等しいので，∠ABC＝∠ADC となる。

問 1

教科書 p.114

次のことがらについて，仮定と結論をいいなさい。

(1)　△ABC≡△DEF ならば，AB＝DE である。

(2)　$\ell /\!/ m$，$m /\!/ n$ ならば，$\ell /\!/ n$ である。

(3)　$x=3$，$y=5$ ならば，$x+y=8$ である。

ガイド　「○○○ならば，□□□である」というとき，○○○を仮定，□□□を結論といいます。

解答

(1)　仮定　**△ABC≡△DEF**
　　結論　**AB＝DE**

(2)　仮定　$\boldsymbol{\ell /\!/ m}$，$\boldsymbol{m /\!/ n}$
　　結論　$\boldsymbol{\ell /\!/ n}$

(3)　仮定　$\boldsymbol{x=3}$，$\boldsymbol{y=5}$
　　結論　$\boldsymbol{x+y=8}$

参考　上のように，「ならば」の前後で仮定，結論になっているものばかりではありません。例えば，「三角形の 3 つの内角の和は，180° である。」は，「ならば」がありませんが，「三角形であるならば，3 つの内角の和は 180° である。」のように，いいかえができます。いいかえて，仮定と結論を見つけます。

問 2　教科書 p.115

(教科書) 101 ページでは,「三角形の 3 つの内角の和は 180° である」ことを証明しています。この証明では，どのようなことがらを根拠として使っていますか。

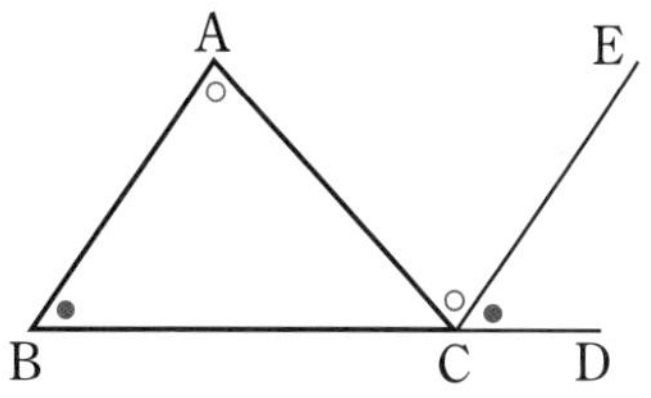

ガイド　教科書 101 ページの証明では，BA と平行な半直線をひいて，平行線と同位角，錯角(さっかく)の関係を使っています。

解答　**平行線になるための条件**

・錯角が等しいならば，この 2 つの直線は平行である。

平行線の性質

・2 つの直線が平行ならば，同位角は等しい。

一直線の角は 180° である。

問 3　教科書 p.116

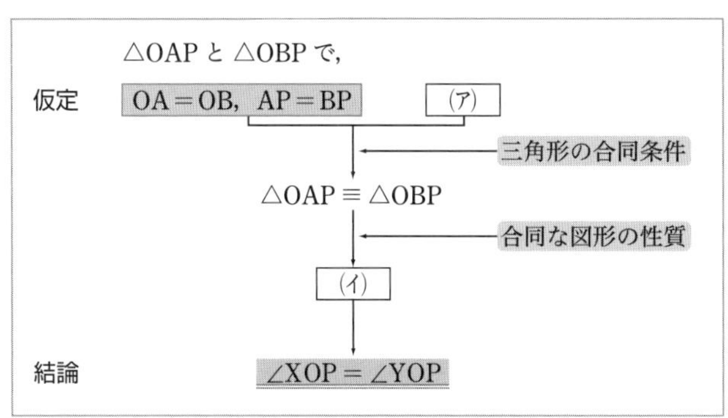

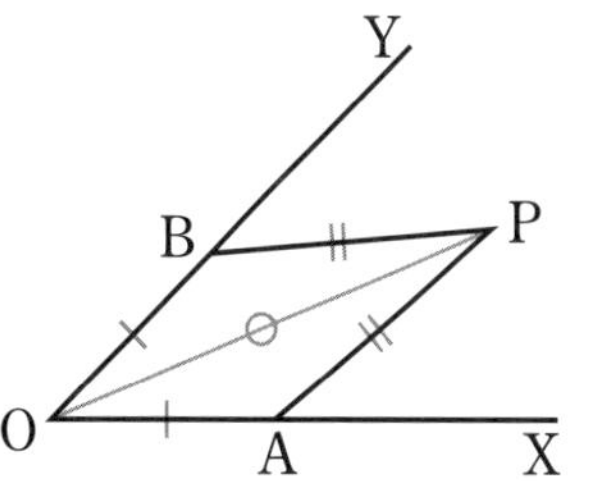

上の図の(ア)，(イ)にあてはまるものをいいなさい。
また，根拠として使っている

三角形の合同条件，合同な図形の性質

を，それぞれいいなさい。

ガイド　仮定に(ア)のことがらを加えると，三角形の合同条件のどれかが成り立つことから，△OAP と △OBP について，等しいといえる辺や角を調べます。
(イ)は，△OAP と △OBP について，合同な図形の性質を使って等しいことがいえることがらだから，対応する角になります。結論 ∠XOP＝∠YOP につながるような，対応する角を見つけましょう。

解答　(ア)　**OP＝OP**

(イ)　**∠AOP＝∠BOP**

三角形の合同条件…**3 組の辺が，それぞれ等しい。**

合同な図形の性質…**合同な図形では，対応する角の大きさは，それぞれ等しい。**

参考　証明の根拠となることがらについては，この本の p.111 にまとめて掲載してあるので，教科書 p.117 以降の証明で活用するとよいでしょう。

2 証明の進め方

学習のねらい

線分の長さや角の大きさが等しいことを証明するとき，三角形の合同条件を根拠として使うことが多いので，ここでは，そのようなときの証明の進め方を学習します。

教科書のまとめ　テスト前にチェック

□証明の進め方

▶次のように考えて，仮定から結論を導きます。

❶　結論を導くためのことがらを考える

❷　仮定や仮定から導かれることがらを整理する

❸　考えたことを結びつける

三角形の合同条件を使った証明の進め方について考えましょう。

教科書 p.117

右の図で，$\ell /\!/ m$ として，ℓ 上の点Aと m 上の点Bを結ぶ線分 AB の中点をOとします。点Oを通る直線 n が，ℓ，m と交わる点を，それぞれ，P，Q とするとき，

AP＝BQ

であることを証明するには，どうすればよいでしょうか。

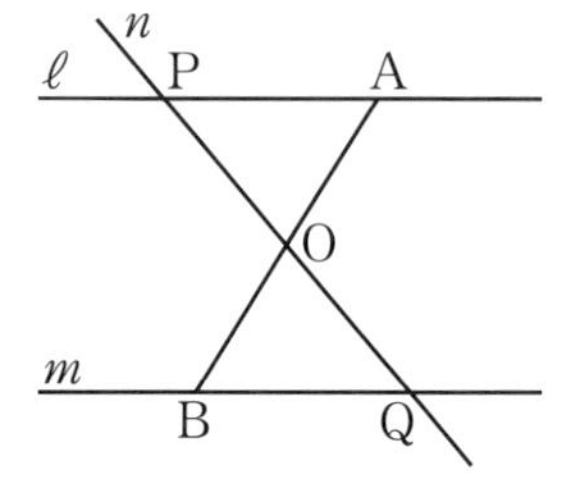

ガイド　まず，仮定と結論を，式の形で表してみましょう。次に，結論を導くために，合同を示す2つの三角形を見つけて，仮定から等しいといえる辺や角に印をつけます。
それらのことがらから，三角形の合同条件のどれが使えるかを考えます。

解答例　仮定…$\ell /\!/ m$，AO＝BO，結論…AP＝BQ

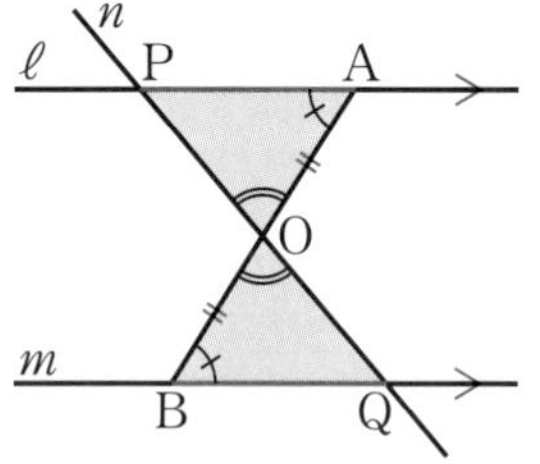

❶　AP＝BQ を導くために，AP，BQ をそれぞれ辺にもつ2つの三角形 △OAP と △OBQ に着目する。

❷　右のように，等しい辺 AO と BO に印をつけ，$\ell /\!/ m$ から，等しいといえる錯角に印をつけ，また，対頂角にも印をつける。

❸　三角形の合同条件の「1組の辺とその両端の角が，それぞれ等しい」を使って，△OAP と △OBQ の合同を示す。

証明は，次のようになります。

△OAP と △OBQ で，仮定より，Oは AB の中点だから，AO＝BO　……①

対頂角は等しいから，∠AOP＝∠BOQ　……②

平行線の錯角は等しいので，$\ell /\!/ m$ から，∠OAP＝∠OBQ　……③

①，②，③から，1組の辺とその両端の角が，それぞれ等しいので，

△OAP≡△OBQ

合同な図形では，対応する辺の長さは等しいので，AP＝BQ

問 1 線分 AB と CD が点 E で交わっているとき，

AE＝DE，CE＝BE ならば，AC＝DB

であることを証明するために，まずは下のような証明の見通しを立てました。

このことをもとに，証明を書きなさい。

教科書 p.119

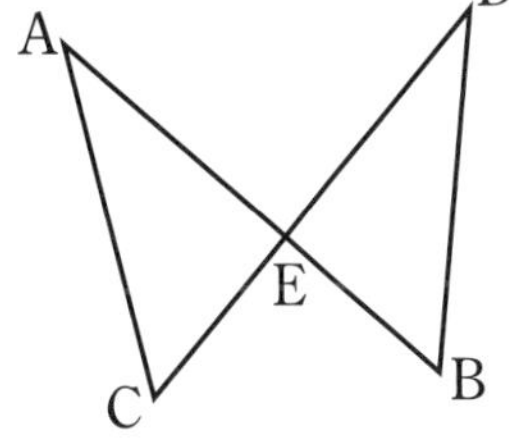

・結論を導くためのことがらを考える

AC＝DB を導くために，AC，DB を，それぞれ 1 辺にもつ 2 つの三角形 △ACE と △DBE について，△ACE≡△DBE が示せるかどうかを考える。

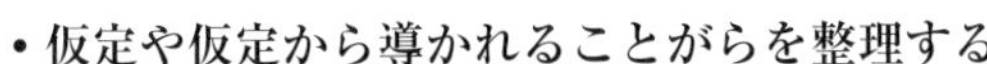

・仮定や仮定から導かれることがらを整理する

△ACE と △DBE について，

仮定より，

AE＝DE，CE＝BE

対頂角は等しいから，

∠AEC＝∠DEB

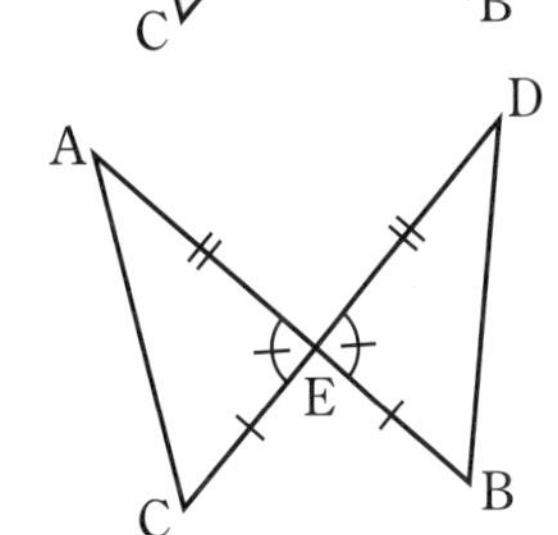

・考えたことを結びつける

上のことから，△ACE と △DBE について，2 組の辺とその間の角が，それぞれ等しいので，△ACE≡△DBE が示せる。

ガイド 証明の見通しをもとに，仮定から結論を導きます。

解答 (証明) △ACE と △DBE で，

仮定より，AE＝DE，CE＝BE ……①

対頂角は等しいから，∠AEC＝∠DEB ……②

①，②から，2 組の辺とその間の角が，それぞれ等しいので，

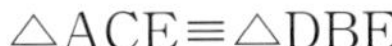

△ACE≡△DBE

合同な図形では，対応する辺の長さは等しいので，

AC＝DB

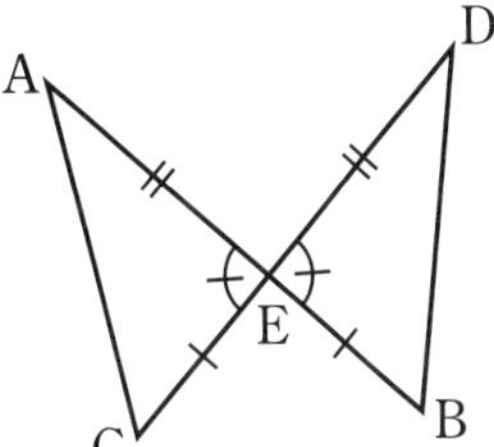

4章 章末問題　学びをたしかめよう

教科書 p.120〜121

1 下(右)の図で，$\ell /\!/ m$ のとき，$\angle x$，$\angle y$ の大きさを，それぞれ求めなさい。

(1)

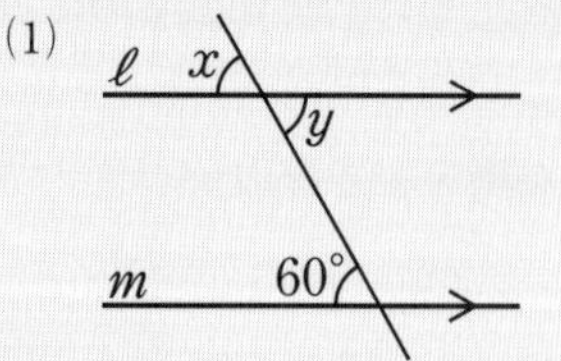

(2)

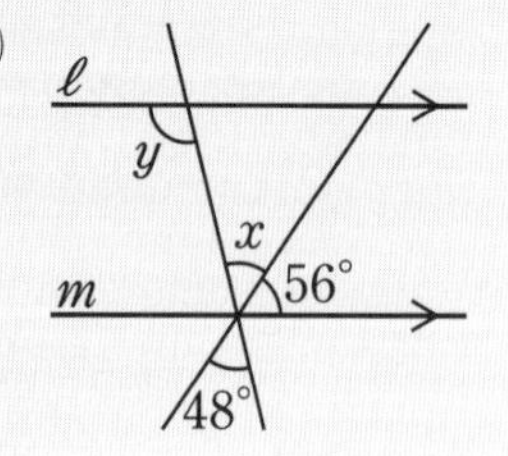

ガイド 対頂角の性質や，平行線と同位角，錯角の関係を利用します。

解答 (1) 平行線の同位角は等しいので，$\ell /\!/ m$ から，$\angle x = \mathbf{60^\circ}$ p.96 問1

平行線の錯角は等しいので，$\ell /\!/ m$ から，$\angle y = \mathbf{60^\circ}$ p.99 問3

(2) 対頂角は等しいから，$\angle x = \mathbf{48^\circ}$

平行線の錯角は等しいので，$\ell /\!/ m$ から，$\angle y = \angle x + 56^\circ = 48^\circ + 56^\circ = \mathbf{104^\circ}$

参考 (1) 対頂角は等しいことから，$\angle x = \angle y$ として求めることもできます。

2 下(右)の図について，次の問いに答えなさい。

(1) $\ell /\!/ m$ であることを説明しなさい。

(2) $\angle x$，$\angle y$，$\angle z$ の大きさを求めなさい。

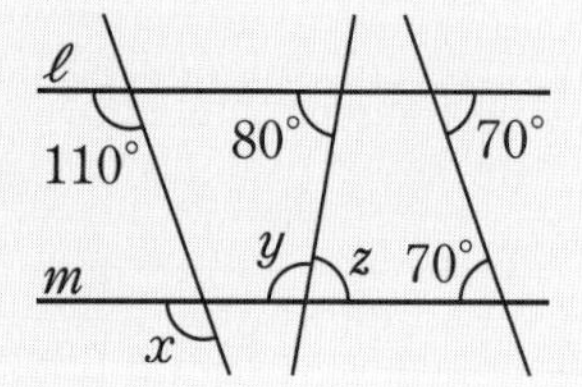

ガイド (1) 平行線と錯角の関係から考えます。

解答 (1) (説明) ℓ，m と，いちばん右側の直線が交わってできる錯角が，どちらも 70° で等しいから，$\ell /\!/ m$ である。 p.99 問3

(2) 平行線の同位角は等しいので，$\ell /\!/ m$ から，$\angle x = \mathbf{110^\circ}$

平行線の錯角は等しいので，$\ell /\!/ m$ から，$\angle z = \mathbf{80^\circ}$

$\angle y + \angle z = 180^\circ$ なので，$\angle y = 180^\circ - \angle z = 180^\circ - 80^\circ = \mathbf{100^\circ}$

3 下(右)の図で，$\angle x$ の大きさを，それぞれ求めなさい。

(1)

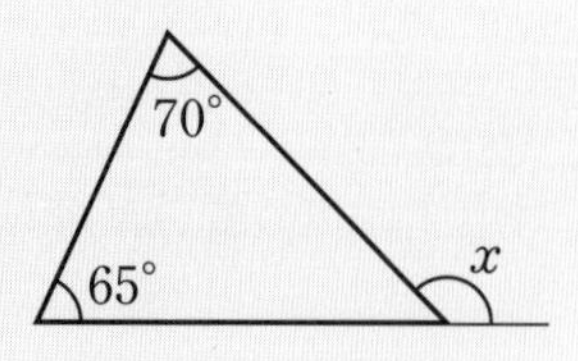

(2)

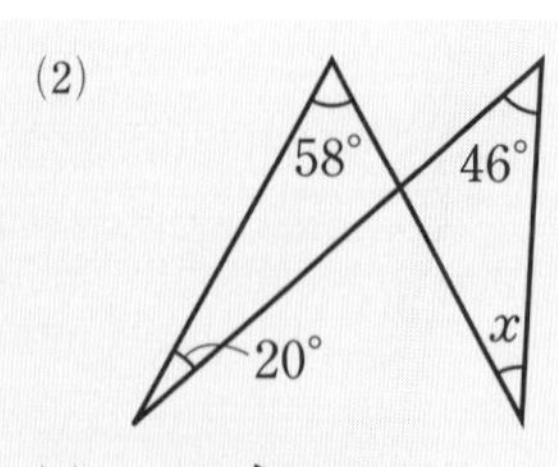

(3)

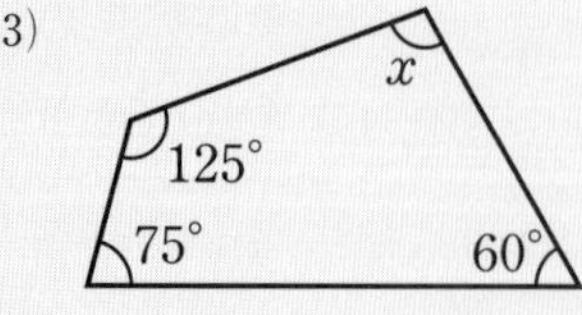

(4)

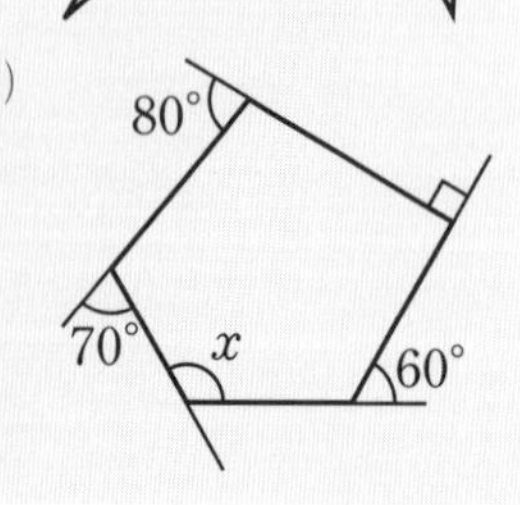

ガイド 三角形の内角・外角の性質や，多角形の内角の和，外角の和を利用して求めます。

解答 (1) $\angle x = 70° + 65° = \mathbf{135°}$

(1) p.103 問2
(2), (3) p.107 1
(4) p.106 問7

(2) 右の図で，三角形の内角・外角の性質から，

$\angle a = 58° + 20° = 78°$

また，$\angle x + 46° = \angle a$ だから，

$\angle x = 78° - 46° = \mathbf{32°}$

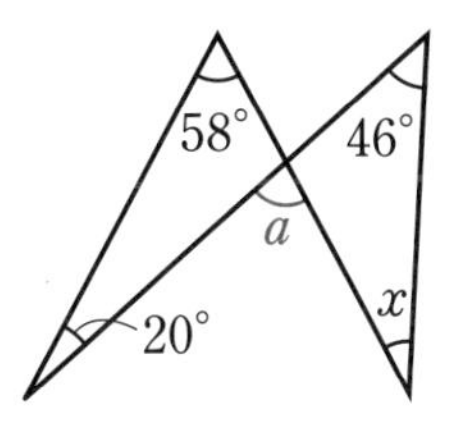

(3) 四角形の内角の和は 360° だから，

$\angle x = 360° - (125° + 75° + 60°) = \mathbf{100°}$

(4) $\angle x$ の外角は，$360° - (60° + 90° + 80° + 70°) = 60°$

$\angle x = 180° - 60° = \mathbf{120°}$

参考 (2) 対頂角の性質を利用して，向かいあう 2 つの三角形の内角の和は等しいことから，

$58° + 20° = 46° + \angle x$　　$\angle x = 32°$ と求めてもかまいません。

4 下の図で，四角形 ABCD≡四角形 EFGH のとき，辺 BC，EF の長さと，∠E の大きさを求めなさい。

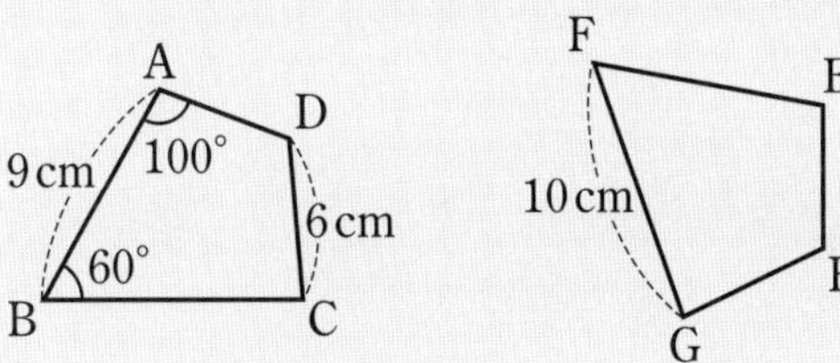

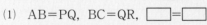

ガイド 四角形 **ABCD**≡四角形 **EFGH** のとき，対応する頂点は順に並んでいます。

解答 辺 BC，EF，∠E に対応する辺や角はそれぞれ，辺 FG，AB，∠A なので，辺 BC=**10 cm**，辺 EF=**9 cm**，∠E=**100°**

5 △ABC≡△PQR を示します。
合同条件にあうように，次の□にあてはまる辺をいいなさい。

(1) AB=PQ，BC=QR，□=□

(2) AB=PQ，∠A=∠P，□=□

(3) ∠A=∠P，∠B=∠Q，□=□

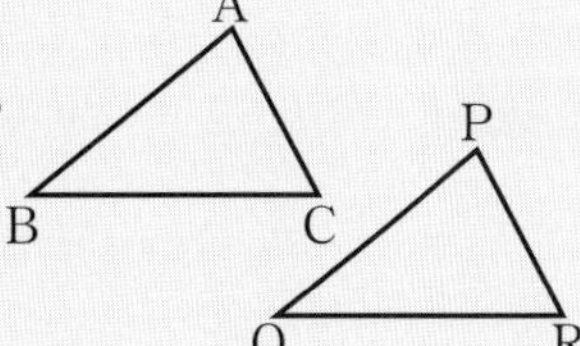

ガイド 三角形の合同条件のどれにあてはまるかを考えて，対応する辺を□の中に入れます。

(1) **AC**=**PR**　（3 組の辺が，それぞれ等しい。）

p.110 問4

(2) **AC**=**PR**　（2 組の辺とその間の角が，それぞれ等しい。）

(3) **AB**=**PQ**　（1 組の辺とその両端の角が，それぞれ等しい。）

6 右の図で，AC＝DB，∠ACB＝∠DBC のとき，AB＝DC となります。
この結論を導くために合同を示す三角形の組を，記号≡を使って表しなさい。また，そのとき使う合同条件をいいなさい。

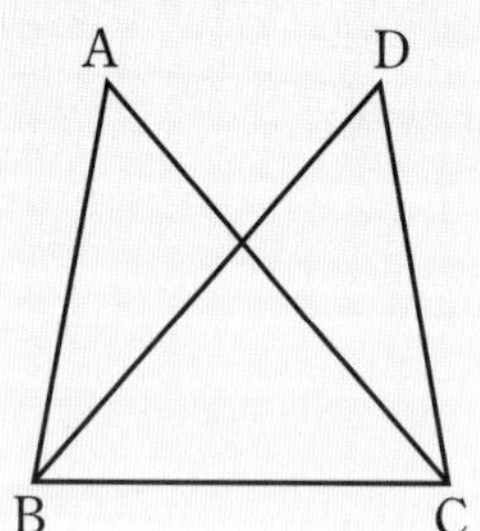

ガイド △ABC と △DCB の辺の長さや角の大きさに着目し，三角形の合同条件のどれにあてはまるかを調べます。

解答 上の図で，仮定より，AC＝DB，∠ACB＝∠DBC p.110 問5
共通な辺だから，BC＝CB
よって，**△ABC≡△DCB**
合同条件…**2組の辺とその間の角が，それぞれ等しい。**

7 線分 AB と CD が点Oで交わっているとき，
AO＝BO，CO＝DO ならば，AC＝BD
であることを証明します。
(1) 仮定と結論をいいなさい。
(2) この証明のすじ道は，次のようになります。①～③にあてはまる根拠となることがらを，次の(ア)～(ウ)から選びなさい。

(ア) 三角形の合同条件　(イ) 合同な図形の性質　(ウ) 対頂角の性質

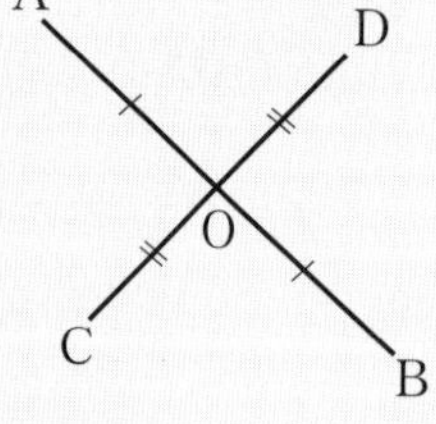

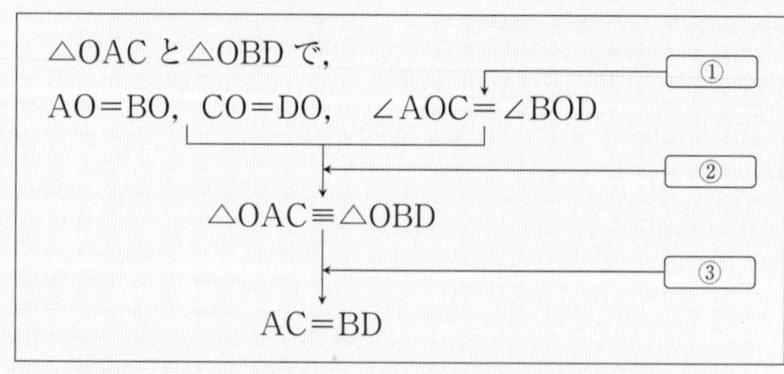

△OAC と△OBD で，
①
AO＝BO，CO＝DO，∠AOC＝∠BOD
②
△OAC≡△OBD
③
AC＝BD

ガイド (1) [あ]ならば，[い]で，あは仮定，いは結論です。
(2) ①は，∠AOC＝∠BOD の根拠にあたります。
②，③は，それぞれ，△OAC≡△OBD，AC＝BD がいえる根拠を考えます。

解答 (1) 仮定　**AO＝BO，CO＝DO** p.114 問1
結論　**AC＝BD**

(2) ① (ウ)　② (ア)　③ (イ) p.116 問3

4章 章末問題　学びを身につけよう

教科書 p.122～123

1　下の図で，$\angle x$，$\angle y$ の大きさを，それぞれ求めなさい。

(1)　$\ell /\!/ m$

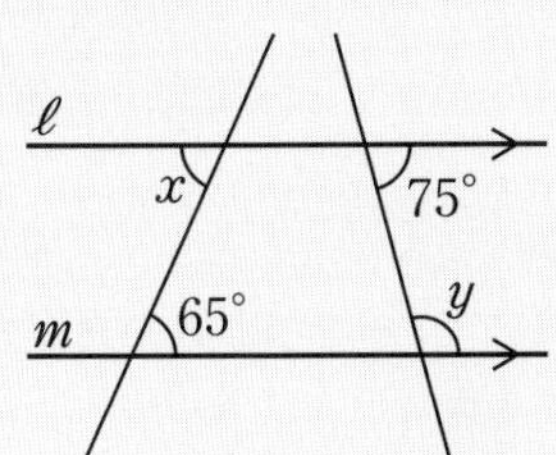

(2)　$\ell /\!/ m$

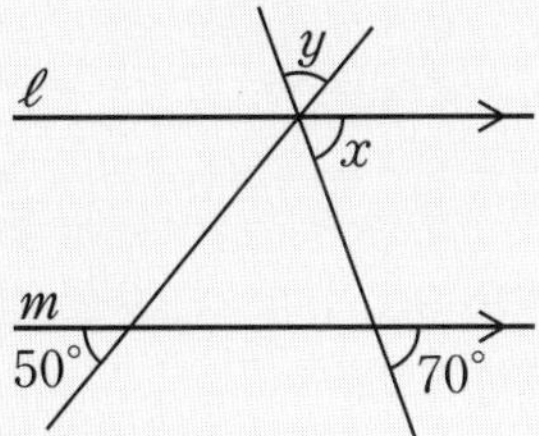

(3)

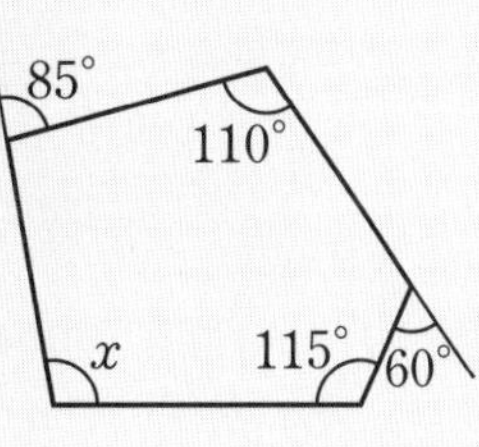

ガイド　(2)　平行線と同位角の関係，一直線の角は180°であること，対頂角の性質から考えます。

(3)　五角形の内角の和は，$180°\times(5-2)=540°$ であることから考えます。

解答　(1)　平行線の錯角は等しいので，$\ell /\!/ m$ から，$\underline{\angle x=65°}$

平行線の錯角は等しいので，$\ell /\!/ m$ から，$180°-\angle y=75°$　　$\underline{\angle y=105°}$

(2)　平行線の同位角は等しいので，$\ell /\!/ m$ から，$\underline{\angle x=70°}$

右の図のように，$\angle x$ と $\angle y$ にはさまれた角を $\angle a$，$\angle a$ の対頂角を $\angle b$ とすると，$\angle b$ は50°の角の同位角だから，$\angle a=\angle b=50°$

$\angle x$ と $\angle a$ と $\angle y$ の和は一直線の角だから，

$\angle x+\angle a+\angle y=180°$

$\angle y=180°-50°-70°=60°$　　$\underline{\angle y=60°}$

(3)　右の図のように，85°の角の内角を $\angle a$，60°の角の内角を $\angle b$ とすると，各頂点における外角と内角の和は180°だから，

$\angle a=95°$，$\angle b=120°$

五角形の内角の和は，$180°\times(5-2)=540°$

よって，$115°+120°+110°+95°+\angle x=540°$　　$\underline{\angle x=100°}$

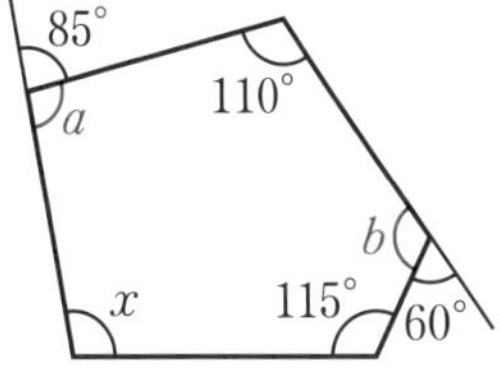

2　右の図で，$k /\!/ m$，$\ell /\!/ n$ とします。

$\angle a=50°$ のとき，$\angle e$ の大きさを求めなさい。

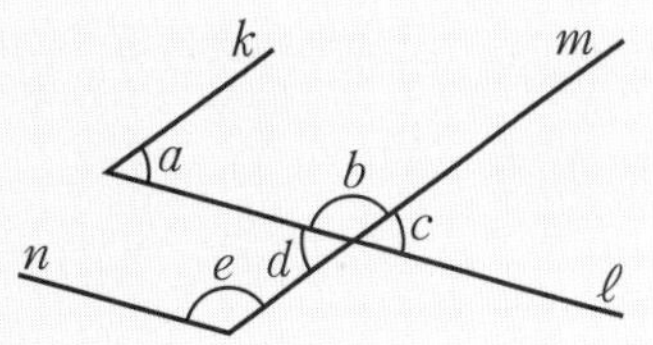

ガイド　平行線と同位角の関係を利用します。

解答　$k /\!/ m$ から，$\angle a=\angle c$（同位角）　よって，$\angle c=50°$

$\angle b+\angle c=180°$ だから，$\angle b=180°-\angle c=180°-50°=130°$

$\ell /\!/ n$ から，$\angle e=\angle b$（同位角）　よって，$\underline{\angle e=130°}$

参考　錯角を利用して，次のように考えてもよいです。

$k \parallel m$ から，$\angle a = \angle d$（錯角）　よって，$\angle d = 50^\circ$

$\angle b + \angle d = 180^\circ$ だから，$\angle b = 180^\circ - \angle d = 180^\circ - 50^\circ = 130^\circ$

$\ell \parallel n$ から，$\angle e = \angle b$（同位角）　よって，$\angle e = 130^\circ$

3　多角形について，次の問いに答えなさい。

(1)　内角の和が 1080° である多角形は何角形ですか。

(2)　正二十角形の１つの内角と，１つの外角の大きさを，それぞれ求めなさい。

ガイド　(1)　**n 角形の内角の和を求める式 $180^\circ \times (n-2)$ を利用して，n についての方程式をつくり，それを解いて n の値を求めます。**

(2)　**n 角形の内角の和は，$180^\circ \times (n-2)$ で求められ，正多角形の内角の大きさは，すべて等しいです。また，多角形の外角の和は，辺の数に関係なく 360° です。**

解答　(1)　$180^\circ \times (n-2) = 1080^\circ$　　$n-2=6$　　$n=8$　　**八角形**

(2)　正二十角形の内角の和は，$180^\circ \times (20-2) = 3240^\circ$

よって，１つの内角は，$3240^\circ \div 20 = 162^\circ$

多角形の外角の和は 360° だから，正二十角形の１つの外角は，$360^\circ \div 20 = 18^\circ$

１つの内角は **162°**，１つの外角は **18°**

参考　(2)　どの頂点でも，内角と外角の和は 180° だから，１つの内角の大きさは，外角を先に求めて，$180^\circ - 18^\circ = 162^\circ$ として求めてもよいです。

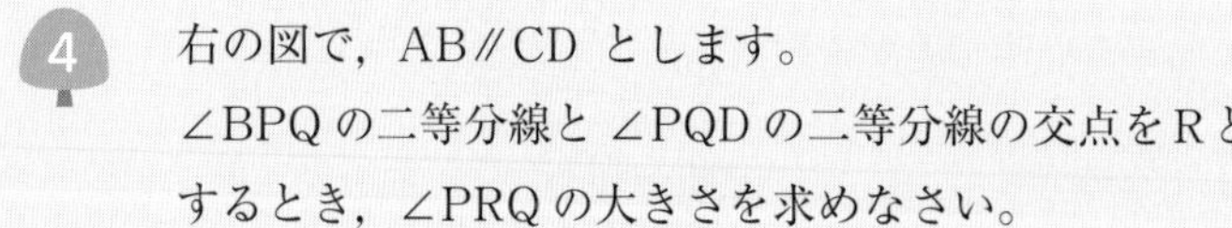

4　右の図で，$AB \parallel CD$ とします。

$\angle BPQ$ の二等分線と $\angle PQD$ の二等分線の交点を R とするとき，$\angle PRQ$ の大きさを求めなさい。

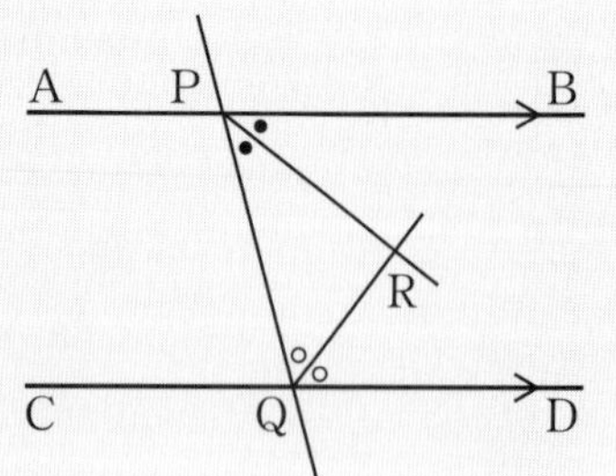

ガイド　**平行線があれば，同位角または錯角を考えてみます。**
三角形があれば，内角の和か内角・外角の性質を考えてみると，角度の問題は解決します。

解答　$AB \parallel CD$ だから，$\angle APQ = \angle PQD$

$\angle BPQ + \angle PQD = \angle BPQ + \angle APQ = \angle APB = 180^\circ$

$\angle PRQ = 180^\circ - (\underset{\bullet}{\angle RPQ} + \underset{\circ}{\angle RQP}) = 180^\circ - \left(\frac{1}{2}\angle BPQ + \frac{1}{2}\angle PQD\right)$

$= 180^\circ - \frac{1}{2}(\angle BPQ + \angle PQD) = 180^\circ - \frac{1}{2} \times 180^\circ = 90^\circ$　　**$\angle PRQ = 90^\circ$**

右の図のように，線分 AB と CD が点Oで交わっているとき，

$\angle A+\angle D=\angle B+\angle C$

となります。

このことを説明しなさい。

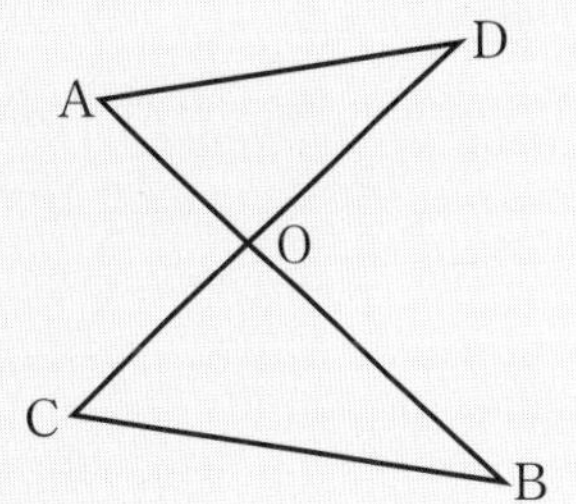

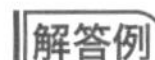
三角形の内角・外角の性質から，$\angle \mathbf{A}+\angle \mathbf{D}$ と $\angle \mathbf{B}+\angle \mathbf{C}$ が，同じ外角に等しいことを示します。

解答例　(説明)　三角形の１つの外角は，そのとなりにない２つの内角の和に等しいから，

△AOD で，$\angle A+\angle D=\angle AOC$　……①

△BOC で，$\angle B+\angle C=\angle AOC$　……②

①，②から，$\angle A+\angle D=\angle B+\angle C$ となる。

参考　三角形の内角の和が 180° であることと，対頂角は等しいことから，

$\angle A+\angle D=180°-\angle AOD$　……①，$\angle B+\angle C=180°-\angle BOC$　……②

対頂角は等しいから，$\angle AOD=\angle BOC$　……③

①，②，③から，$\angle A+\angle D=\angle B+\angle C$ としてもよいです。

6　$\angle A=90°$ の直角三角形 ABC で，頂点Aから辺 BC に垂線 AD をひきます。このとき，

$\angle B=\angle CAD$

となることを説明しなさい。

また，図の中で，$\angle C$ と大きさの等しい角を見つけなさい。

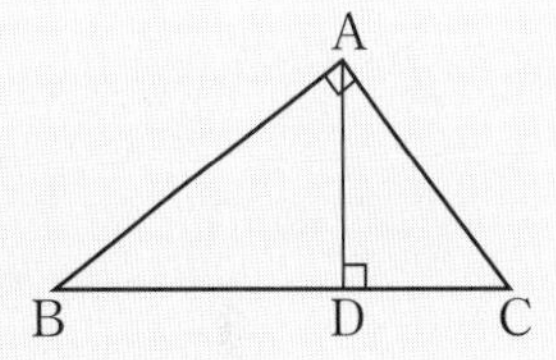

直角三角形で，直角でない２つの内角の和は **90°** であることを利用します。

解答　(説明)　△ABC で，$\angle A=90°$ だから，$\angle B+\angle C=90°$　……①

△ADC で，$\angle CAD+\angle ADC+\angle C=180°$

$\angle ADC=90°$ だから，$\angle CAD+\angle C=90°$　……②

①，②から，$\angle B=\angle CAD$

また，△ABD で，$\angle B+\angle BAD=90°$　……③

①，③から，**$\angle C=\angle BAD$**

線分 AB の垂直二等分線 ℓ 上に点Pをとり，点Pと点 A，B とを，それぞれ結ぶ線分をひきます。このとき，

$PA=PB$

であることを証明しなさい。

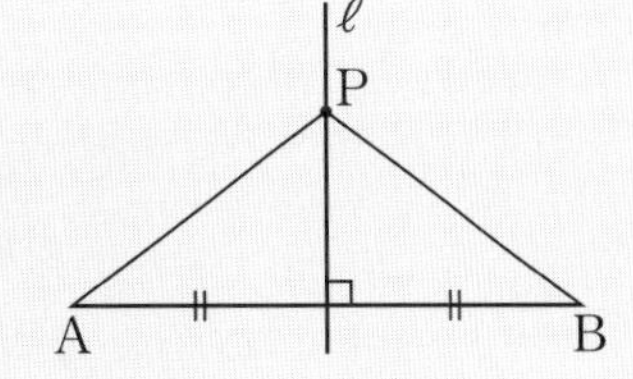

ガイド　結論 **PA＝PB** をいうためには，垂直二等分線 ℓ の左右の三角形の合同を示します。

解答例　（証明）　線分 AB と垂直二等分線 ℓ との交点をMとする。

△PAM と △PBM で，

$\angle$PMA＝$\angle$PMB＝90°　……①

AM＝BM　……②

PM は共通だから，PM＝PM　……③

①，②，③から，２組の辺とその間の角が，それぞれ等しいので，

△PAM≡△PBM

合同な図形では，対応する辺の長さは等しいので，PA＝PB

8　右の図のような星形の先端（せんたん）にできる５つの角の和が何度になるかを考えます。けいたさんとかりんさんは，それぞれどのように考えたのか，説明しなさい。

また，

$\angle a+\angle b+\angle c+\angle d+\angle e$

の大きさを求めなさい。

（けいたさんとかりんさんの考えは省略）

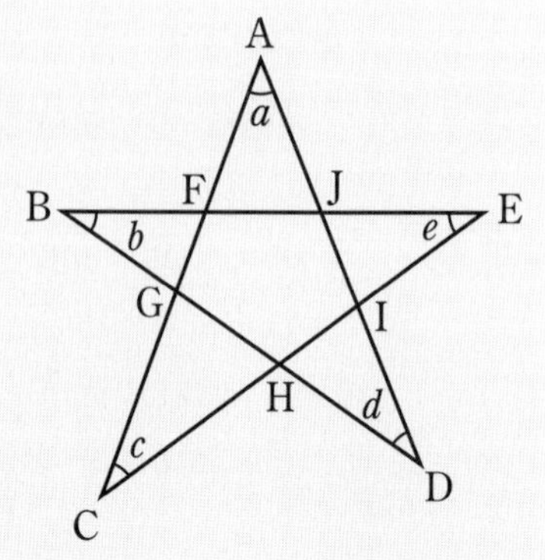

ガイド　(ア)けいたさん：$\angle$**b** と $\angle$**d** が内角になる三角形を見つけ，三角形の内角・外角の関係に着目します。$\angle$**c** と $\angle$**e** についても同じように考えます。

(イ)かりんさん：$\angle$**CHD** が $\angle$**a**＋$\angle$**c**＋$\angle$**d** に等しいことは，教科書 **p.107** の（話しあおう）で考えたいろいろな方法で説明できます。

解答例　(ア)　右の図の △JBD で，$\angle b+\angle d$ は $\angle$J の外角に等しいから，$\angle b+\angle d=\angle$AJF　……①

△FCE で，$\angle c+\angle e$ は $\angle$F の外角に等しいから，

$\angle c+\angle e=\angle$AFJ　……②

△AFJ で，$\angle a+\angle$AFJ＋$\angle$AJF＝180°　……③

①，②，③から，

$\angle a+\angle b+\angle c+\angle d+\angle e=$**180°**

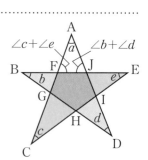

(イ)　教科書 p.107 より，右の図の――で囲んだ形で，

$\angle$CHD＝$\angle a+\angle c+\angle d$

また，$\angle$BHE は $\angle$CHD の対頂角だから，

$\angle$BHE＝$\angle a+\angle c+\angle d$

△BHE で，$\angle$BHE＋$\angle b+\angle e$＝180° だから，

$\angle a+\angle b+\angle c+\angle d+\angle e=$**180°**

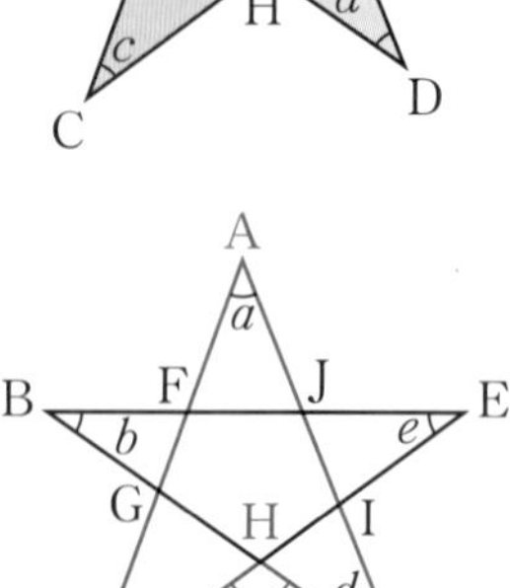

参考　(ア)は，△AFJ のかわりに，△BGF，△CHG，△DIH，△EJI でもいえます。

(イ)は，△BHE のかわりに，△AGD，△CIA，△DJB，△EFC でもいえます。

5章 図形の性質と証明

1節 三角形

証明といえるかな？

•A

ℓ

左の図で，点Aを中心にして，直線ℓと2点で交わる円をかき，その交点をB，Cとして，△ABCをかいてみましょう。

2つの辺の長さが等しい三角形について，どんなことがいえるでしょうか。

△ABCで，2つの辺の長さが等しければ，2つの角の大きさが等しいことは，次のように表すことができます。

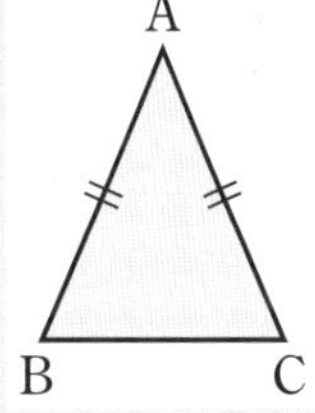

△ABCで，
AB＝AC ならば，∠B＝∠C である。……(ア)

話しあおう

教科書 p.125

(ア)のことがらが，AB＝AC であるどんな三角形でも成り立つことを示すのに，下の2つの説明は証明といえるでしょうか。

AB＝AC の△ABCを紙でつくって，
2つに折るとぴったり重なるので，
∠B＝∠C が成り立つ。

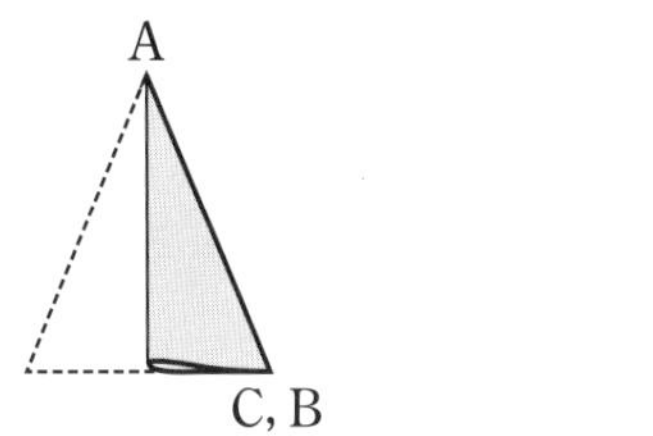

AB＝AC の△ABCをかいて，∠Bと∠Cの
大きさを分度器で測ってくらべると
等しくなるので，∠B＝∠C が成り立つ。

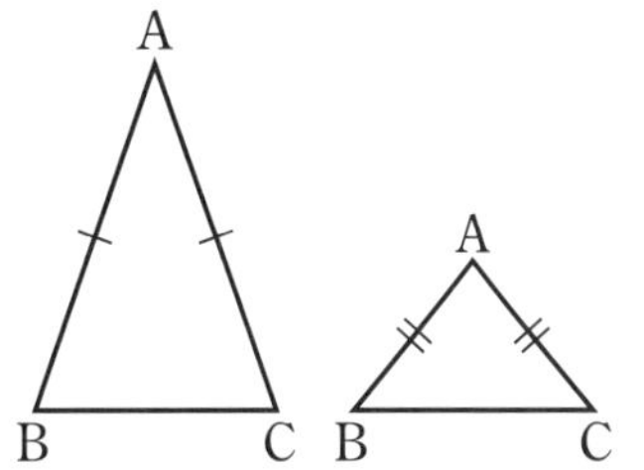

解答例 紙でつくったりかいたりした三角形の形で成り立つことしかわからないので，証明とはいえない。

1 二等辺三角形

学習のねらい

二等辺三角形の基本的な性質を調べて，証明によってそれを確かめます。また，定義，定理，逆，反例などの意味を理解します。正三角形の定義や性質についても理解します。

教科書のまとめ　テスト前にチェック

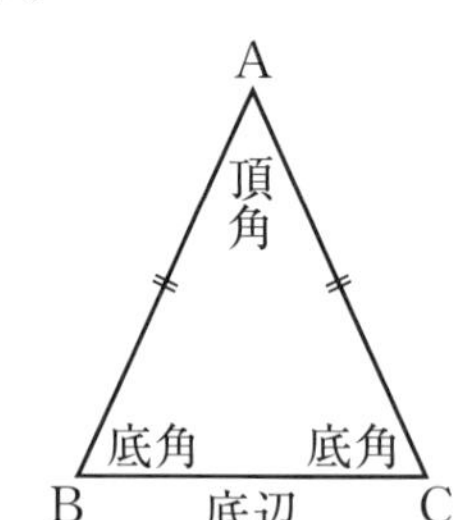

☐定義
▶使うことばの意味をはっきり述べたものを**定義**といいます。
例　二等辺三角形の定義… 2 つの辺が等しい三角形

☐二等辺三角形の頂角，底辺，底角
▶**頂角**…等しい辺のつくる角（右の図では ∠A）
底辺…頂角に対する辺（右の図では 辺 BC）
底角…底辺の両端の角（右の図では ∠B と ∠C）

☐二等辺三角形の底角
▶二等辺三角形の 2 つの底角は等しい。

☐二等辺三角形の頂角の二等分線
▶二等辺三角形の頂角の二等分線は，底辺を垂直に 2 等分する。

☐定理
▶証明されたことがらのうち，基本になるものを**定理**といいます。

☐2 角が等しい三角形
▶ 2 つの角が等しい三角形は，二等辺三角形である。

☐逆
▶ 2 つのことがらが，仮定と結論を入れかえた関係にあるとき，一方を他方の**逆**といいます。
注　あることがらが正しくても，その逆は正しいとは限りません。

☐反例
▶あることがらの仮定にあてはまるもののうち，結論が成り立たない場合の例を，**反例**といいます。

☐正三角形
▶ 3 つの辺がすべて等しい三角形　（定義）
正三角形は，二等辺三角形の特別なものとみることができます。

二等辺三角形の性質を見つけて，証明しましょう。

問 1　教科書 p.126

> △ABC で，
> AB＝AC ならば，∠B＝∠C である。……(ア)

（教科書）124 ページの(ア)のことがら（上）の仮定と結論を，次の☐に書き入れなさい。

> △ABC で，
> **仮定** ☐　　**結論** ☐

ガイド　「○○○ならば，□□□である」とき，○○○を仮定，□□□を結論といいます。

解答　仮定　**AB＝AC**　　結論　**∠B＝∠C**

問 2　前ページ（教科書 p.126）の 証明 について，次の問いに答えなさい。　教科書 p.127

(1)「2 組の辺とその間の角が，それぞれ等しい」とありますが，
「2 組の辺とその間の角」とは，どの辺とどの角のことですか。

(2) △ABD≡△ACD を示すと，124 ページの(ア)が成り立つといえるのはなぜですか。

ガイド 証明のすじ道を確認して考えます。

解答 (1) 2 組の辺……**AB と AC，AD と AD**
その間の角……**∠BAD と ∠CAD**

(2) △ABD≡△ACD を示すと，合同な図形では，対応する角が等しいことから，(ア)の結論 ∠B＝∠C がいえるから。

話しあおう　教科書 p.127

AB＝AC である三角形を右の図のように変えると，（教科書）124 ページの(ア)が成り立つことをあらためて証明しなおす必要があるでしょうか。

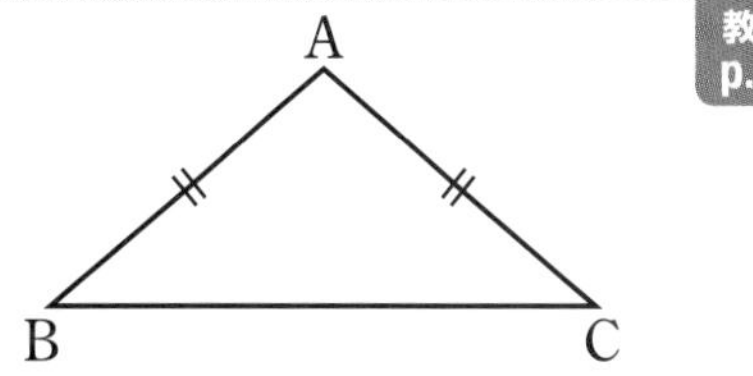

解答例 証明で，△ABD≡△ACD から教科書 124 ページの(ア)が成り立つことを示しているが，三角形の形に関係なく，AB＝AC という条件だけで証明しているので，あらためて証明しなおす必要はない。

問 3　右の図の三角形は，同じ印をつけた辺の長さが等しい二等辺三角形です。わかっていない内角の大きさを，それぞれ求めなさい。　教科書 p.128

(1)
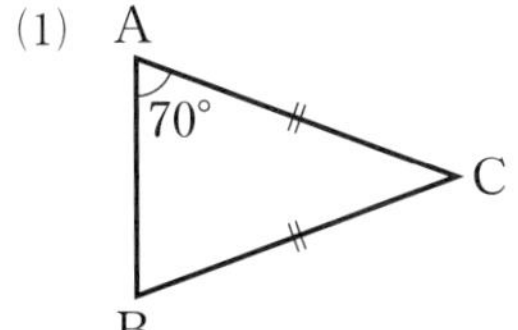

(2)
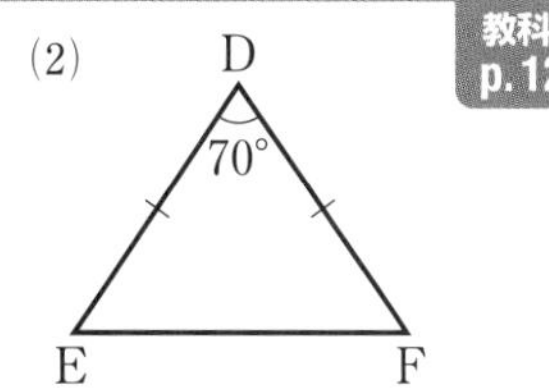

ガイド 二等辺三角形の 2 つの底角は等しい，三角形の内角の和は 180° を使います。

解答 (1) AC＝BC だから，∠B＝∠A＝70°
∠C＝180°－70°×2＝40°
よって，**∠B＝70°，∠C＝40°**

(2) DE＝DF だから，∠E＝∠F
∠E＝∠F＝(180°－70°)÷2＝55°
よって，**∠E＝55°，∠F＝55°**

証明を読みなおして，二等辺三角形の性質を見つけましょう。

（教科書）126 ページの 証明 から，二等辺三角形の 2 つの底角は等しいことがわかりました。この証明を読みなおしてみると，二等辺三角形について，ほかにどんなことがわかるでしょうか。　教科書 p.128

5 章　図形の性質と証明

ガイド　$\triangle$**ABD**$\equiv$$\triangle$**ACD** からいえることを考えます。
合同な**2**つの図形では，「対応する辺が，それぞれ等しい」「対応する角が，それぞれ等しい」ことから，記号を使って表します。

解答　対応する辺の長さは等しいから，**BD＝CD**
対応する角の大きさは等しいから，**∠ADB＝∠ADC**
このとき，∠BDC＝180° だから，∠ADB＝90°，∠ADC＝90°　つまり，**AD⊥BC**

問4　教科書 p.129
AB＝AC の二等辺三角形 ABC で，底辺 BC の中点を M とすると，∠BAM＝∠CAM，AM⊥BC となります。
(1) 上のことがらの仮定と結論を，記号を使って書きなさい。
(2) 上のことがらを証明しなさい。

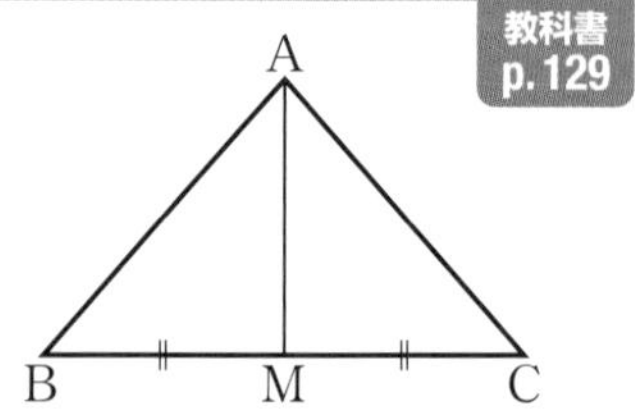

ガイド　(1) 仮定は，二等辺三角形の定義（**2**つの辺が等しい三角形）と，**M**が**BC**の中点であることを，記号を使って表します。
(2) **AM⊥BC** を証明するためには，**∠AMB＝∠AMC＝90°** を示します。そのためには $\triangle$**ABM** と $\triangle$**ACM** の合同をいいます。

解答　(1) 仮定…**AB＝AC，BM＝CM**　結論…**∠BAM＝∠CAM，AM⊥BC**
(2) （証明）$\triangle$ABM と $\triangle$ACM で，
仮定より，AB＝AC　……①　　BM＝CM　……②
AM は共通だから，AM＝AM ……③
①，②，③から，3組の辺が，それぞれ等しいので，
$\triangle$ABM$\equiv$$\triangle$ACM
合同な図形では，対応する角は等しいので，
∠BAM＝∠CAM
また，∠AMB＝∠AMC　……④
④と，∠AMB＋∠AMC＝180° から，∠AMB＝∠AMC＝90°
よって，AM⊥BC

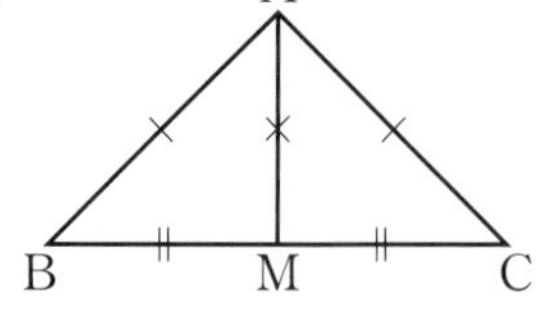

説明しよう　教科書 p.129

右の図のような $\triangle$ABC があります。
点 M は辺 AB の中点で，MA＝MC です。
このとき，∠ACB の大きさは何度になるでしょうか。
また，その大きさになる理由を説明しましょう。

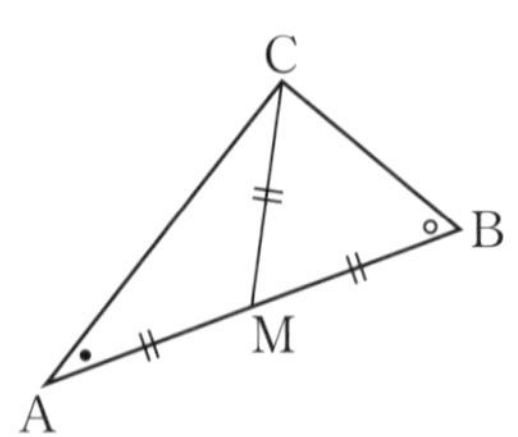

ガイド　$\triangle$**MAC** と $\triangle$**MBC** は二等辺三角形になります。
二等辺三角形の**2**つの底角は等しいことを使って，説明します。

解答例 **∠ACB＝90°**

（説明） △MAC は二等辺三角形だから，∠MAC＝∠MCA ……①

△MBC は二等辺三角形だから，∠MBC＝∠MCB ……②

①，②から，∠A＋∠ACB＋∠B＝∠MAC＋(∠MCA＋∠MCB)＋∠MBC

＝2(∠MCA＋∠MCB)

＝2∠ACB

∠A＋∠ACB＋∠B＝180° だから，∠ACB＝180°÷2＝90°

2角が等しい三角形について学びましょう。

リボンを，右の図のように，線分 BC を折り目として折ります。このとき，重なった部分の △ABC で，∠B と ∠C の間には，どんな関係があるでしょうか。

教科書 p.129

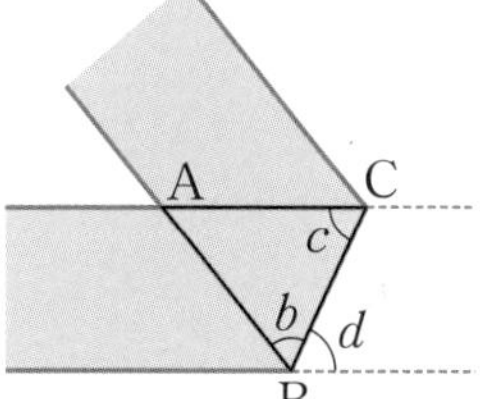

ガイド **リボンの両端の線は平行です。線分 BC は，平行線に交わる線で，∠b，∠c は，テープの重なった部分の角です。**

解答 右の図で，$\ell /\!/ m$ から，平行線の錯角は等しいので，

∠c＝∠d ……①

また，折り返した角だから，∠b＝∠d ……②

①，②から，∠b＝∠c

つまり，△ABC で，**∠B＝∠C**

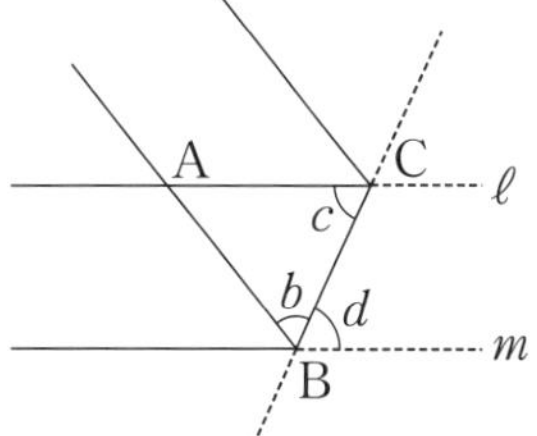

問 5

△ABC で，∠B＝∠C ならば，AB＝AC ……(イ)

教科書 p.130

上の(イ)の証明で，□にあてはまる記号やことばを書き入れなさい。

証明 ∠A の二等分線をひき，BC との交点をDとする。

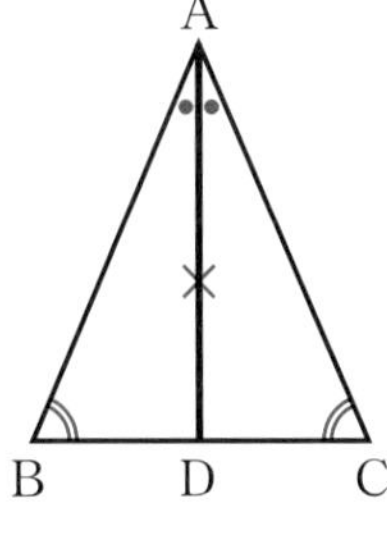

△ABD と △ACD で，

AD は ∠A の二等分線だから，

∠BAD＝∠□ ……①

仮定より， ∠B＝∠□ ……②

三角形の内角の和が 180° であることと，

①，②から，∠ADB＝∠□ ……③

また，AD は共通だから，

AD＝AD ……④

①，③，④から，□が，それぞれ等しいので，

△ABD≡△ACD

合同な図形では，対応する辺は等しいので，

AB＝AC

ガイド まず，仮定と結論をはっきりさせておきましょう。また，(イ)は，二等辺三角形の底角の性質，「二等辺三角形の 2 つの底角は等しい」の，仮定と結論を入れかえたものになっています。

解答 ∠BAD＝∠**CAD** ……①

∠B＝∠**C** ……②

∠ADB＝∠**ADC** ……③

1 組の辺とその両端の角

問 6 AB＝AC の二等辺三角形 ABC で，底角 ∠B，∠C の二等分線をひき，その交点を P とします。 教科書 p.130

(1) 上のことがらにあう図をノートにかきなさい。

(2) △PBC が二等辺三角形となることを証明しなさい。

ガイド (1) 二等辺三角形 **ABC** をかいてから，右下の 参考 のように角の二等分線をかきます。

(2) △**PBC** の **2** つの角が等しいことが示せれば，△**PBC** は二等辺三角形であるといえます。

解答 (1)

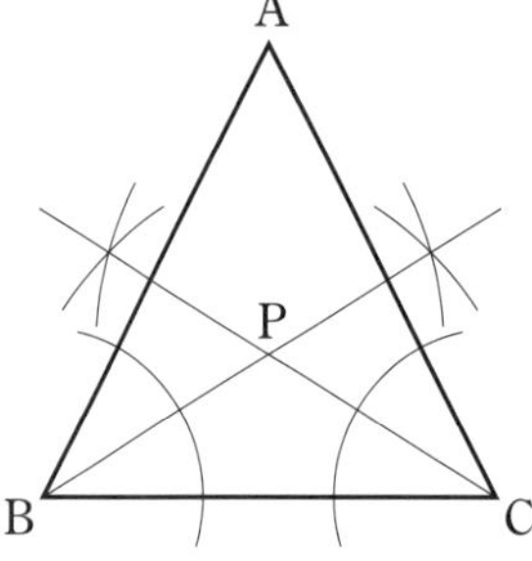

参考 角の二等分線のかき方

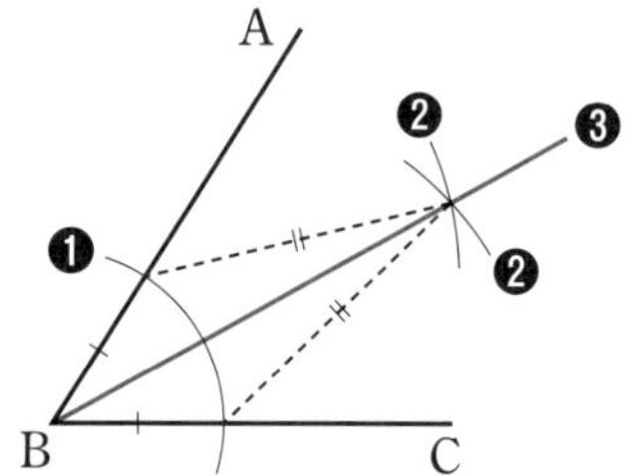

(2) (証明) △ABC で，AB＝AC だから，∠B＝∠C ……①

BP は，∠B の二等分線だから，∠PBC＝$\frac{1}{2}$∠B ……②

CP は，∠C の二等分線だから，∠PCB＝$\frac{1}{2}$∠C ……③

①，②，③から，∠PBC＝∠PCB

2 つの角が等しい三角形は二等辺三角形だから，

△PBC は，二等辺三角形である。

仮定と結論を入れかえたことがらについて考えましょう。

問 7 次のことがらの逆をいいなさい。 教科書 p.131

(1) △ABC と △DEF で，

△ABC≡△DEF ならば，AB＝DE，BC＝EF，CA＝FD である。

(2) △ABC と △DEF で，

△ABC≡△DEF ならば，∠A＝∠D，∠B＝∠E，∠C＝∠F である。

ガイド もとのことがらの仮定と結論を入れかえます。

解答 (1) **△ABC と △DEF で,**
AB=DE, BC=EF, CA=FD ならば, △ABC≡△DEF である。
(2) **△ABC と △DEF で,**
∠A=∠D, ∠B=∠E, ∠C=∠F ならば, △ABC≡△DEF である。

問 8 次のことがらの逆をいいなさい。また，それが正しいかどうかを調べて，正しくない場合には反例を示しなさい。 教科書 p.132

(1) 整数 a, b で, a も b も奇数(きすう)ならば, $a+b$ は偶数(ぐうすう)である。

(2) △ABC で, ∠C が直角ならば, ∠A＋∠B=90° である。

ガイド 仮定にあてはまるもののうち，結論が成り立たない場合の例を，反例といいます。
反例を 1 つでも示せば，あることがらが正しくないことが説明できます。

解答 (1) **整数 a, b で, $a+b$ が偶数ならば, a も b も奇数である。**
正しくない。 (反例) $a=2$, $b=4$
(2) **△ABC で, ∠A＋∠B=90° ならば, ∠C は直角である。** 正しい。

正三角形とその性質について学びましょう。

問 9 △ABC で, ∠A=∠B=∠C ならば, AB=BC=CA であることを証明しなさい。 教科書 p.133

ガイド 正三角形は，二等辺三角形の特別なものだから，二等辺三角形の性質をすべてもっています。

解答 (証明) △ABC で, ∠B=∠C だから, △ABC は二等辺三角形である。よって, AB=AC ……①
∠A=∠B だから, 同様にして, CA=CB ……②
①, ②から, AB=BC=CA

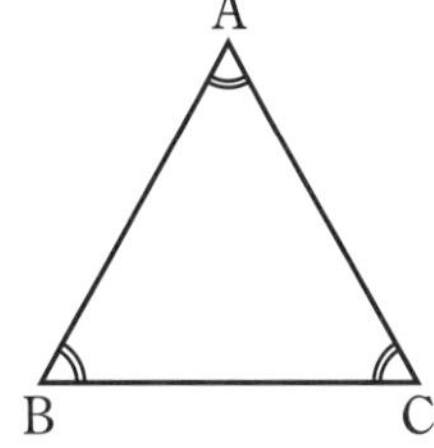

説明しよう 教科書 p.133

頂角が 60° の二等辺三角形は，どんな三角形ですか。また，底角が 60° の二等辺三角形は，どんな三角形ですか。その三角形になる理由も説明しましょう。

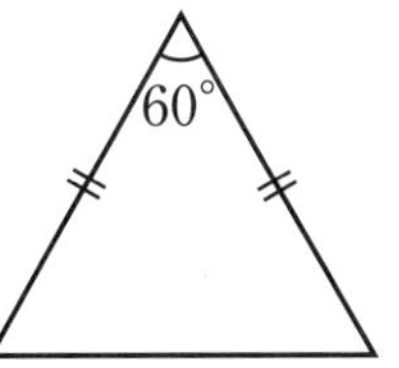

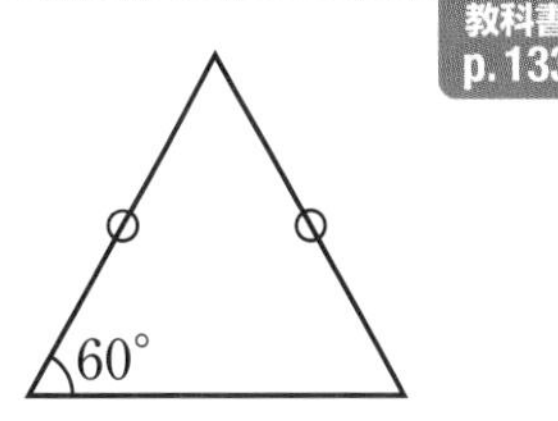

ガイド 三角形の内角の和は 180° であること，二等辺三角形の 2 つの底角は等しいことを使って，残りの角を求めてみます。

解答 頂角が 60° のとき, 2 つの底角は (180°−60°)÷2=60° であるから, 3 つの角はすべて 60° である。底角が 60° のとき, 頂角は 180°−60°×2=60° であるから, 3 つの角はすべて 60° である。よって, どちらの場合も, **正三角形**である。

練習問題　1 二等辺三角形　p. 133

1 次のことがらの逆をいいなさい。
また，それが正しいかどうかを調べて，正しくない場合には反例を示しなさい。

(1) △ABC で，∠C が鈍角（どんかく）ならば，△ABC は鈍角三角形である。
(2) a が 6 の倍数ならば，a は偶数である。
(3) 整数 a，b で，a も b も偶数ならば，ab は偶数である。
(4) 2 つの直線が平行ならば，同位角は等しい。
(5) 2 つの三角形が合同ならば，面積は等しい。

ガイド 反例を 1 つでも示せば，あることがらが正しくないことが説明できます。

解答
(1) **△ABC が鈍角三角形ならば，∠C は鈍角である。正しくない。**
(反例)　∠A=120°，∠B=40°，∠C=20°
(2) **a が偶数ならば，a は 6 の倍数である。正しくない。**
(反例)　$a=2$
(3) **整数 a，b で，ab が偶数ならば，a も b も偶数である。正しくない。**
(反例)　$a=2$，$b=3$
(4) **同位角が等しいならば，2 つの直線は平行である。正しい。**
(5) **2 つの三角形の面積が等しいならば，合同である。正しくない。**
(反例)　底辺 12 cm，高さ 1 cm の三角形と，底辺 4 cm，高さ 3 cm の三角形

2 AB=AC の二等辺三角形 ABC があります。
底辺 BC 上に，BD=CE となる 2 点 D，E を
とるとき，△ADE はどんな三角形になりますか。

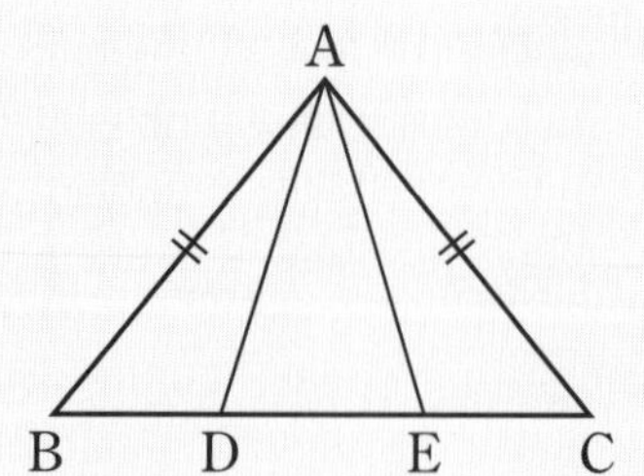

ガイド 二等辺三角形になることを予想して，2 つの辺の長さが等しいことを証明します。

解答 △ABD と △ACE で，
△ABC は AB=AC の二等辺三角形だから，

AB=AC　　　……①
∠ABD=∠ACE　……②

また，仮定より，BD=CE　……③
①，②，③から，2 組の辺とその間の角が，それぞれ等しいので，△ABD≡△ACE
合同な図形では，対応する辺は等しいので，AD=AE
よって，△ADE は二等辺三角形になる。　<u>二等辺三角形</u>

2 直角三角形の合同

学習のねらい

三角形の合同条件と二等辺三角形の性質から，2つの直角三角形が合同になる条件を導き，さらに，それを使った証明を学習します。

教科書のまとめ **テスト前にチェック**

□斜辺
▶直角三角形で，直角に対する辺を斜辺(しゃへん)といいます。

□直角三角形の合同条件
▶2つの直角三角形は，次のそれぞれの場合に合同になります。
❶ 斜辺と1つの鋭角(えいかく)が，それぞれ等しいとき
❷ 斜辺と他の1辺が，それぞれ等しいとき

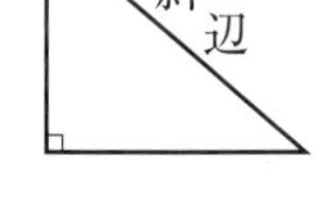

■ 2つの直角三角形は，どんな場合に合同になるかを考えましょう。

教科書 p.135

右の図の2つの直角三角形は，合同でしょうか。

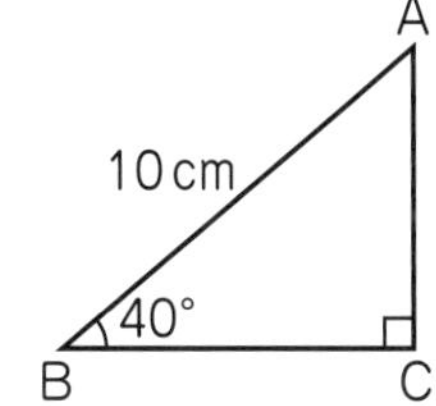

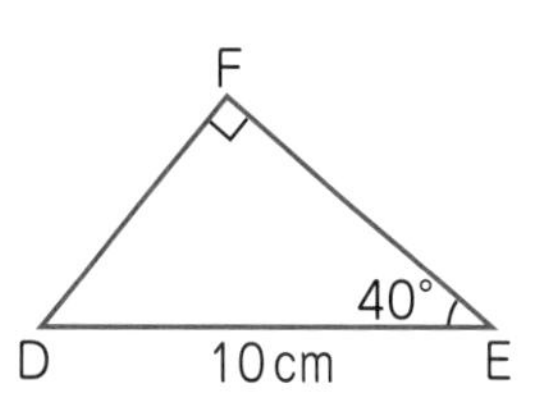

ガイド 三角形の合同条件のどれにあてはまるかを考えます。

解答 △ABC と △DEF で，　AB＝DE　……①

∠B＝∠E＝40°　……②　∠C＝∠F＝90°　……③

②，③から，∠A＝∠D＝180°−40°−90°＝50°　……④

①，②，④から，1組の辺とその両端(りょうたん)の角が，それぞれ等しいので，

△ABC≡△DEF

△ABC と △DEF は**合同である**といえる。

教科書 p.136

斜辺が10 cmで，他の1辺が6 cmの直角三角形をノートにかいて，ほかの人とくらべてみましょう。どれも合同な三角形になるでしょうか。

解答例 斜辺が10 cmで，他の1辺が6 cmの直角三角形をいろいろかいてくらべてみると，右の図のようにどれも合同になりそうである。

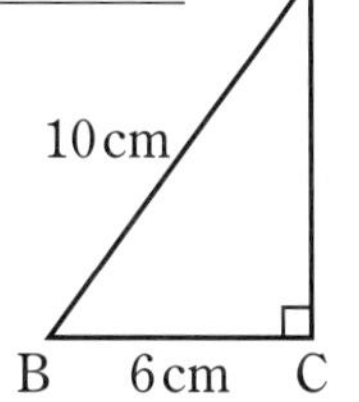

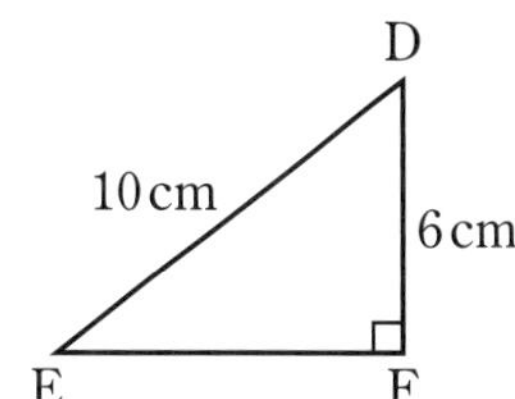

説明しよう

教科書 p.136

上でできた △ABE (解答欄) は，どんな三角形ですか。
また，△ABE では，∠B＝∠E が成り立ちます。その理由を説明しましょう。

ガイド AB＝DE より AB＝AE であることがわかります。
また，点 B，C，E は一直線上に並びます。さらに，
直線 AC で折って重ねるとどうなるかを考えます。

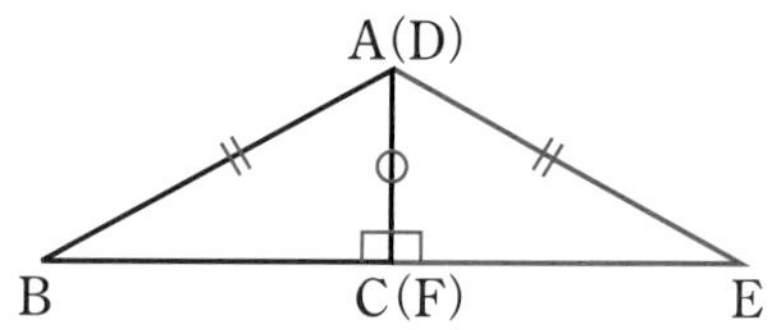

解答 △ABE は **AB＝AE の二等辺三角形。**

(説明)　二等辺三角形の底角は等しいので，∠B＝∠E が成り立つ。

参考 「斜辺と他の 1 辺が，それぞれ等しいとき，2 つの直角三角形は合同である」を証明する手順になります。このことを証明するのに，二等辺三角形の性質を使ったことをおぼえておきましょう。

問 1 下の㋐〜㋕の三角形を，合同な三角形の組に分けなさい。また，そのとき使った合同条件をいいなさい。　教科書 p.137

ガイド 直角三角形の場合は，三角形の合同条件に加えて，直角三角形の合同条件が利用できます。

解答 **㋐と㋕……2 組の辺とその間の角が，それぞれ等しい。**

㋑と㋓……直角三角形の斜辺と他の 1 辺が，それぞれ等しい。

㋒と㋔……直角三角形の斜辺と 1 つの鋭角が，それぞれ等しい。

直角三角形の合同条件を使って，図形の性質を証明しましょう。

問 2 ∠XOY の二等分線上の点 P から，2 辺 OX，OY に，垂線 PH，PK をそれぞれひくとき，PH＝PK となることを証明しなさい。　教科書 p.138

ガイド 直角三角形の合同条件を使って証明します。

解答 (証明)　△POH と △POK で，

仮定より，　∠POH＝∠POK　……①

∠PHO＝∠PKO＝90°　……②

PO は共通だから，　PO＝PO　……③

①，②，③から，直角三角形の斜辺と 1 つの鋭角が，
それぞれ等しいので，

△POH≡△POK

合同な図形では，対応する辺は等しいので，PH＝PK

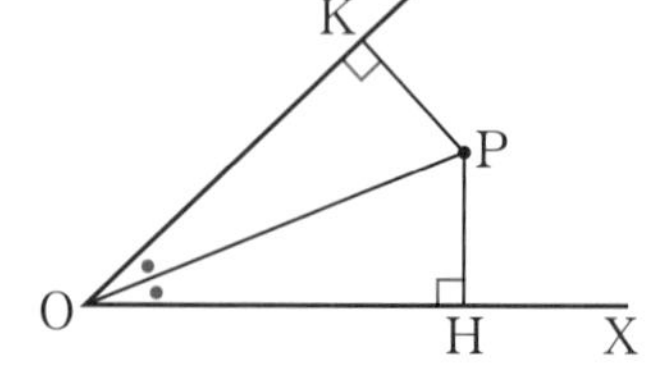

練習問題　　2 直角三角形の合同　p.138

1 AB＝AC の二等辺三角形 ABC で，頂点Aから底辺 BC に垂線をひき，その交点をHとします。

(1) 上のことがらにあう図をノートにかきなさい。

(2) BH＝CH となることを証明しなさい。

ガイド (1) 二等辺三角形の頂点Aから底辺 BC への垂線をかくには，2点B，C をそれぞれ中心にして半径 AB (等しい半径であればよい) の円をかき，その交点とAを通る直線をひきます。

解答例 (1)

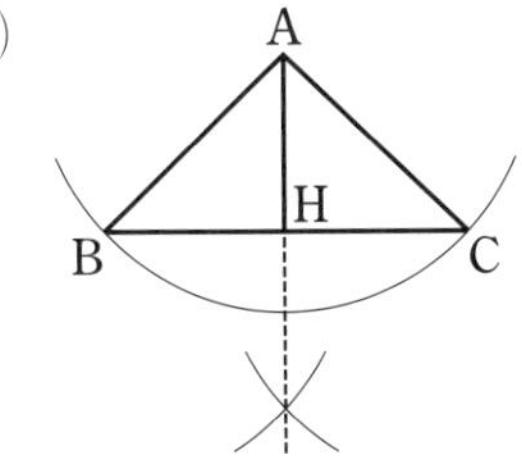

参考 点Aを通る直線 BC の垂線のかき方には別の方法もあります。直線 BC 上の適当な2点を中心として点Aを通る2円をかき，その交点と点Aを通る直線をひいてもよいです。

(2) (証明) △ABH と△ACH で，

仮定より，　AB＝AC　……①

∠AHB＝∠AHC＝90°　……②

AH は共通だから，

AH＝AH　……③

①，②，③から，直角三角形の斜辺と他の1辺が，それぞれ等しいので，

△ABH≡△ACH

合同な図形では，対応する辺は等しいので，

BH＝CH

数学奇談～弁論術の効用～

今から 2300 年も前のこと，ギリシアの都アテネに弁論術を教える先生がいた。

この先生について弁論術を勉強していた学生の中に，授業料を払(はら)おうとしない者がいたのだが，先生が何度授業料を催促(さいそく)しても，さすがに弁論術を勉強しているだけあって，何かと理由をつけて一向に払おうとはしない。そこで，ついに先生は裁判に訴えることにした。

「お前は，この先生に弁論術を教えてもらったのか？」

「はい，教えてもらいました。」

「では，授業料を払わないというのは本当か？」

「はい，本当です。」

「なぜ払わないのか？」

「私は，確かに先生から弁論術を教えてもらいましたが，最初のふれこみと違(ちが)って少しも役に立ちません。契約違反(けいやくいはん)なので，授業料を払う必要がないと思ったからです。」

この学生の発言に対して，先生は次のように言い返した。

「どちらにしても，お前は私に授業料を払わなければならない。なぜなら，この裁判にお前が勝てば，私の教えた弁論術のおかげだからだ。私が教えたことが役に立たないということがウソになるからな。また，お前が裁判に負ければ，もちろん授業料を払わなければならないからだ。」

②節 四角形

どんな四角形かな？

けいたさんは，右のような建物の写真（省略）を見つけました。

この写真に写っている窓は，どれも平行四辺形の形をしています。

平行四辺形については，算数で学んだね

話しあおう　教科書 p.139

算数で学んだ平行四辺形には，どんな特徴があったでしょうか。

ガイド　平行四辺形の定義と，辺の長さや角の大きさ，対角線の交わり方の特徴を思い出しましょう。

解答例
- 向かいあう 2 組の辺はどちらも平行。
- 2 組の向かいあう辺の長さは等しい。
- 2 組の向かいあう角の大きさは等しい。
- 2 本の対角線は，それぞれのまん中の点で交わる。
- 線対称な形ではないが，点対称な形ではある。

参考　算数で学んだ四角形には，他に長方形，正方形，台形，ひし形があります。
これらの四角形の特徴についても思い出しておきましょう。

長方形
- 向かいあう 2 組の辺はどちらも平行。
- 2 組の向かいあう辺の長さは等しい。
- 角の大きさはすべて等しい。
- 2 本の対角線の長さが等しく，それぞれのまん中の点で交わる。
- 線対称な形でもあり，点対称な形でもある。

正方形
- 向かいあう 2 組の辺はどちらも平行。
- 辺の長さはすべて等しい。
- 角の大きさはすべて等しい。
- 2 本の対角線の長さが等しく，それぞれのまん中の点で垂直に交わる。
- 線対称な形でもあり，点対称な形でもある。

台形
- 向かいあう 1 組の辺が平行。
- 線対称な形とも点対称な形ともいえない。

ひし形
- 向かいあう 2 組の辺はどちらも平行。
- 辺の長さはすべて等しい。
- 2 組の向かいあう角の大きさは等しい。
- 2 本の対角線は，それぞれのまん中の点で垂直に交わる。
- 線対称な形でもあり，点対称な形でもある。

1 平行四辺形の性質

学習のねらい

平行四辺形を定義し，平行四辺形の性質を見つけ，三角形の合同条件を使って，平行四辺形の性質を証明します。そして，証明も，自分の力でできるようになりましょう。

教科書のまとめ **テスト前にチェック**

□平行四辺形の定義

▶ 2 組の向かいあう辺が，それぞれ平行な四角形を平行四辺形といいます。

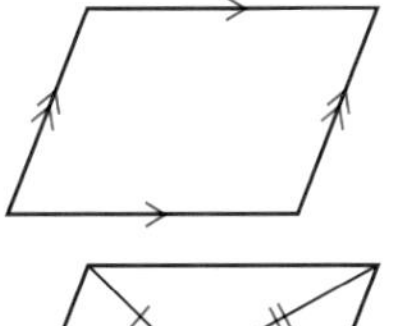

□平行四辺形の性質

▶❶ 平行四辺形の 2 組の向かいあう辺は，それぞれ等しい。

❷ 平行四辺形の 2 組の向かいあう角は，それぞれ等しい。

❸ 平行四辺形の対角線は，それぞれの中点で交わる。

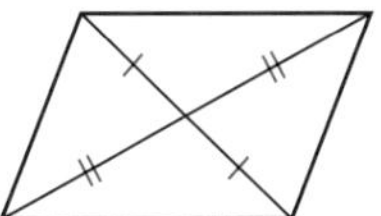

平行四辺形の性質を証明しましょう。

問 1 ▱ABCD について，次の問いに答えなさい。 教科書 p.141

(1) 前ページ（教科書 p.140）の平行四辺形の性質❷「平行四辺形の 2 組の向かいあう角は，それぞれ等しい」の仮定と結論を書き入れなさい。

四角形 ABCD で，

仮定 [　　　　]　　**結論** [　　　　]

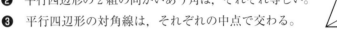

(2) 前ページ（教科書 p.140）の平行四辺形の性質❶の証明で，△ABC≡△CDA を示しました。このことを使って，平行四辺形の性質❷を証明しなさい。

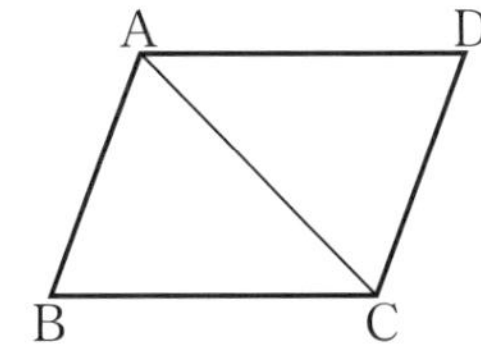

ガイド (1) 平行四辺形の性質❷を，「平行四辺形ならば，2 組の向かいあう角は，それぞれ等しい」といいかえますが，仮定を「平行四辺形」とする答えでは不十分です。「四角形 ABCD で」とあるので，記号を使って表します。

(2) △ABC≡△CDA からいえる，等しい角を使って証明します。

解答 (1) 仮定 **AB∥DC，AD∥BC**　　結論 **∠A＝∠C，∠B＝∠D**

(2) （証明） △ABC≡△CDA から，

合同な図形では，対応する角は等しいので，

∠B＝∠D

また，∠BAC＝∠DCA，∠BCA＝∠DAC から，

∠BAC＋∠DAC＝∠DCA＋∠BCA

つまり，∠BAD＝∠DCB

よって，　∠A＝∠C

参考 直接，証明するには，次の方法もあります。

(証明)　ABの延長上に点Eをとると，

AD∥BC から，∠A＝∠EBC（同位角）……①

AB∥DC から，∠EBC＝∠C（錯角（さっかく））……②

①，②から，∠A＝∠C　　同様にして，∠B＝∠D

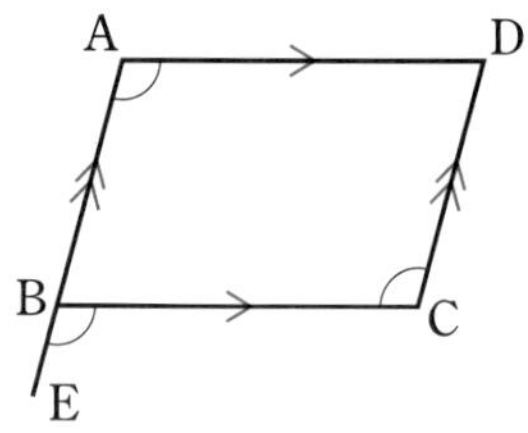

問 2　右の図の ▱ABCD で，平行四辺形の性質❸を証明しなさい。

教科書 p.141

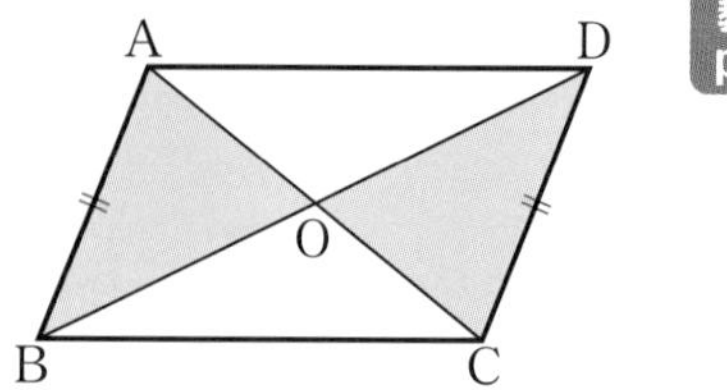

ガイド (仮定) AB∥DC，AB＝DC から，(結論) AO＝CO，BO＝DO を導きます。
平行線と錯角の関係と，性質❶を利用して証明します。

解答 (証明)　△ABO と △CDO で，

平行線の錯角は等しいので，AB∥DC から，

∠BAO＝∠DCO　……①

∠ABO＝∠CDO　……②

また，平行四辺形の向かいあう辺は等しいので，

AB＝CD　……③

①，②，③から，1組の辺とその両端の角が，それぞれ等しいので，

△ABO≡△CDO

合同な図形では，対応する辺は，それぞれ等しいので，

AO＝CO，BO＝DO

したがって，平行四辺形の対角線は，それぞれの中点で交わる。

練習問題

1 平行四辺形の性質　p.142

1　右の図の ▱ABCD で，

AB∥GH，AD∥EF

とします。

このとき，図の x，y の値，∠a，∠b の大きさを，それぞれ求めなさい。

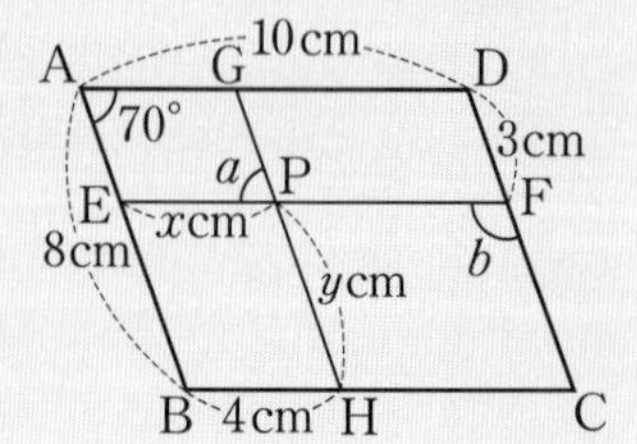

ガイド 図の中にあるすべての四角形は，平行四辺形です。
平行四辺形の性質から，等しい辺や角を見つけて考えます。

解答 四角形 AEFD は平行四辺形だから，AE＝DF＝3 cm
よって，EB＝8－3＝5 (cm)
四角形 EBHP は平行四辺形だから，
EP＝BH＝4 cm　よって，$\boldsymbol{x=4}$
PH＝EB＝5 cm　よって，$\boldsymbol{y=5}$
四角形 AEPG は平行四辺形だから，$\angle a=\angle \mathrm{A}=\mathbf{70^\circ}$
四角形 AEFD は平行四辺形だから，∠DFE＝∠A＝70°
よって，$\angle b=180^\circ-\angle \mathrm{DFE}=180^\circ-70^\circ=\mathbf{110^\circ}$

平行四辺形の
向かいあう辺や
角は等しいね。

数学ライブラリー

ミウラ折り

教科書 p. 142

右の図のような地図を見たことはありませんか。折り線で平行四辺形が連なるように折られた紙は，全体の長方形の対角線の端(はし)を持ち，引っぱったりもどしたりするだけで，一瞬(いっしゅん)にしてひらいたり，たたんだりすることができます。

この折り方が，考案者の三浦公亮(みうらこうりょう)博士にちなんで名づけられたミウラ折りです。宇宙構造物の研究から生まれたこの折り方は，現在では地図のような身近なものにまで利用されています。

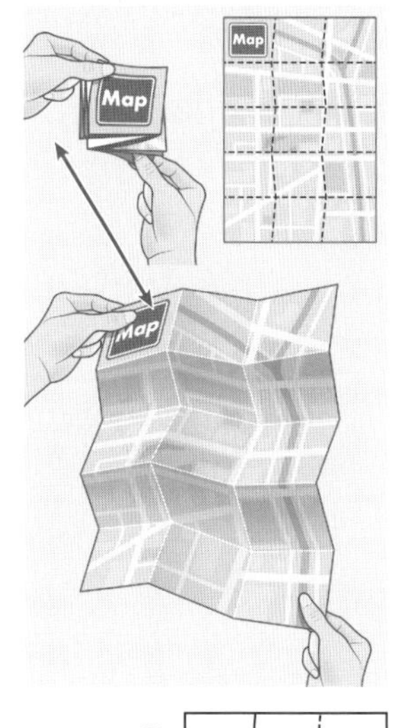
Map
Map
Map

ガイド ミウラ折りでは，全部の四角形ではなく，両端の列を除いた部分だけが平行四辺形になっている点に注意しましょう。
上の地図のようなミウラ折りの折り方を説明します。
長方形の紙を，縦に 5 等分し，上から順に，山折り，谷折り，……となるように折ります。
細長くなったところで，右の①の図のように折り目をつけます。(――は山折り，‐‐‐‐‐‐は谷折り)
このとき，・の角度は 95° くらいにします。
一度広げて，②の図のように折り目を折り直し，地図のイラストを参考にして，折り目にそってたたみます。

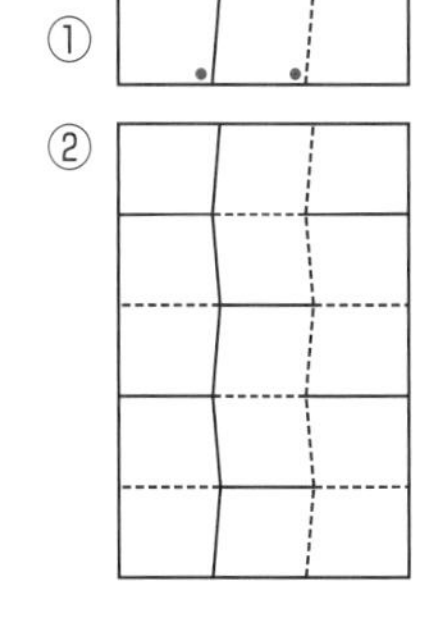
①
②

2 平行四辺形になるための条件

学習のねらい

平行四辺形の性質の逆を考え，四角形が平行四辺形になるための条件を考えます。また，それを利用して，図形が平行四辺形かどうかを調べます。

教科書のまとめ　テスト前にチェック

□平行四辺形になるための条件

▶四角形は，次のそれぞれの場合に，平行四辺形になります。

❶　2組の向かいあう辺が，それぞれ平行であるとき（定義）

❷　2組の向かいあう辺が，それぞれ等しいとき

❸　2組の向かいあう角が，それぞれ等しいとき

❹　対角線が，それぞれの中点で交わるとき

❺　1組の向かいあう辺が，等しくて平行であるとき

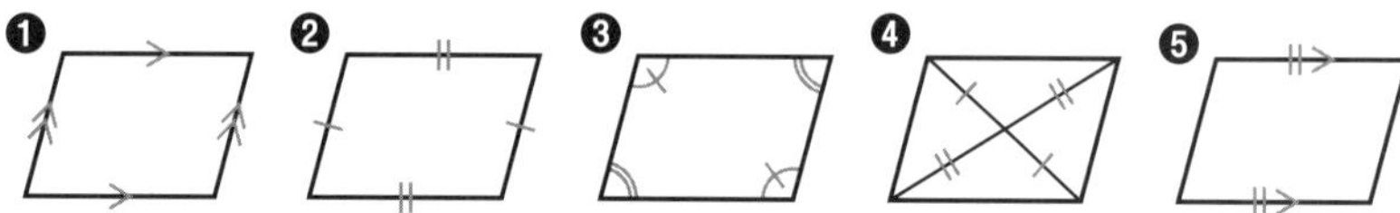

平行四辺形になるための条件について考えましょう。

次のような四角形 ABCD を，いろいろかいてみましょう。どんな四角形になるでしょうか。

AB＝DC＝4 cm，AD＝BC＝6 cm

教科書 p.143

ガイド　角の大きさは決まっていないので，いろいろな四角形をかくことができます。底辺（BC）を決めて，点Bを中心に半径 **4 cm** の円をかき，その上に点Aを適当にとります。点Dもコンパスを使って決めましょう。

解答例

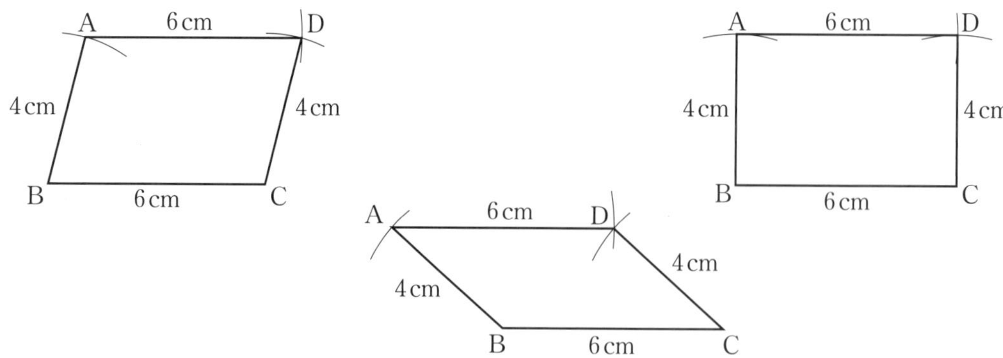

四角形 ABCD は**平行四辺形**になる。

参考　線分 AD を 6 cm とし，点 A，D を中心に，それぞれ半径 4 cm の円をかきます。そして，AD に平行な線をひき，2 つの交点を B，C（B′，C′）としても，右の図のように平行四辺形がかけます。

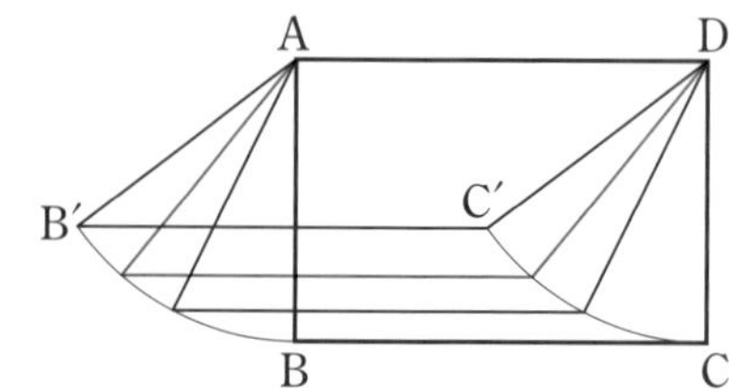

問 1　四角形ABCDで，

教科書 p.144

> ∠A＝∠C，∠B＝∠D ならば，
> 四角形ABCDは平行四辺形である。

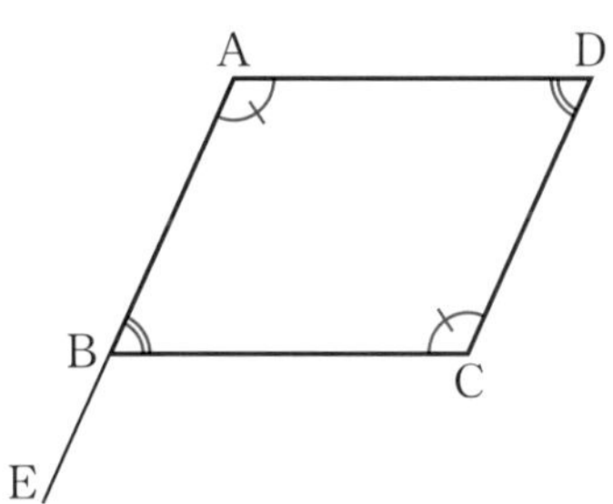

このことを，次の①～③の手順で証明しなさい。

① ∠A＋∠Bの大きさを求める。

② ①のことを使って，AD∥BCが成り立つことを示す。

③ AB∥DCが成り立つことを示す。

ガイド **四角形の内角の和が360°であることと，平行線と同位角，錯角の関係を使って，証明します。**

解答 (証明) 辺ABをBの方に延長した直線上に点Eをとる。

① 仮定より，∠A＝∠C，∠B＝∠D だから，∠A＋∠B＝∠C＋∠D ……①

四角形の内角の和は360°だから，∠A＋∠B＋∠C＋∠D＝360° ……②

①，②から，2(∠A＋∠B)＝360°　∠A＋∠B＝180° ……③

② ∠ABEは一直線の角だから，∠B＋∠CBE＝180° ……④

③，④から，∠A＝∠CBE ……⑤　同位角が等しいので，AD∥BC ……⑥

③ ∠A＝∠Cと⑤から，∠C＝∠CBE　錯角が等しいので，AB∥DC ……⑦

⑥，⑦から，2組の向かいあう辺が，それぞれ平行であるので，四角形ABCDは平行四辺形である。

問 2　四角形ABCDで，対角線の交点をOとするとき，

教科書 p.144

> AO＝CO，BO＝DO ならば，
> 四角形ABCDは平行四辺形である。

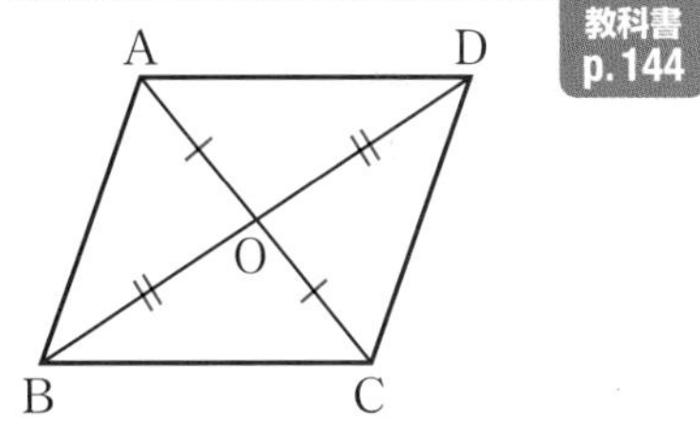

このことを証明しなさい。

ガイド **対角線がそれぞれの中点で交わる四角形は，平行四辺形であることを証明します。**
錯角が等しいことから，向かいあう辺が平行であることをいいます。

解答 (証明) △ABOと△CDOで，仮定より，AO＝CO ……①　BO＝DO ……②

対頂角は等しいから，∠AOB＝∠COD ……③

①，②，③から，2組の辺とその間の角が，それぞれ等しいので，

△ABO≡△CDO

合同な図形では，対応する角は等しいので，∠BAO＝∠DCO

錯角が等しいので，　AB∥DC ……④

同じようにして，△AOD≡△COBより，AD∥BC ……⑤

④，⑤から，2組の向かいあう辺が，それぞれ平行であるので，四角形ABCDは平行四辺形である。

教科書 p.144

罫線(けいせん)のはいったノートを使って，下のような手順でかいた四角形 ABCD は，平行四辺形になるでしょうか。

① ノートの罫線上に，適当な長さで線分 AD をひく。

② 別の罫線上に，AD と長さが等しい線分 BC をひく。

③ A と B，C と D を結ぶ線分をひく。

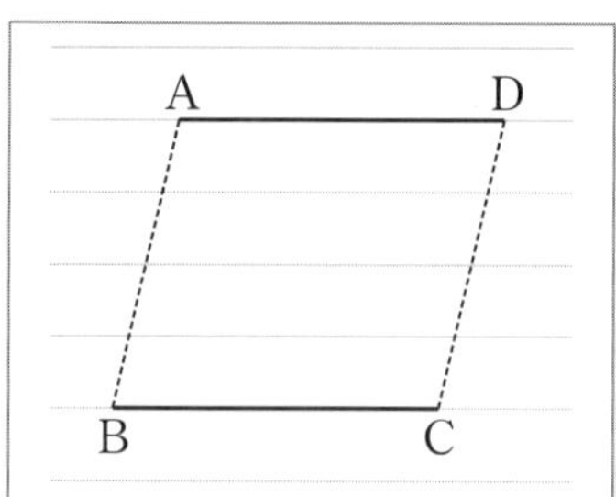

ガイド 実際にいろいろかいて，見当をつけます。

解答 **平行四辺形になる。**

問 3 教科書 p.145

四角形 ABCD で，

> AD=BC，AD∥BC ならば，
> 四角形 ABCD は平行四辺形である。

このことを証明しなさい。

ガイド 仮定より **AD∥BC** だから，あとは **AB∥DC** を証明します。

解答 (証明) 対角線 BD をひく。

△ABD と △CDB で，仮定より，AD=CB ……①

AD∥BC だから，∠ADB=∠CBD ……②

また，BD は共通だから，BD=DB ……③

①，②，③から，2 組の辺とその間の角が，それぞれ等しいので，

△ABD≡△CDB

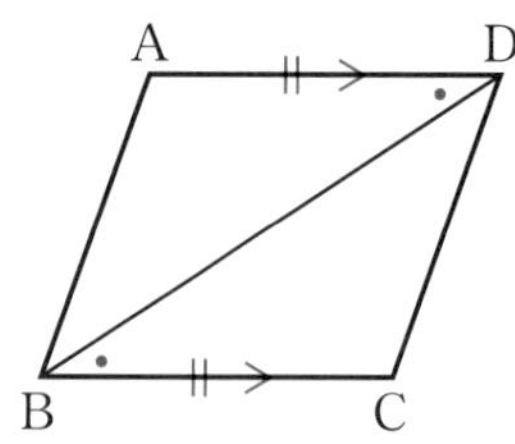

合同な図形では，対応する角は等しいので， ∠ABD=∠CDB

錯角が等しいので， AB∥DC ……④

④と仮定の AD∥BC から，2 組の向かいあう辺が，それぞれ平行であるので，四角形 ABCD は平行四辺形である。

参考 2 組の向かいあう辺が，それぞれ等しいことを示しても，証明することができます。

問 4 教科書 p.145

次のような四角形 ABCD は，平行四辺形であるといえますか。

(1) ∠A=80°，∠B=100°，∠C=80°，∠D=100°

(2) AB=4 cm，BC=6 cm，CD=6 cm，DA=4 cm

(3) ∠A=70°，∠B=110°，AD=3 cm，BC=3 cm

ガイド　簡単な図をかいてみて，平行四辺形になるための条件❶～❺のどれにあてはまるかを考えます。いえない場合は，具体例を１つ示します。

解答　(1)　**平行四辺形といえる。(❸から)**

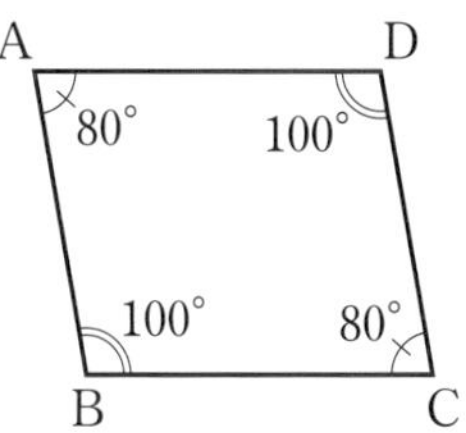

(2)　**平行四辺形といえない。**(下の図)

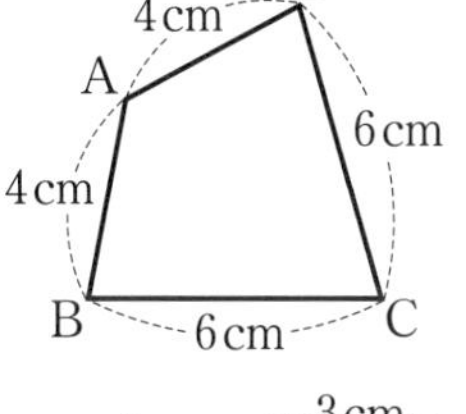

(3)　**平行四辺形といえる。(❺から)**

∠A＝70°，∠B＝110° だから，

∠B の外角は，180°－110°＝70°

同位角が等しいので，　AD∥BC　……①

また，AD＝BC＝3 cm　……②

①，②から，１組の向かいあう辺が，等しくて平行であるので，平行四辺形である。

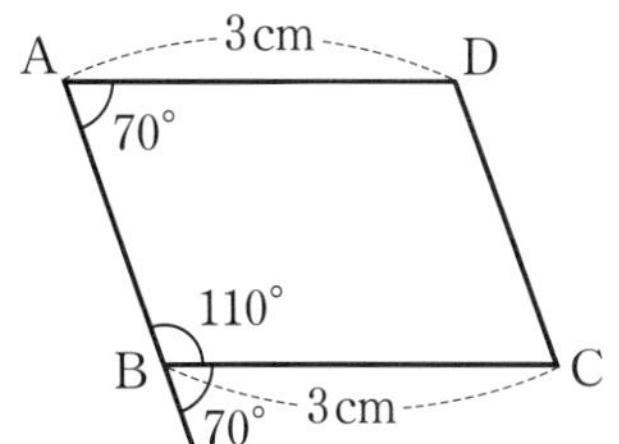

説明しよう

教科書 p.145

四角形 ABCD で，

∠A＝65°，∠B＝115°，∠C＝65°，AB＝5 cm

のとき，CD の長さは何 cm になるでしょうか。

また，その長さになる理由を説明しましょう。

ガイド　与(あた)えられた条件から，平行四辺形になるための条件にあてはまるかどうかを考えます。

解答　**CD＝5 cm**

(説明)　四角形の内角の和は 360° だから，

∠D＝360°－65°－115°－65°＝115°

∠A＝∠C，∠B＝∠D から，２組の向かいあう角が，それぞれ等しいので，四角形 ABCD は平行四辺形である。

平行四辺形の向かいあう辺は等しいので，CD＝AB＝5 cm

▱ABCD の対角線 AC 上に，AP＝CQ となる点 P と Q をとります。

また，対角線 BD 上にも，BR＝DS となる点 R と S をとります。

このとき，四角形 PRQS は，どんな四角形になるでしょうか。

教科書 p.146

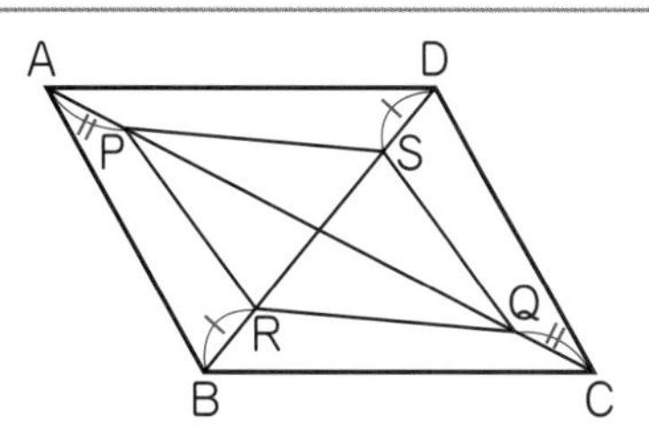

5章　図形の性質と証明

ガイド　図を見て，平行四辺形になることが予想できます。
その上で，平行四辺形になるための条件のどれが使えるか考えます。

解答　**平行四辺形になる。**

▱ABCD の対角線の交点を O とする。

平行四辺形の性質から，

OA＝OC，OB＝OD　……①

仮定より，AP＝CQ，BR＝DS　……②

①，②から，OP＝OQ，OR＝OS

対角線が，それぞれの中点で交わるので，四角形 PRQS は平行四辺形になる。

参考　この問題では，平行四辺形になることが答えられ，およその証明のすじ道が示せればよいです。教科書 p.146 には，証明をかくときのモデルとなる模範(もはん)解答があります。
上の解答では，少し省略して示しているので，模範解答との違(ちが)いを調べてみましょう。

問 5　▱ABCD の辺 AD，BC の中点を，それぞれ，M，N とします。
このとき，四角形 ANCM は平行四辺形であることを証明しなさい。

教科書 p.146

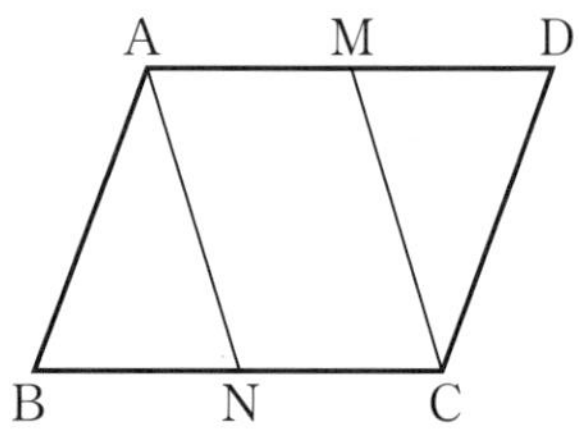

ガイド　平行四辺形の性質から，**AD＝BC**，**AD∥BC** に着目し，四角形 **ANCM** が平行四辺形であることを示すには，平行四辺形になるための条件のどれが使えるか検討します。

解答　(証明)　四角形 ABCD は平行四辺形だから，

AD＝BC，AD∥BC

よって，AM∥NC　……①

また，M，N は，それぞれ，辺 AD，BC の中点だから，

AM＝$\frac{1}{2}$AD，NC＝$\frac{1}{2}$BC

このことと，AD＝BC から，AM＝NC　……②

①，②から，1 組の向かいあう辺が，等しくて平行であるので，

四角形 ANCM は，平行四辺形である。

参考　△ABN と △CDM で，2 組の辺とその間の角が，それぞれ等しいことから，
△ABN≡△CDM を示し，AN＝MC であることと，AM＝NC から，
2 組の向かいあう辺が，それぞれ等しい，として証明することもできます。

3 いろいろな四角形

学習のねらい

平行四辺形の特別なものとして，長方形，ひし形，正方形を定義し，平行四辺形との関係，それらの間の関係を調べます。

教科書のまとめ **テスト前にチェック**

□長方形の定義 ▶4つの角がすべて等しい四角形を，長方形という。

□ひし形の定義 ▶4つの辺がすべて等しい四角形を，ひし形という。

□正方形の定義 ▶4つの辺がすべて等しく，4つの角がすべて等しい四角形を，正方形という。

□四角形の対角線の性質 ▶❶ 長方形の対角線は，長さが等しい。
❷ ひし形の対角線は，垂直に交わる。
❸ 正方形の対角線は，長さが等しく，垂直に交わる。

□四角形の関係 ▶長方形，ひし形，正方形は，それぞれ平行四辺形の特別なものです。

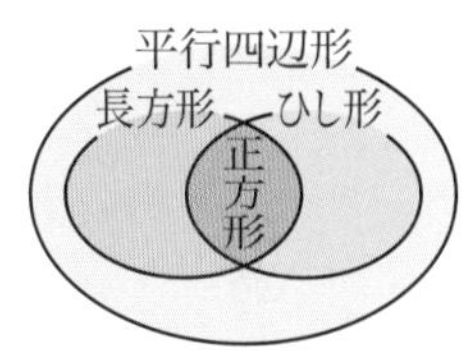

いろいろな四角形の性質について学びましょう。

けいたさんは，いろいろな幅のリボンを使って，右のようなネームプレートをつくりました。
下の㋐～㋓は，リボンの重なった部分に着目した図です。

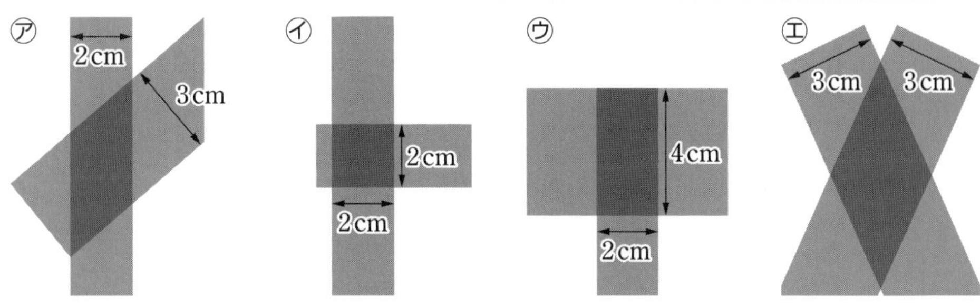

リボンの重なった部分は，それぞれどんな四角形でしょうか。

ガイド いろいろな幅のリボンを重ねていて，重ね方も，斜めに重ねたり，垂直に重ねたりしています。リボンはどれも，両端の線が平行になっているので，すべての四角形にいえることは，向かいあう辺が2組とも平行になっている，ということです。

解答例
㋐ 2組の向かいあう辺がどちらも平行だから，**平行四辺形**である。
㋑ 角がすべて直角で，辺の長さもすべて等しいから，**正方形**である。
㋒ 角がすべて直角だから，**長方形**である。
㋓ 辺の長さがすべて等しいから，**ひし形**である。

説明しよう

教科書 p.147

ひし形は平行四辺形であるといえますか。
また，正方形は平行四辺形であるといえますか。

ガイド ひし形，正方形の定義から，平行四辺形になる条件のどれにあてはまるか考えます。

解答例

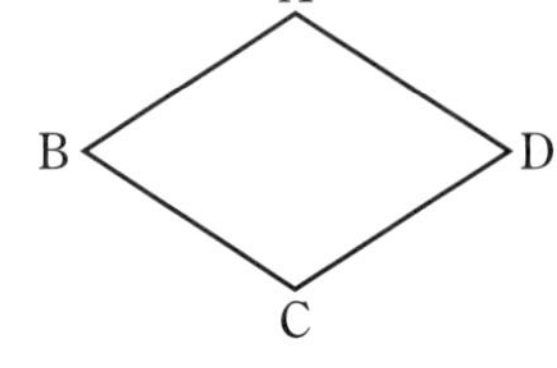

- ひし形は，４つの辺がすべて等しい四角形である。
  右の図で，AB＝BC＝CD＝DA
  これから，AB＝CD，BC＝DA がいえて，
  ２組の向かいあう辺が，それぞれ等しいので，
  平行四辺形になる条件❷にあてはまる。
  よって，**ひし形は平行四辺形である。**

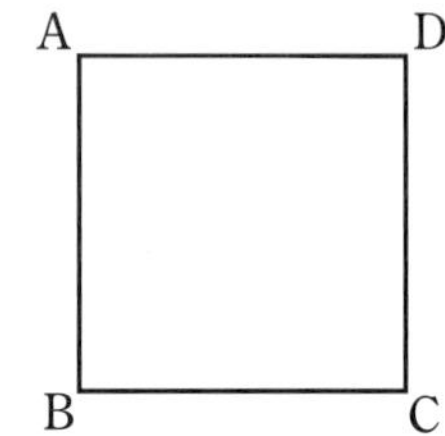

- 正方形は，４つの辺がすべて等しく，４つの角がすべて等しい四角形である。
  右の図で，AB＝BC＝CD＝DA
  これから，AB＝CD，BC＝DA がいえて，
  ２組の向かいあう辺が，それぞれ等しいので，
  平行四辺形になる条件❷にあてはまる。
  よって，**正方形は平行四辺形である。**

参考 正方形では，∠A＝∠C，∠B＝∠D がいえて，２組の向かいあう角が，それぞれ等しいので，平行四辺形になる条件❸にあてはまることからもいえます。

問１

(下の **ガイド** の)(ア)，(イ)を証明しなさい。

教科書 p.148

ガイド (ア)，(イ)は，次のことがらをさしています。
(ア)　長方形の対角線の長さは等しい。
(イ)　ひし形の対角線は垂直に交わる。

解答

(証明)

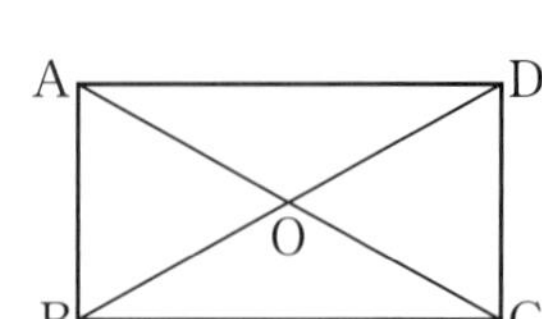

(ア)　右の図の，△ABC と △DCB で，
平行四辺形の性質から，
AB＝DC　……①
BC は共通だから，
BC＝CB　……②
長方形の４つの角は等しいので，
∠ABC＝∠DCB　……③
①，②，③から，２組の辺とその間の角が，それぞれ等しいので，
△ABC≡△DCB
合同な図形では，対応する辺は等しいので，AC＝DB

(イ) 右の図の，△ABO と △ADO で，

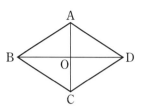

ひし形の 4 つの辺は等しいので，AB＝AD ……①

AO は共通だから，　　　　　　AO＝AO ……②

また，平行四辺形の性質から，　BO＝DO ……③

①，②，③から，3 組の辺が，それぞれ等しいので，

　△ABO≡△ADO

よって，∠AOB＝∠AOD

点 B，O，D は，一直線上にあるから，

　∠AOB＝∠AOD＝90°

したがって，AO⊥BD

参考　教科書 p. 129 の 問 4 を利用して証明することもできます。

問 2　正方形の対角線については，どんなことがいえますか。

教科書 p.148

ガイド　**正方形は，長方形の特別なものでもあり，ひし形の特別なものでもあるので，長方形の性質とひし形の性質の両方をもっています。よって，対角線についても，長さが等しいことと，垂直に交わることがいえます。**

解答　正方形は長方形でもあるから，対角線の長さは等しい。

正方形はひし形でもあるから，対角線は垂直に交わる。

よって，**正方形の対角線は，長さが等しく，垂直に交わる。**

次の(1)～(3)のような ▱ABCD は，それぞれ，どんな四角形でしょうか。

教科書 p.148

(1) ∠A＝∠B である ▱ABCD

(2) AB＝BC である ▱ABCD

(3) ∠A＝∠B，AB＝BC である ▱ABCD

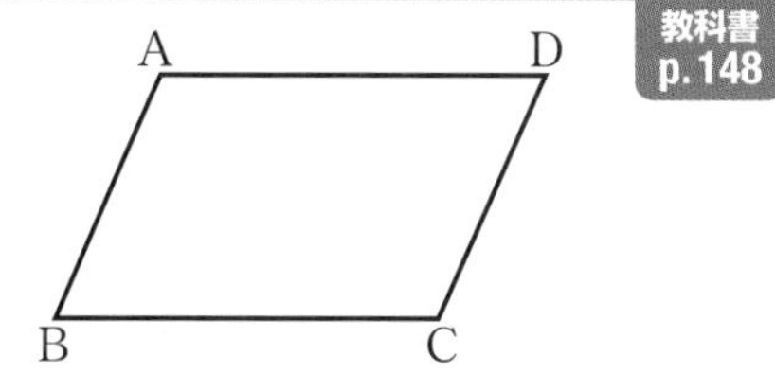

ガイド　**四角形 ABCD が平行四辺形であることから，平行四辺形の性質に，(1)，(2)，(3)の条件を加えると，長方形やひし形，正方形の定義にあてはまらないか検討します。**

解答

(1) 四角形 ABCD は平行四辺形だから，∠A＝∠C，∠B＝∠D

仮定より，∠A＝∠B　よって，∠A＝∠B＝∠C＝∠D

したがって，四角形 ABCD は**長方形**である。

(2) 四角形 ABCD は平行四辺形だから，AB＝DC，AD＝BC

仮定より，AB＝BC　よって，AB＝BC＝CD＝DA

したがって，四角形 ABCD は**ひし形**である。

(3) (1)から，∠A＝∠B＝∠C＝∠D，(2)から，AB＝BC＝CD＝DA

よって，四角形 ABCD は**正方形**である。

問 3　▱ABCD は，2つの対角線 AC，BD にどのような条件を加えると，長方形やひし形，正方形になりますか。　教科書 p.149

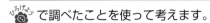

ガイド　ひろげよう で調べたことを使って考えます。

解答　(長方形)

△ABC と △DCB で，四角形 ABCD は平行四辺形だから，

　AB＝DC

BC は共通だから，BC＝CB

これに，AC＝BD が加わると，3組の辺が，それぞれ等しいので，

　△ABC≡△DCB

合同な図形では，対応する角は等しいので，

　∠ABC＝∠DCB

これを満たす平行四辺形は，長方形である。

だから，**AC＝BD のとき，▱ABCD は長方形になる。**

(ひし形)

平行四辺形 ABCD で，対角線の交点を O とすると，

　AO＝CO，BO＝DO

これに AC⊥BD が加わると，2組の辺とその間の角が，

それぞれ等しいので，△OAB，△OCB，△OCD，△OAD はすべて合同である。

よって，AB＝CB＝CD＝AD

したがって，**AC⊥BD のとき，▱ABCD はひし形になる。**

(正方形)

平行四辺形 ABCD に，AC＝BD が加わると，長方形になるから，

　∠A＝∠B＝∠C＝∠D

さらに，AC⊥BD が加わると，ひし形になるから，

　AB＝CB＝CD＝AD

4つの辺がすべて等しく，4つの角がすべて等しいから，正方形になる。

だから，**AC＝BD，AC⊥BD のとき，▱ABCD は正方形になる。**

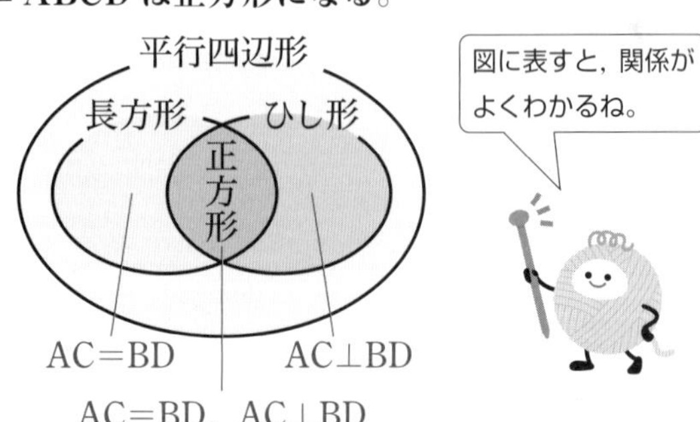

4 平行線と面積

学習のねらい

平行線による三角形の等積変形（ある図形の面積を変えずに，形を変えること）について調べます。また，平行線による等積変形の方法を，四角形などに利用します。

教科書のまとめ **テスト前にチェック**

□底辺が共通な三角形

▶ 1つの直線上の2点B，Cと，その直線の同じ側にある2点A，Dについて，

❶ AD∥BC ならば，△ABC＝△DBC

❷ △ABC＝△DBC ならば，AD∥BC

注 △ABC＝△DBC は，2つの三角形の面積が等しいことを示しています。

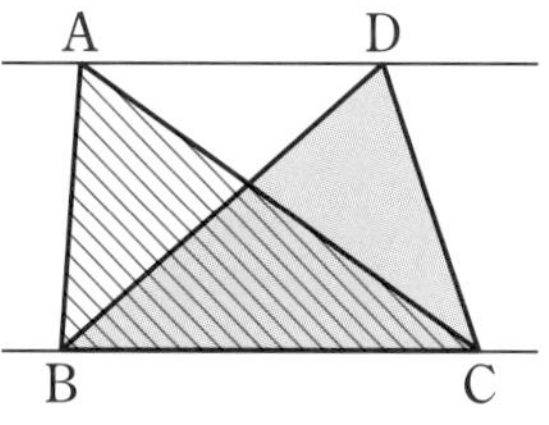

面積を変えずに，図形の形を変える方法について学びましょう。

右の図の ▱ABCD で，△ABC と面積の等しい三角形はどれでしょうか。

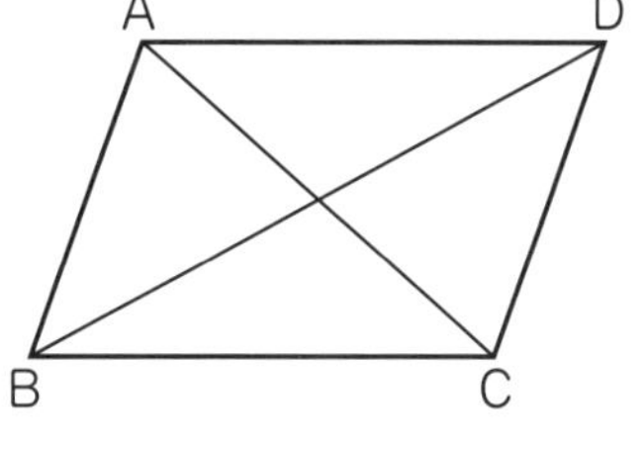

ガイド 底辺の長さと高さが等しい三角形に着目します。

解答 右の図で，**△DBC**，**△BDA**，**△CDA** は，どれも △ABC と底辺と高さが等しいので，面積は等しい。

問 1 教科書 p.150

(ア) （AD∥BC ならば，△ABC＝△DBC）の逆，

△ABC＝△DBC ならば，AD∥BC

を証明しなさい。

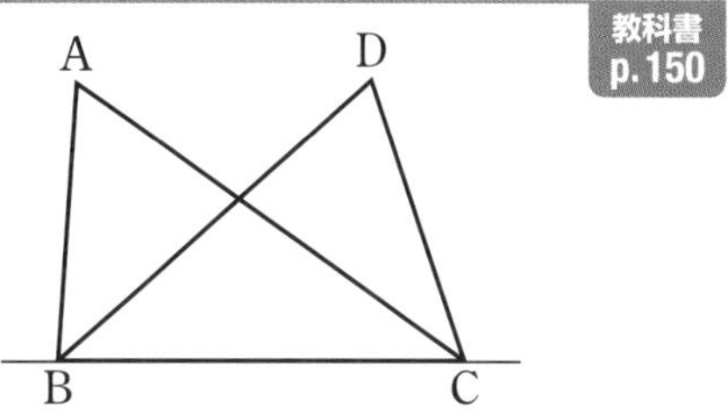

ガイド 面積が等しい三角形で，底辺が等しければ，高さも等しくなります。

解答 （証明） 右の図のように，頂点A，Dから，直線BCへそれぞれ垂線AH，DKをひく。

$\triangle ABC=\frac{1}{2}\times BC\times AH$，$\triangle DBC=\frac{1}{2}\times BC\times DK$

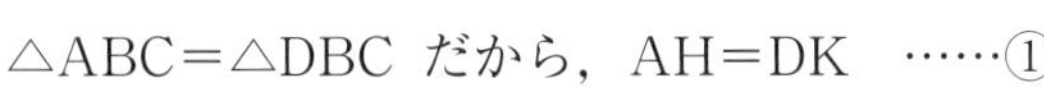
△ABC＝△DBC だから，AH＝DK ……①

また，AH∥DK ……②

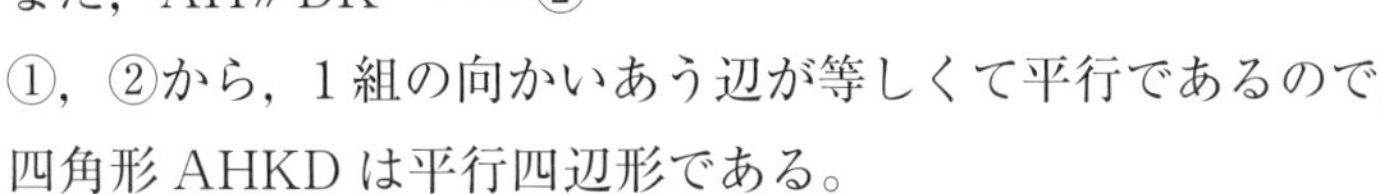
①，②から，1組の向かいあう辺が等しくて平行であるので，

四角形AHKDは平行四辺形である。

したがって，AD∥HK より，AD∥BC

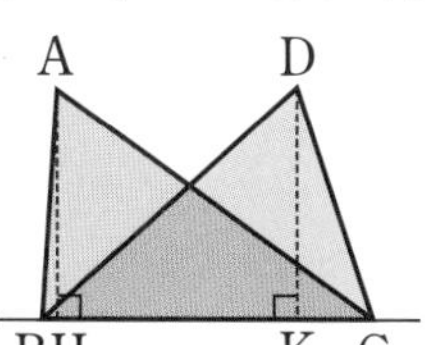

説明しよう

教科書 p.151

四角形 ABCD と，上(右図)のようにしてつくった△ABE の面積が等しくなる理由を説明しましょう。

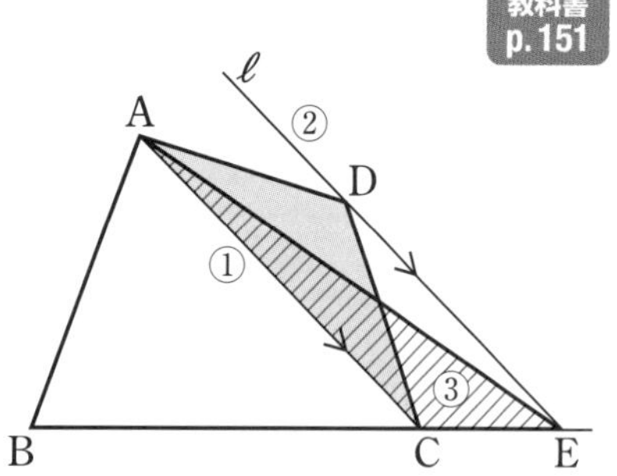

ガイド 底辺が共通な三角形を見つけ出して，平行線をもとに，高さが等しいものを考えます。

解答例 (説明) 四角形 ABCD＝△ABC＋△DAC
△ABE＝△ABC＋△EAC
DE∥AC で，AC が共通だから，△DAC＝△EAC
よって，四角形 ABCD＝△ABE

問 2

教科書 p.151

右の図(解答欄)のように，折れ線 ABC を境界とする 2 つの土地㋐，㋑があります。それぞれの土地が，この形では使いにくいため，土地㋐，㋑の面積が変わらないようにして，境界を，A を通る線分 AD にあらためることになりました。
点 D の位置は，どのように決めればよいですか。

ガイド **△ACB と高さが等しい △ACD の頂点 D を，辺 QR 上にとります。**

解答 右の図のように，点 A と点 C を結び，点 B を通り，AC に平行な直線をひき，辺 QR との交点を D とする。

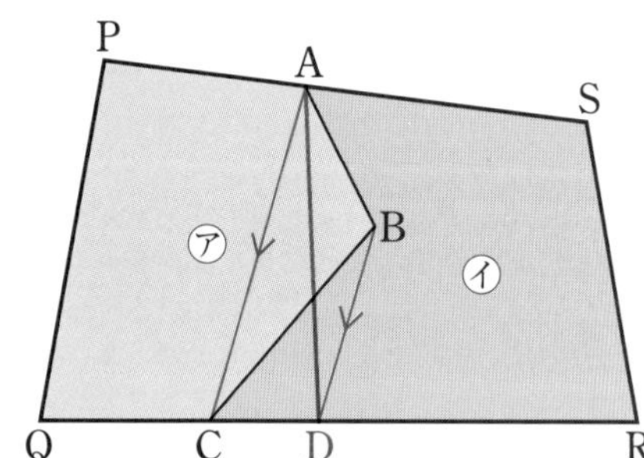

練習問題 ④ 平行線と面積 p.151

1 右の図で，四角形 ABCD は平行四辺形で，EF∥BD とします。このとき，図の中で，△ABE と面積の等しい三角形を，すべて見つけなさい。

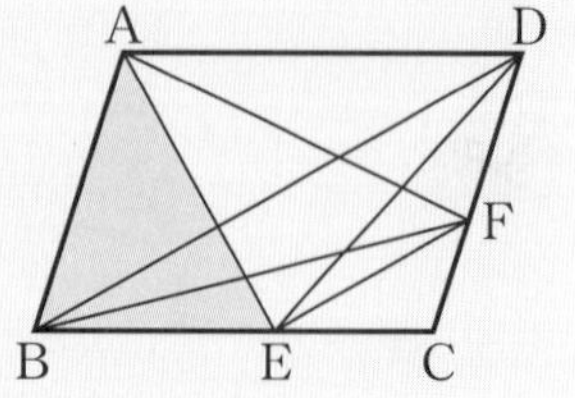

ガイド 底辺が共通な三角形を見つけ出して，平行線をもとに，高さが等しいものを考えます。

解答 AD∥BE で，BE が共通だから，△ABE＝**△DBE**
EF∥BD で，BD が共通だから，△DBE＝**△DBF**
AB∥DF で，DF が共通だから，△DBF＝**△DAF**

5 四角形の性質の利用

学習のねらい

四角形の性質を利用して，生活の中の事象について平行になる理由を説明するなど，図形の性質や証明のしかたに関する理解を深めます。

教科書のまとめ **テスト前にチェック**

□四角形の性質の利用

▶平行四辺形になるための条件を使って，テーブルの板と床の面が平行になることを証明することができます。

▶対角線の長さが等しい平行四辺形は長方形であることから，テーブルを真横から見た形が長方形になることを示すことができます。

問 1 前ページ(教科書 p.152)の ◎ のことを証明しなさい。 教科書 p.153

ガイド 平行四辺形になるための条件を調べます。

解答 (証明) 四角形 ABCD で，仮定より，AO＝CO，BO＝DO

対角線が，それぞれの中点で交わるので，四角形 ABCD は平行四辺形である。

よって，AB∥DC

説明しよう 教科書 p.153

テーブルの板と床の面が平行になる理由を説明しましょう。

解答例 (説明) 問 1 で，テーブルの板は AB，床の面は DC とみることができるから。

問 2 四角形 ABCD はどんな四角形ですか。 教科書 p.153

ガイド 平行四辺形に，対角線の条件が加わります。

解答 問 1 より，四角形 ABCD は平行四辺形である。

また，AC＝BD で，対角線の長さが等しいので，長方形になる。 **長方形**

説明しよう 教科書 p.153

足をのせる 2 つの板が平行になる理由を説明しましょう。

解答例 (説明) 右の図の四角形 ABCD で，AB＝DC，AD＝BC

2 組の向かいあう辺が，それぞれ等しいので，平行四辺形である。

平行四辺形の向かいあう辺は平行だから，AD∥BC

足をのせる 2 つの板は AD と BC とみることができるので，

平行になることがわかる。

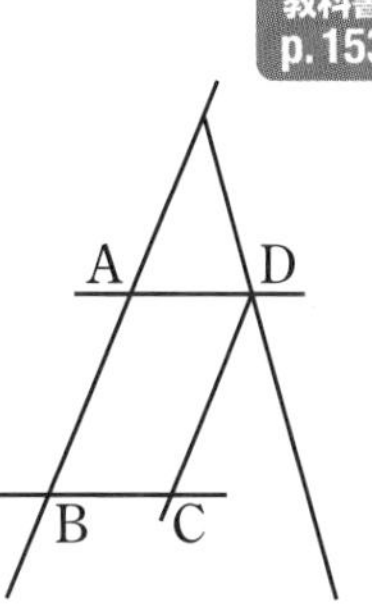

5章 章末問題　学びをたしかめよう

教科書 p. 154～155

1 下の図で，$\angle x$ の大きさを，それぞれ求めなさい。

(1) AB=AC

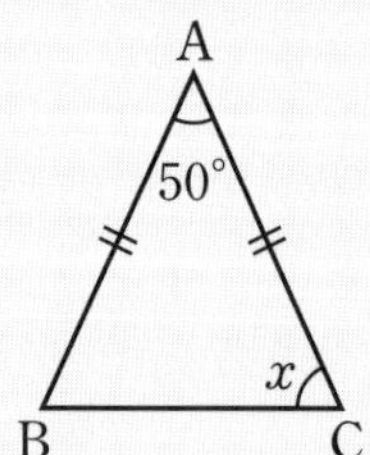

(2) AB=AC
∠BAD=∠CAD

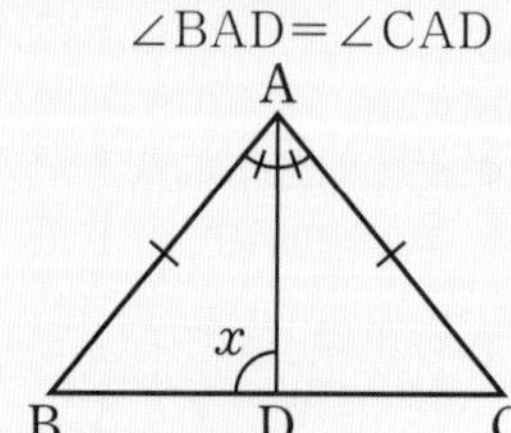

ガイド 二等辺三角形の性質を使って求めます。

解答 (1) 二等辺三角形の 2 つの底角は等しいので，$\angle x=(180°-50°)\div 2=$**65°**

(2) 二等辺三角形の頂角の二等分線は，底辺を垂直に 2 等分するので，
$\angle x=$**90°**

2 次のことがらの逆をいいなさい。
また，それが正しいかどうかを調べて，正しくない場合には反例を示しなさい。

(1) $a>0$，$b>0$ ならば，$ab>0$ である。

(2) △ABC と △DEF で，△ABC≡△DEF ならば，AB=DE，∠A=∠D，∠B=∠E である。

ガイド ことがらが正しくない場合は，反例を 1 つ示します。

解答 (1) **$ab>0$ ならば，$a>0$，$b>0$ である。**
正しくない。（反例）$a=-1$，$b=-2$

(2) **△ABC と △DEF で，AB=DE，∠A=∠D，∠B=∠E**
ならば，△ABC≡△DEF である。　正しい。

3 △ABC≡△DEF を示します。
合同条件にあうように，次の□にあてはまる辺または角をいいなさい。

(1) ∠A=∠D=90°，BC=EF，AC=□

(2) ∠A=∠D=90°，BC=EF，□=∠E

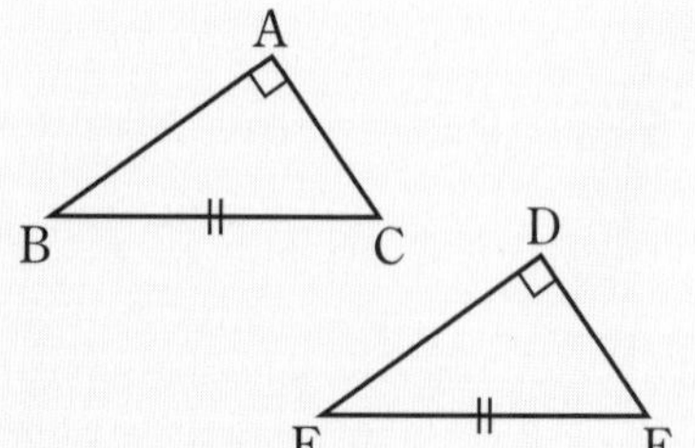

ガイド 対応する辺や角を調べます。

解答 (1) AC=**DF**　……直角三角形の斜辺と他の 1 辺が，それぞれ等しい。　p. 137 問 1

(2) **∠B**=∠E ……直角三角形の斜辺と 1 つの鋭角が，それぞれ等しい。

4 AB＝AC の二等辺三角形 ABC があります。
点 B，C から，それぞれ，辺 AC，AB に垂線 BD，CE をひくとき，BE＝CD であることを証明しなさい。

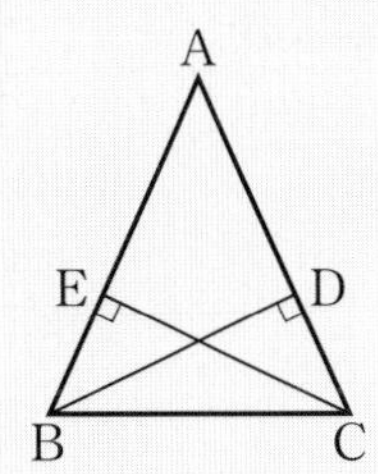

ガイド 直角三角形があれば，三角形の合同条件に加えて，直角三角形の合同条件が使えないかどうか考えてみます。

解答 (証明) △EBC と △DCB で， p.138 問2

AB⊥CE，AC⊥BD だから，∠BEC＝∠CDB＝90° ……①
二等辺三角形の性質から， ∠EBC＝∠DCB ……②
BC は共通だから， BC＝CB ……③
①，②，③から，直角三角形の斜辺と1つの鋭角が，それぞれ等しいので，
△EBC≡△DCB
合同な図形では，対応する辺は等しいので，BE＝CD

5 右の図の ▱ABCD で，□にあてはまる数をいいなさい。
AD＝□cm
OA＝□cm
∠ABC＝□°
∠BCD＝□°

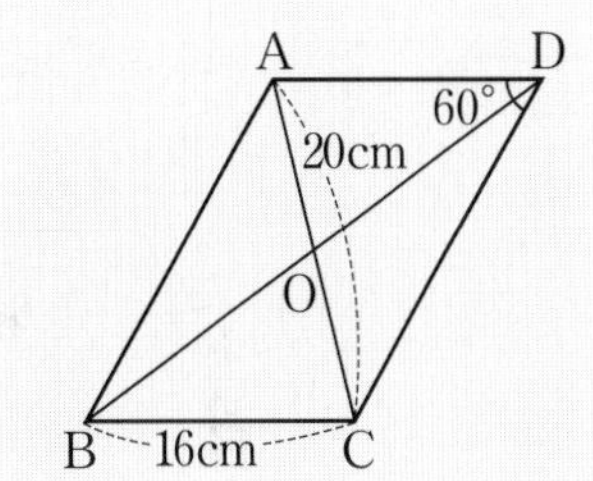

ガイド 平行四辺形の定義と3つの性質から求めます。

解答 AD＝**16** cm，OA＝**10** cm，∠ABC＝**60**°，∠BCD＝**120**° p.142 1

参考
- 平行四辺形の向かいあう辺は等しいから，AD＝BC＝16 cm
- 平行四辺形の対角線は，それぞれの中点で交わるから，OA＝$\frac{1}{2}$AC＝10 cm
- 平行四辺形の向かいあう角は等しいから，∠ABC＝∠ADC＝60°
- BC の延長上に点Eをとると，AD∥BE から，∠ADC＝∠DCE＝60°（錯角）
よって，∠BCD＝180°－60°＝120°

6 次の四角形は，平行四辺形であるといえますか。
(1) AB∥DC，∠A＝∠C である四角形 ABCD
(2) AD∥BC，AB＝CD である四角形 ABCD

ガイド 平行四辺形になるための条件にあてはまるか調べ，あてはまらない場合は，反例を示します。

解答 (1) ABの延長上にB′をとると，
AB∥DC から，∠C＝∠CBB′（錯角）
∠A＝∠C だから，∠A＝∠CBB′
同位角が等しいので，AD∥BC
2組の向かいあう辺が，それぞれ平行であるので，
四角形ABCDは**平行四辺形である。**

p.145 問4

(2)

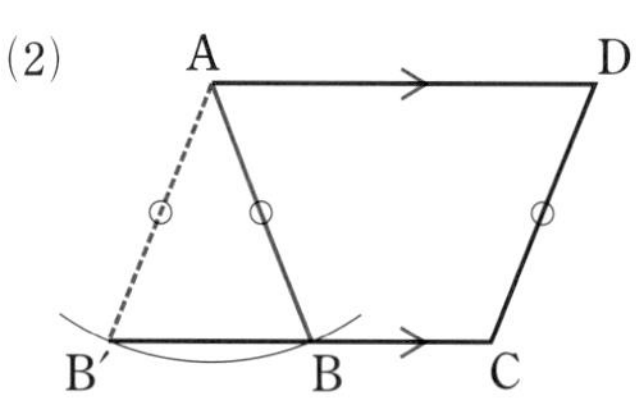

AD∥BC で，AB＝CD である四角形ABCDを考えると，左の図のような台形ABCDが考えられるから，
平行四辺形ではない場合がある。

7 ▱ABCDに，次の条件が加わると，それぞれ，どんな四角形になりますか。
(1) AB＝AD　(2) ∠A＝∠D　(3) AB＝AD，∠A＝∠D

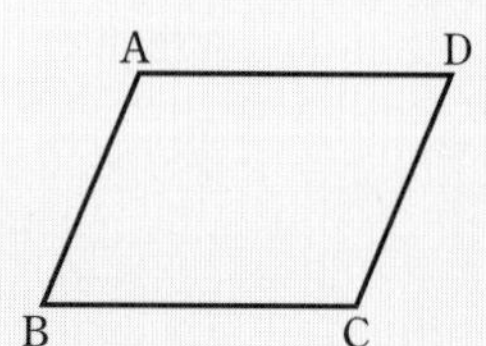

ガイド 平行四辺形の性質に条件を加えると，長方形，ひし形，正方形の定義にあてはまるか調べます。

解答 (1) 四角形ABCDは平行四辺形だから，AB＝DC，AD＝BC
仮定より，AB＝AD　よって，AB＝BC＝CD＝DA
したがって，四角形ABCDは**ひし形**になる。

p.148

(2) 四角形ABCDは平行四辺形だから，∠A＝∠C，∠B＝∠D
仮定より，∠A＝∠D　よって，∠A＝∠B＝∠C＝∠D
したがって，四角形ABCDは**長方形**になる。

(3) (1)から，AB＝BC＝CD＝DA，(2)から，∠A＝∠B＝∠C＝∠D
よって，四角形ABCDは**正方形**になる。

8 右の図で，AD∥BC であるとき，面積が等しい三角形の組をすべて見つけなさい。

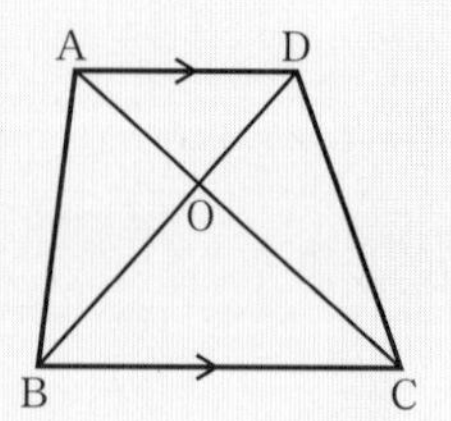

ガイド 底辺が共通な三角形を見つけ出して，**AD∥BC** から，高さを考えます。

解答 BCが共通で，AD∥BC だから，△ABC＝△DBC　……①
ADが共通で，AD∥BC だから，△ABD＝△ACD
△OAB＝△ABC－△OBC，△ODC＝△DBC－△OBC　……②
①，②から，△OAB＝△ODC
よって，**△ABCと△DBC，△ABDと△ACD，△OABと△ODC**

p.151 1

5章 章末問題　学びを身につけよう

教科書 p.156〜157

AB=AC の二等辺三角形 ABC で，∠B の二等分線が辺 AC と交わる点を D とします。
∠A の大きさが 36° であるとき，次の問いに答えなさい。

(1)　∠BDC の大きさを求めなさい。

(2)　BC=5 cm のとき，BD，AD の長さを求めなさい。

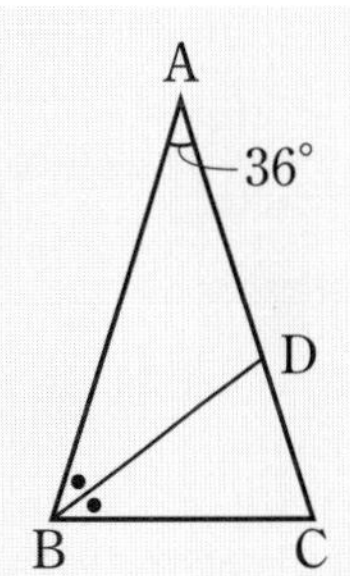

ガイド　(2)　**∠ABD，∠BDC，∠BCD の大きさから，△ABD，△BCD が二等辺三角形であることを導きます。**

解答　(1)　頂角 ∠A=36° の二等辺三角形 ABC の底角は，

∠ABC=∠C=(180°−36°)÷2=72°，∠ABD=$\frac{1}{2}$∠ABC=36°

△ABD の外角の性質から，∠BDC=36°+36°=72°　　**72°**

(2)　∠A=∠ABD より，△ABD は AD=BD の二等辺三角形。
また，∠BDC=∠C より，△BCD は BD=BC の二等辺三角形である。
よって，BC=BD=AD=5 cm　　**BD=5 cm，AD=5 cm**

▱ABCD で，右の図のように，対角線の交点 O を通る直線をひき，2 辺 AB，CD との交点を，それぞれ P，Q とします。
このとき，OP=OQ となることを証明しなさい。

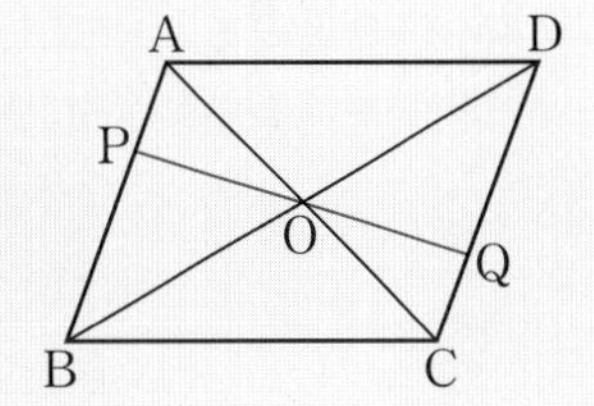

ガイド　**OP，OQ が対応する辺になる 2 つの三角形を見つけ，その合同を証明します。**

解答　(証明)　△APO と △CQO で，

平行四辺形の対角線は，それぞれの中点で交わるので，AO=CO　……①

AB∥DC から，　∠PAO=∠QCO　……②

対頂角は等しいから，∠POA=∠QOC　……③

①，②，③から，1 組の辺とその両端の角が，それぞれ等しいので，

△APO≡△CQO

合同な図形では，対応する辺は等しいので，OP=OQ

参考　△BPO と △DQO の合同を証明しても，OP=OQ を示すことができます。

3 右の図の ▱ABCD で，∠B の二等分線が辺 AD と交わる点を E とします。
このとき，∠a の大きさを求めなさい。
また，ED の長さを求めなさい。

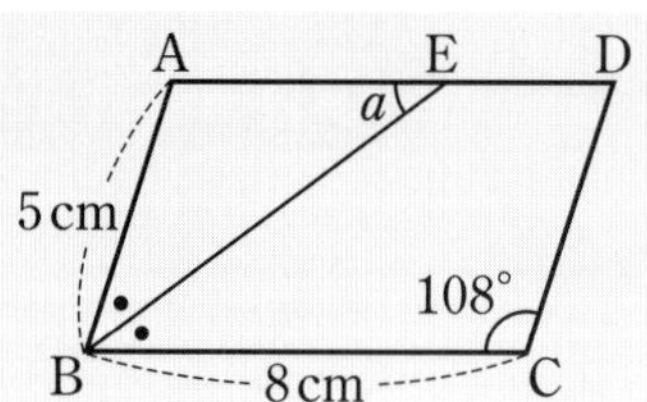

ガイド ∠ABE と ∠a の大きさから，△ABE が二等辺三角形であることを導きます。

解答 ▱ABCD で，∠A＝108°，∠ABC＝72° だから，∠ABE＝72°÷2＝36°
よって，∠a＝180°−(108°＋36°)＝**36°**
∠ABE＝∠AEB より，△ABE は二等辺三角形なので，AB＝AE＝5 cm
よって，ED＝8−5＝**3 (cm)**

4 線分 AB の中点 M を通る直線 ℓ に，線分の両端 A，B から，それぞれ，垂線 AH，BK をひきます。
(1) AH＝BK であることを証明しなさい。
(2) 四角形 AKBH はどんな四角形になりますか。

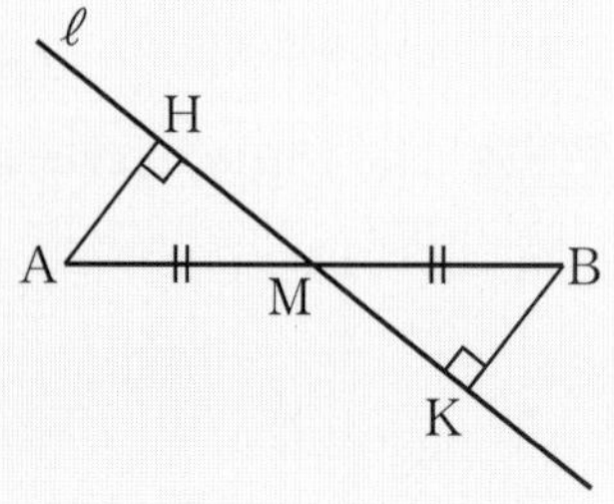

ガイド (1) 直角があれば，直角三角形の合同条件が利用できます。
(2) 平行四辺形になると予想して，平行四辺形になるための条件にあてはまることを示します。

解答 (1) (証明) △AHM と △BKM で，
仮定より，∠AHM＝∠BKM＝90° ……①　AM＝BM ……②
また，対頂角は等しいから，∠AMH＝∠BMK ……③
①，②，③から，直角三角形の斜辺と 1 つの鋭角が，それぞれ等しいので，
△AHM≡△BKM
合同な図形では，対応する辺は等しいので，AH＝BK

(2) 仮定より，AM＝BM ……①
(1)より，△AHM≡△BKM だから，HM＝KM ……②
①，②から，対角線が，それぞれの中点で交わるので，四角形 AKBH は**平行四辺形**である。

5 ▱ABCD で，A，C から，対角線 BD へ，それぞれ垂線 AE，CF をひきます。このとき，四角形 AECF は，平行四辺形であることを証明しなさい。

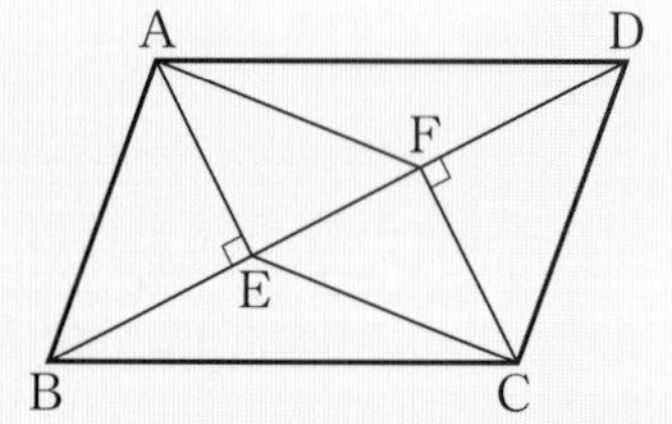

ガイド 線分の長さや位置関係に着目し，1 組の向かいあう辺が等しくて平行であることを証明します。

解答　(証明)　△ABE と △CDF で,

四角形 ABCD は平行四辺形だから, AB＝CD　……①

AB∥DC から, ∠ABE＝∠CDF　……②

仮定より,　∠AEB＝∠CFD＝90°　……③

①, ②, ③から, 直角三角形の斜辺と 1 つの鋭角が, それぞれ等しいので,

△ABE≡△CDF

合同な図形では, 対応する辺は等しいので, AE＝CF　……④

また, ③より, ∠AEF＝∠CFE＝90°　錯角が等しいので, AE∥CF　……⑤

④, ⑤から, 1 組の向かいあう辺が, 等しくて平行であるので, 四角形 AECF は平行四辺形である。

6　OA＝OB＝OC の三角錐(さんかくすい) OABC があります。

頂点Oから, 底面 ABC に垂線 OH をひくとき,

AH＝BH＝CH

であることを証明しなさい。

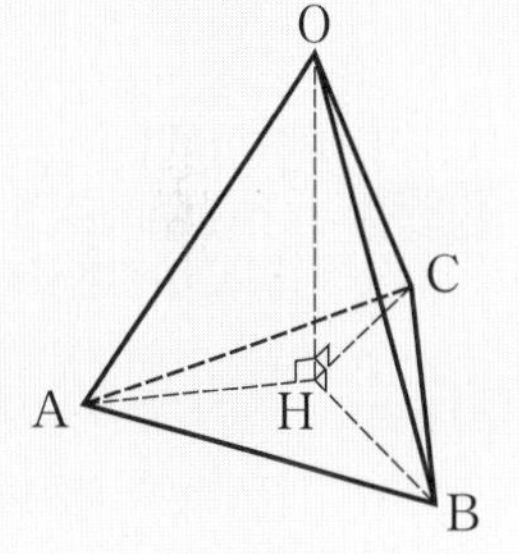

ガイド　**△OAH, △OBH, △OCH の関係を調べます。その際, 平面 ABC にひいた垂線が, OH であるということは, ∠OHA, ∠OHB, ∠OHC が直角だということです。**

解答　(証明)　△OAH と △OBH で,

OH⊥AH, OH⊥BH だから,　∠OHA＝∠OHB＝90°　……①

仮定より,　OA＝OB　……②　また, OH＝OH　……③

①, ②, ③から, 直角三角形の斜辺と他の 1 辺が, それぞれ等しいので,

△OAH≡△OBH

合同な図形では, 対応する辺は等しいので, AH＝BH　……④

同じように, △OAH≡△OCH から, AH＝CH　……⑤

④, ⑤から, AH＝BH＝CH

7

下の図の ▱ABCD の面積は 36 cm² です。

このとき, 色のついた部分の面積を求めなさい。

(1)

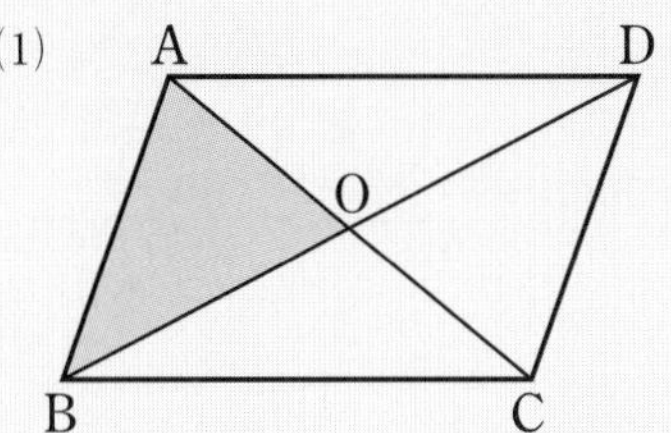

(2)

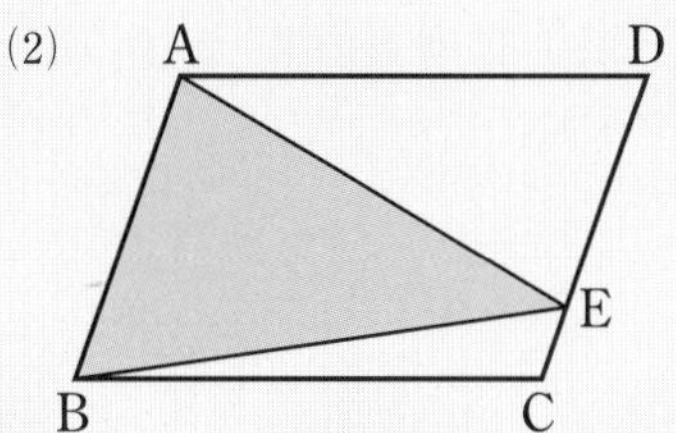

ガイド 平行四辺形の性質を使って考えます。

解答 (1) △ABD の面積は，36÷2＝18 (cm²)

△ABO と △ADO で，それぞれ BO，DO を底辺とみると，BO＝DO で，

高さも等しいので，△ABO＝△ADO

よって，$\triangle ABO=\frac{1}{2}\triangle ABD=\frac{1}{2}\times 18=$**9 (cm²)**

(2) AB∥DC より，△ABE＝△ABC

よって，△ABE＝36÷2＝**18 (cm²)**

8 右の図の五角形と面積の等しい三角形をかきなさい。

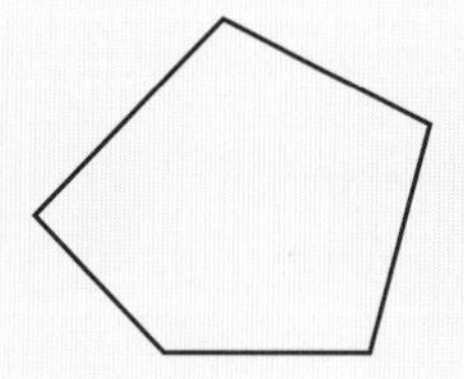

ガイド 下の図のように記号をつけて，対角線 AC，AD をひき，直線 CD 上に 2 点 F，G をとって，△ABC＝△AFC，△AED＝△AGD とできれば，△AFG が求める三角形です。

解答例 **右の図の △AFG**

(作図) 対角線 AC，AD をひき，辺 CD の延長上に，AC∥BF となるように F，AD∥EG となるように G をとる。

A と F，A と G を結んで △AFG をかく。

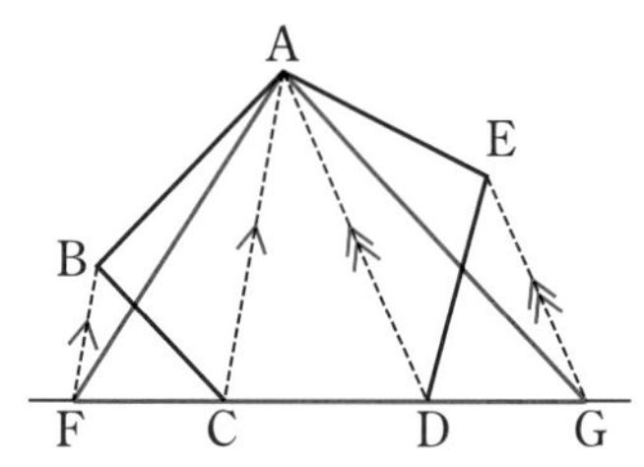

参考 (証明) AC∥BF から，△ABC＝△AFC　AD∥EG から，△AED＝△AGD

五角形 ABCDE＝△ABC＋△ACD＋△AED

＝△AFC＋△ACD＋△AGD＝△AFG

9 ∠A＝90° の直角二等辺三角形 ABC があります。点 B，C から，点 A を通る直線 ℓ に，それぞれ垂線 BD，CE をひくとき，次の問いに答えなさい。

(1) 図 1 のように，直線 ℓ が △ABC の外部を通るとき，△ABD≡△CAE であることを証明しなさい。

(2) 図 1 のとき，BD＋CE＝DE であることを証明しなさい。

(3) 図 2 のように，直線 ℓ が △ABC の内部を通るとき，BD，CE，DE の長さの間には，どんな関係がありますか。

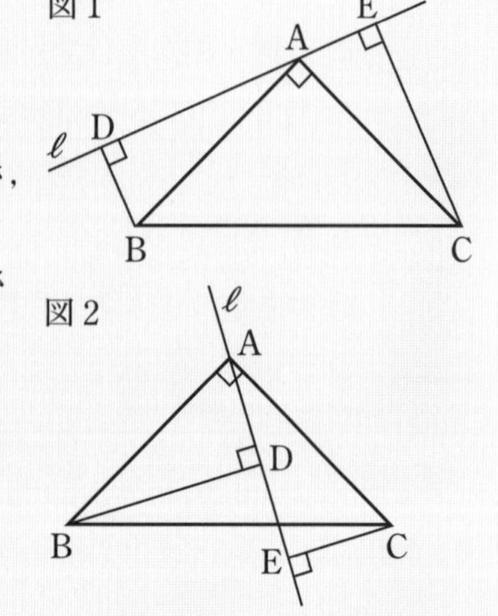

ガイド (1) 直角三角形の合同条件を使います。

(2) (1)で証明した，**△ABD≡△CAE** を利用します。

(3) **△ABD≡△CAE** がいえるので，合同な図形の対応する辺は等しいことを使って考えます。

解答 (1) (証明) △ABD と △CAE で，

仮定より，∠ADB＝∠CEA＝90°　……①

△ABC は二等辺三角形だから，AB＝CA　……②

点 D，A，E は一直線上にあるから，

∠BAD＝180°－∠BAC－∠CAE＝90°－∠CAE　……③

また，△CAE の内角の和は 180° だから，

∠ACE＝180°－∠AEC－∠CAE＝90°－∠CAE　……④

③，④から，∠BAD＝∠ACE　……⑤

①，②，⑤から，直角三角形の斜辺と 1 つの鋭角が，それぞれ等しいので，

△ABD≡△CAE

(2) (証明) 合同な図形では，対応する辺は，それぞれ等しいので，

BD＝AE，CE＝AD

よって，BD＋CE＝AE＋AD＝DE

(3) △ABD と △CAE で，

仮定から，∠ADB＝∠CEA＝90°　……①

△ABC は，二等辺三角形だから，AB＝CA　……②

また，∠BAD＝∠BAC－∠CAE＝90°－∠CAE　……③

△CAE の内角の和は 180° だから，

∠ACE＝180°－∠CEA－∠CAE＝90°－∠CAE　……④

③，④から，∠BAD＝∠ACE　……⑤

①，②，⑤から，直角三角形の斜辺と 1 つの鋭角が，それぞれ等しいので，

△ABD≡△CAE

合同な図形では，対応する辺は，それぞれ等しいので，

BD＝AE，CE＝AD

よって，BD－CE＝AE－AD＝DE　　**BD－CE＝DE**

6章 場合の数と確率

1節 場合の数と確率

起こりやすいのはどれ？

1つのさいころを投げるとき，次のようなことがらの起こりやすさを考えましょう。

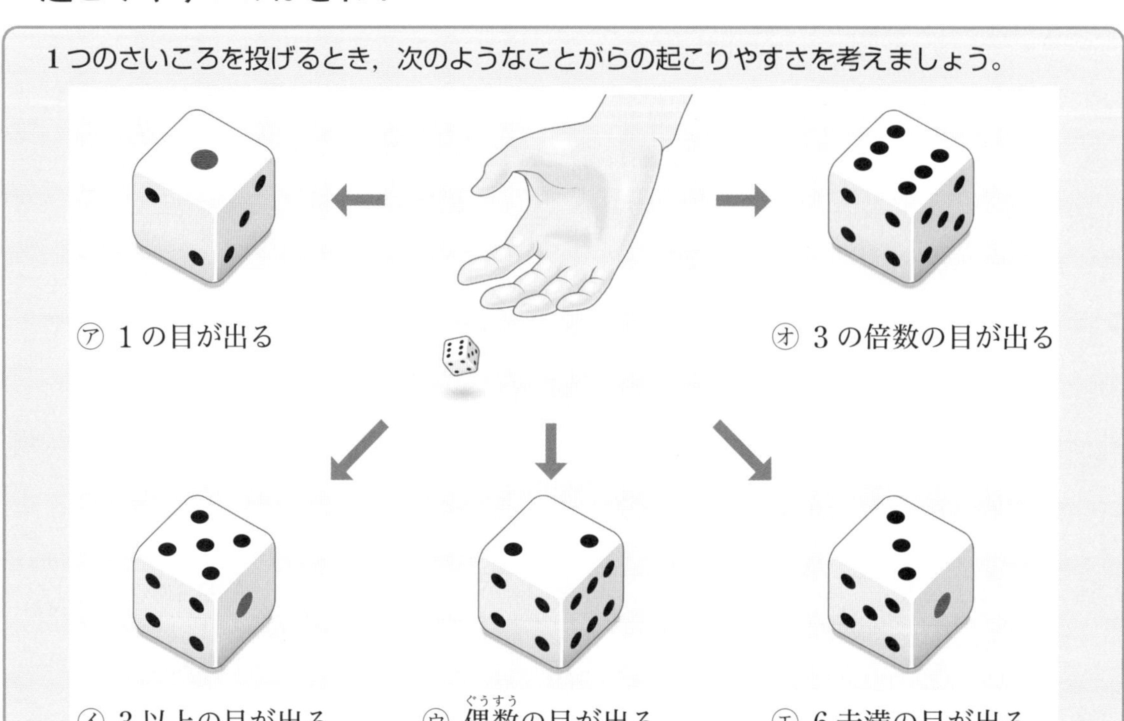
㋐ 1の目が出る
㋔ 3の倍数の目が出る
㋑ 3以上の目が出る
㋒ 偶数の目が出る
㋓ 6未満の目が出る

話しあおう　教科書 p.158

㋐から㋔のうち，どれがもっとも起こりやすいでしょうか。
また，そのように考えた理由を説明しましょう。

ガイド
- さいころは，6つの面があって，1から6までの目がかかれていますが，どの目も同じように出ると考えられます。
- それぞれの場合の数を調べて，多い方が起こりやすいと考えられます。

解答例
㋐　1の目だから，目の出かたは1通り。
㋑　3以上の目は，3，4，5，6だから，目の出かたは4通り。
㋒　偶数の目は，2，4，6だから，目の出かたは3通り。
㋓　6未満の目は，1，2，3，4，5だから，目の出かたは5通り。
㋔　3の倍数の目は，3，6だから，目の出かたは2通り。
したがって，㋓の場合の数がもっとも多いから，もっとも起こりやすいのは，㋓

1 確率の求め方

学習のねらい

同様に確からしいということを理解し，場合の数の割合として確率を求めることができるようにします。また，確率のとる値の範囲(はんい)や性質を知ります。

教科書のまとめ　テスト前にチェック

□同様に確からしい
▶どの場合が起こることも同じ程度であると考えられるとき，**同様(どうよう)に確(たし)からしい**といいます。

例　硬貨(こうか)を1回投げるとき，表が出ることと裏が出ることは同様に確からしい。

□確率の求め方
▶起こる場合が全部で n 通りあり，そのどれが起こることも同様に確からしいとする。そのうち，ことがらAの起こる場合が a 通りであるとき，

ことがらAの起こる確率　$p=\dfrac{a}{n}$

□確率の性質
▶かならず起こることがらの確率は1です。
▶けっして起こらないことがらの確率は0です。
▶あることがらの起こる確率を p とするとき，p の値の範囲は $0 \leqq p \leqq 1$ となります。

実験によらない確率の求め方を考えましょう。

問 1　例1 の箱から玉を1個取り出すとき，次の確率を求めなさい。

教科書 p.161

赤 ●●●●
黄 ●●
青 ●●●

(1)　青玉が出る確率
(2)　青玉または黄玉が出る確率

ガイド　例1 と同様に，玉の取り出し方は，全部で9通りです。

解答　玉の取り出し方は全部で9通りあり，どの玉の取り出し方も，同様に確からしい。

(1)　青玉が出る場合は3通りだから，青玉が出る確率は，$\dfrac{3}{9}=\underline{\dfrac{1}{3}}$

(2)　青玉または黄玉が出る場合は5通り（3+2）だから，青玉または黄玉が出る確率は，$\underline{\dfrac{5}{9}}$

問 2　1つのさいころを投げるとき，次の確率を求めなさい。

教科書 p.162

(1)　6以下の目が出る確率
(2)　7以上の目が出る確率

ガイド　(1)は，かならず起こることがらの確率です。(2)は，けっして起こらないことがらの確率です。

解答　さいころの目の出かたは，1，2，3，4，5，6の6通り。

(1)　6以下の目が出る場合は6通りだから，6以下の目が出る確率は，$\dfrac{6}{6}=\underline{1}$

(2)　7以上の目が出る場合は0通りだから，7以上の目が出る確率は，$\dfrac{0}{6}=\underline{0}$

話しあおう

教科書 p. 162

前ページの（教科書 p. 161）例1 の箱から玉を1個取り出すとき，赤玉が出る確率は $\frac{4}{9}$ でした。これについて，かりんさんとけいたさんが，次のような会話をしています。2人の考えは正しいでしょうか。

かりん「確率が $\frac{4}{9}$ だから，この箱から玉を1個取り出してもとにもどす実験を9回おこなえば，赤玉が，かならず4回出るんだね。」

けいた「回数をもっと増やさなければいけないよ。その実験を900回おこなえば，赤玉が，かならず400回出ると思うよ。」

ガイド どの場合が起こることも同様に確からしいとき，多数の実験をして得られる確率とほぼ一致すると考えられますが，かならず一致するとはいえません。

解答例 正しくない。

「赤玉が出る確率は $\frac{4}{9}$」とは，「取り出す回数を多くしていくと，赤玉が出る割合が $\frac{4}{9}$ に近い値になっていく」ことを表しているから，9回取り出せばかならず4回赤玉が出るわけではない。同じように，900回取り出してもかならず400回出るとはいえない。

練習問題　1 確率の求め方 p. 162

1 （教科書）158ページの㋐〜㋔のことがらの起こる確率を，それぞれ求めなさい。
また，㋐〜㋔のうち，もっとも起こりやすいことがらはどれですか。

ガイド さいころの目の出かたは6通りで，どの目が出ることも同様に確からしいといえます。

解答
㋐ 1の目の出かたは1通りだから，$\underline{\frac{1}{6}}$
㋑ 3以上の目の出かたは4通り。$\frac{4}{6}=\underline{\frac{2}{3}}$
㋒ 偶数の目の出かたは3通り。$\frac{3}{6}=\underline{\frac{1}{2}}$
㋓ 6未満の目の出かたは5通りだから，$\underline{\frac{5}{6}}$
㋔ 3の倍数の目の出かたは2通り。$\frac{2}{6}=\underline{\frac{1}{3}}$
よって，もっとも起こりやすいのは，㋓

2 右のような8枚のカードがあります。この8枚のカードを箱に入れて，そこから1枚のカードを取り出すとき，次の確率を求めなさい。
(1) カードに書かれた数が8以下である確率
(2) カードに書かれた数が9である確率

ガイド かならず起こることがらの確率は1，けっして起こらないことがらの確率は0です。

解答
(1) カードに書かれた数はすべて8以下なので，かならず起こることがらだから，$\underline{1}$
(2) 9が書かれたカードはないので，けっして起こらないことがらだから，$\underline{0}$

2 いろいろな確率

学習のねらい

樹形図などの図をかいて，いろいろなことがらの場合の数を数え上げます。また，全部の場合の数とあることがらの起こる場合の数から，確率を求めることを学習します。

教科書のまとめ　テスト前にチェック

□樹形図

▶考えられるすべての場合を順序よく整理して数えるのに，右のような図がよく用いられます。
このような図を**樹形図**（じゅけいず）といいます。

例　2枚の硬貨を投げるとき

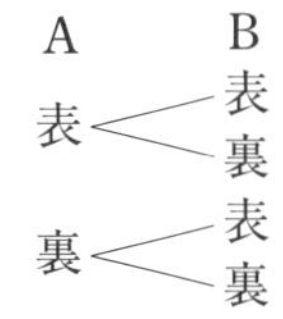

□起こらない確率

▶ことがらAの起こる確率を p とすると，

Aの起こらない確率 $=1-p$

場合の数を，もれや重なりがないように数えましょう。

昼食時に校内放送でA，B，Cの3曲を流します。
この3曲の曲順には，どんな場合があるでしょうか。

教科書 p.163

ガイド　曲順を，図や表を使って，もれや重なりがないように数え上げます。

解答　表を使って調べてみると，右のようになり，

(A，B，C)　(A，C，B)　(B，A，C)
(B，C，A)　(C，A，B)　(C，B，A)

の6通りがある。

1曲目	2曲目	3曲目
A	B	C
A	C	B
B	A	C
B	C	A
C	A	B
C	B	A

問1　A，B，C，Dの4人から2人の委員を選ぶとき，その選び方は全部で何通りありますか。

教科書 p.163

ガイド　樹形図をかいて調べます。A—BとB—Aは同じ組み合わせであることに注意しましょう。

解答　右の図のように，選び方は全部で**6通り**

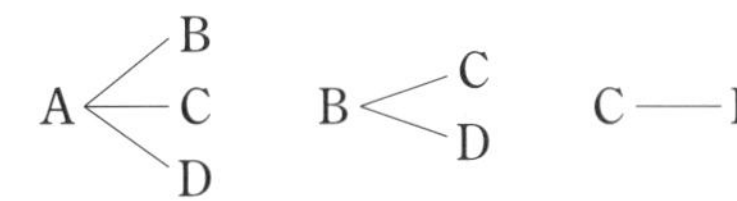

参考　そのほか，小学校の算数でも学習したように，下のような図や表でも求めることができます。

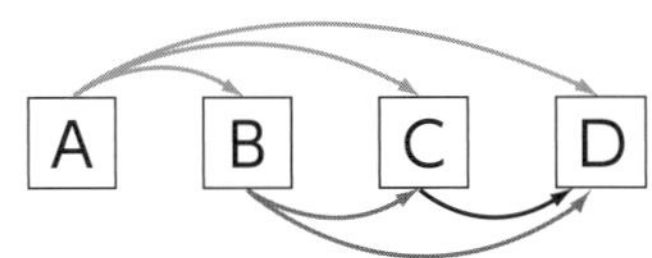

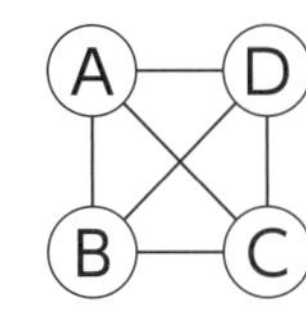

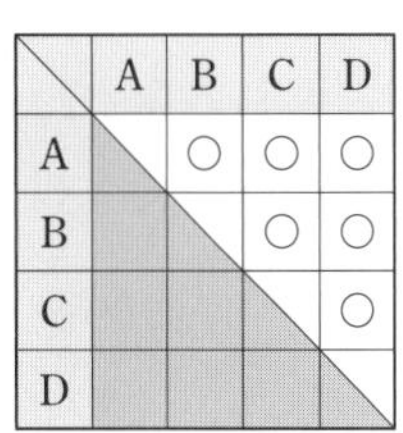

	A	B	C	D
A		○	○	○
B			○	○
C				○
D				

問 2　サッカーの試合で，A，B，C，D，E，F の 6 チームが，それぞれ 1 回ずつ対戦するとき，全部で何試合になりますか。 教科書 p.163

ガイド　樹形図をかいて，すべての選び方を，順序よく調べます。

解答　右の図の 15 通りあるから，

試合数は，**15 試合**

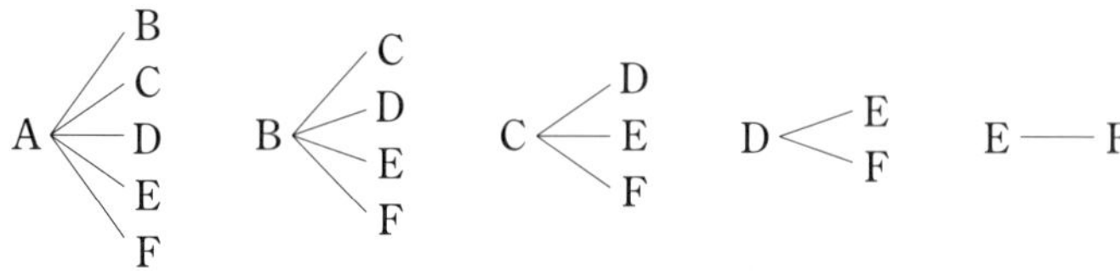

いろいろな確率を求めましょう。

問 3　2 枚の硬貨を同時に投げるとき，2 枚とも表となる確率を求めなさい。 教科書 p.164

解答　2 枚の硬貨を A，B とし，表を○，裏を×で表して，樹形図をかくと，起こるすべての場合は，右のようになる。

起こるすべての場合の数は 4 通りで，どの表裏の出かたも同様に確からしい。2 枚とも表となる出かたは 1 通りだから，その確率は，$\frac{1}{4}$

A　B
○ ＜ ○ (○, ○)、× (○, ×)
× ＜ ○ (×, ○)、× (×, ×)

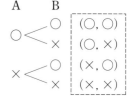

説明しよう 教科書 p.164

上 (教科書 p. 164) の **例題 1** で，けいたさんは，右のように考えていました。この考えのどこが誤っているか説明しましょう。

> × 誤答例
>
> 表裏の出かたは，
>
> 　2 枚とも表，1 枚は表で 1 枚は裏，
>
> 　2 枚とも裏
>
> の 3 通りだから，
>
> 1 枚は表で 1 枚は裏となる確率は $\frac{1}{3}$

ガイド　同様に確からしいのは何か，ということが問題です。

解答例　2 枚の硬貨を投げるとき，同様に確からしいのは，1 枚 1 枚の硬貨が表になるか裏になるかである。2 枚の硬貨を A，B と区別し，A が表で B が裏のとき，(○，×) と表すと，表裏の出かたは，次の 4 通りである。

(○，○)，(○，×)，(×，○)，(×，×)

これらの出かたは，同様に確からしい。

1 枚は表で 1 枚は裏となるのは，(○，×)，(×，○) の 2 通りあるから，その確率は，

$\frac{2}{4}=\frac{1}{2}$ となる。

問4 3枚の硬貨を同時に投げるとき，次の確率を求めなさい。 教科書 p.165

(1) 3枚とも裏となる確率

(2) 少なくとも1枚は表となる確率

ガイド 3枚の硬貨をA，B，Cと区別し，樹形図を使って，表裏の出かたを考えます。
(2)は，「少なくとも1枚」の意味を考えます。

解答 (1) 3枚の硬貨をA，B，Cと区別し，表を○，裏を×として，樹形図に表すと，右のようになり，表裏の出かたは全部で8通りで，どの出かたも同様に確からしい。このうち，「3枚とも裏」は1通りだから，3枚とも裏になる確率は，$\frac{1}{8}$

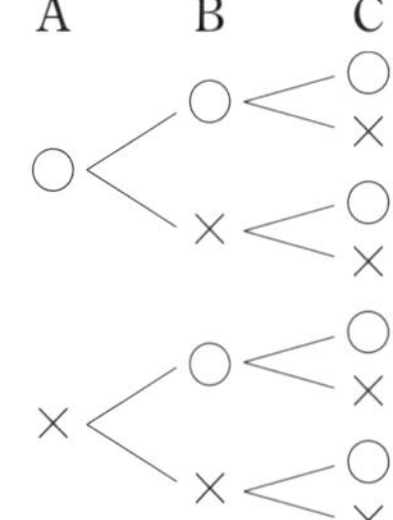

(2) 「少なくとも1枚は表」は，「3枚とも表」，または，「2枚は表で1枚は裏」，または，「1枚は表で2枚は裏」のことで，それぞれ，1通り，3通り，3通りだから，あわせて7通りになる。

したがって，少なくとも1枚は表となる確率は，$\frac{7}{8}$

参考 樹形図を見ると，「少なくとも1枚は表」とは，「3枚とも裏でない」ことと同じです。

問5 右のような3枚のカードがあります。この3枚のカードを箱に入れて，そこから1枚ずつ取り出し，取り出した順に左から右に並べて3けたの整数をつくります。
この整数が偶数となる確率を求めなさい。 教科書 p.165

ガイド 樹形図をかいて，一の位の数が2になる場合の数を調べます。

解答 樹形図をかくと，右の図のようになり，全部で6通りの整数ができる。
そして，これらの取り出し方は同様に確からしい。
このうち，偶数となるのは，

132，312

の2通りだから，偶数になる確率は，

$\frac{2}{6}=\frac{1}{3}$

百の位　十の位　一の位

1 ─ 2 ── 3
1 ─ 3 ── 2
2 ─ 1 ── 3
2 ─ 3 ── 1
3 ─ 1 ── 2
3 ─ 2 ── 1

参考 偶数か奇数(きすう)かは，一の位の数で決まります。一の位にくる数は，1か2か3かで3通り，そのうち，偶数の場合は2だけだから，偶数となる確率は，$\frac{1}{3}$ です。

この解き方の方が簡単ですが，ここでは，学習内容を確認するため，樹形図をかいて調べることがたいせつです。

問6 2つのさいころを同時に投げるとき，次の確率を求めなさい。 教科書 p.167

(1) 出る目の数の和が9になる確率

(2) 出る目の数の和が9にならない確率

ガイド 2つのさいころをA，Bと区別し，出る目の数の和の表をつくって考えます。
ことがらAの起こる確率をpとすると，Aの起こらない確率は，$1-p$ で求められます。

解答 2つのさいころをA，Bとし，和の表をつくると，次のようになる。

A＼B	1	2	3	4	5	6
1	2	3	4	5	6	7
2	3	4	5	6	7	8
3	4	5	6	7	8	⑨
4	5	6	7	8	⑨	10
5	6	7	8	⑨	10	11
6	7	8	⑨	10	11	12

- 目の出かたは，
  $6\times6=36$（通り）
- これらの出かたは，同様に確からしい。
- 出る目の数の和が9になる場合は，◯をつけたところである。

(1) 出る目の数の和が9になる場合は4通り。求める確率は，

$$\frac{4}{36}=\underline{\mathbf{\frac{1}{9}}}$$

(2) 出る目の数の和が9にならない確率は，(1)が起こらない確率だから，

$$1-\frac{1}{9}=\underline{\mathbf{\frac{8}{9}}}$$

問7 例題4 で，2枚が異なるマークのカードである確率を求めなさい。 教科書 p.167

ガイド 例題4 が起こらない確率と考えます。

解答 「2枚が異なるマークのカードである」とは，「2枚が同じマークのカードでない」ということである。

例題4 より，2枚が同じマークのカードである確率は，$\frac{2}{5}$

$$1-\frac{2}{5}=\underline{\mathbf{\frac{3}{5}}}$$

参考 例題4 の表で考えると，右の ┆　┆ で囲まれた部分が2枚が異なるマークのカードである組で，6通りです。
これから，求める確率は，

$$\frac{6}{10}=\frac{3}{5}$$

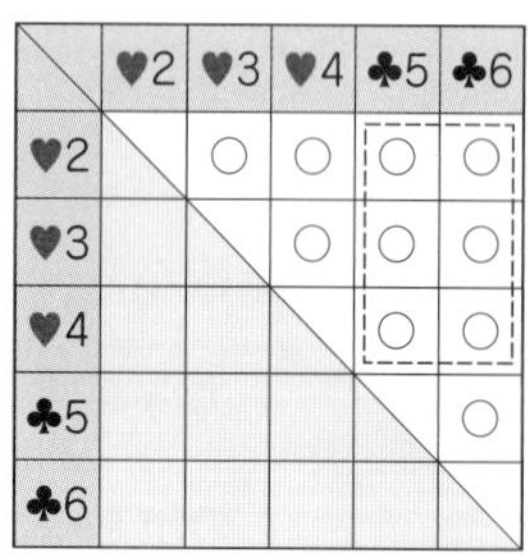

	♥2	♥3	♥4	♣5	♣6
♥2		○	○	○	○
♥3			○	○	○
♥4				○	○
♣5					○
♣6					

3 確率の利用

学習のねらい　場合の数や確率を求めて，身のまわりにある問題を解決することができることを学び，確率についての理解を深めます。

教科書のまとめ　テスト前にチェック

□場合の数や確率の利用　▶場面の状況を具体的な数にして，数学の問題としてとらえ，樹形図をもとに場合の数を数えて確率を求め，問題を解決します。

話しあおう

教科書 p.168

くじ引きでは，さきにひくか，あとにひくかによって，あたりやすさに違いがあるでしょうか。

ガイド　あたりが1本として，くじがいろいろな本数の場合で考えてみましょう。

解答例　あたりが1本として，くじの本数を増やし，AとBがこの順に1本ずつひくことを考える。

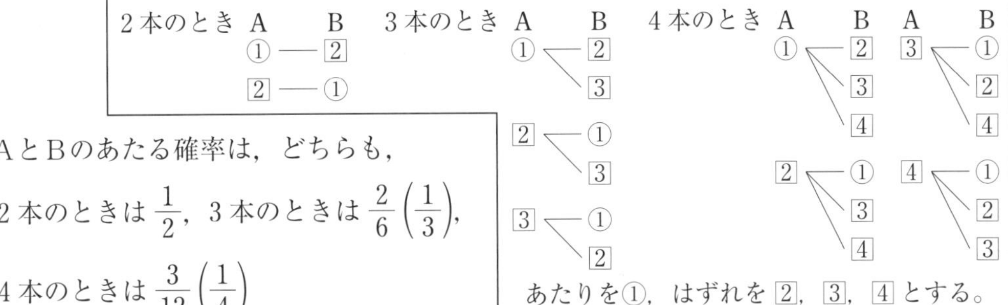

AとBのあたる確率は，どちらも，

2本のときは$\frac{1}{2}$，3本のときは$\frac{2}{6}\left(\frac{1}{3}\right)$，

4本のときは$\frac{3}{12}\left(\frac{1}{4}\right)$

さきにひくか，あとにひくかによって，あたりやすさに違(ちが)いはないと考えられる。

問1

教科書 p.169

樹形図から，AとBがこの順に1本ずつくじをひく場合の数は，何通りになりますか。右の樹形図（省略）の残りの部分をかき，完成させて考えなさい。

ガイド　Aがひいたくじはもとにもどさないので，Bの方には入れないようにします。

解答　樹形図は下の通り。**20通り**　（図の中の○，☆の印は，問2の内容です。）

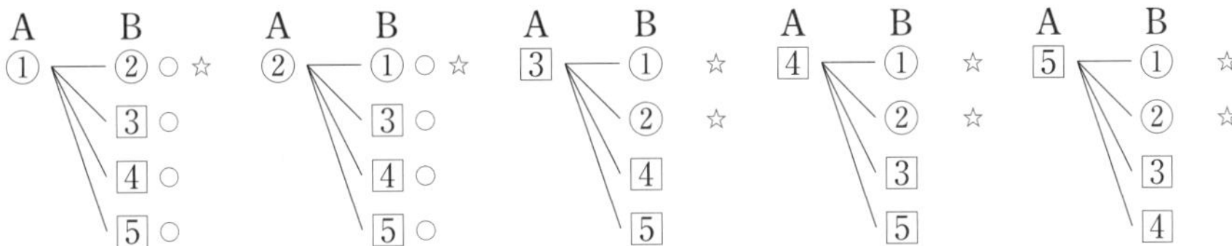

問2

教科書 p.169

次の確率を求めなさい。

(1)　Aがあたりをひく確率　　(2)　Bがあたりをひく確率

ガイド　問1で樹形図から求めた場合の数を使って，A，Bそれぞれのあたりをひく確率を求めます。

解答　(1)　20通りのうち，Aが①，②をひいた8通りだから，$\dfrac{8}{20}=\underline{\dfrac{2}{5}}$

(2)　20通りのうち，Bが①，②をひいた8通りだから，$\dfrac{8}{20}=\underline{\dfrac{2}{5}}$

参考　問1 の樹形図で，○の印がついたものはAがあたりをひく場合，☆の印がついたものはBがあたりをひく場合を表しています。

説明しよう

教科書 p.169

2人のあたりやすさについて，どんなことがいえるでしょうか。

解答例　問2 のように，AとBのどちらも，あたりをひく確率は $\dfrac{2}{5}$ だから，くじをひく順番によって，**2人のあたりやすさに違いはない。**

問3

教科書 p.169

の問題で，5本のうち，あたりが3本はいっているくじを考えます。
このくじの場合には，2人のあたりやすさに違いがありますか。

ガイド　問1 でかいた樹形図を，どのように利用したらよいか考えましょう。

解答　問1 の樹形図で，2本のはずれを①，②，3本のあたりを3，4，5と考えると，

Aがあたりをひくのは，20通りのうち，3，4，5をひいた12通りだから，$\dfrac{12}{20}=\dfrac{3}{5}$

Bがあたりをひくのは，20通りのうち，3，4，5をひいた12通りだから，$\dfrac{12}{20}=\dfrac{3}{5}$

したがって，**2人のあたりやすさに違いはない。**

問4

教科書 p.169

の問題で，くじをひく人数を，A，B，Cの3人に増やし，3人がこの順に1本ずつひく場合を考えます。3人のあたりやすさに違いがありますか。
ただし，ひいたくじは，もとにもどさないことにします。

? ほかにも条件を変えると，あたりやすさはどうなるかな。

ガイド　問1 でかいた樹形図に，Cがくじをひく場合をかき加えて考えます。

解答　AとBは，はじめの問題と同じくじを同じ順にひくのだから，2人の確率は変わらない。
Cを増やした場合の数は，樹形図に表して考えるとよい。

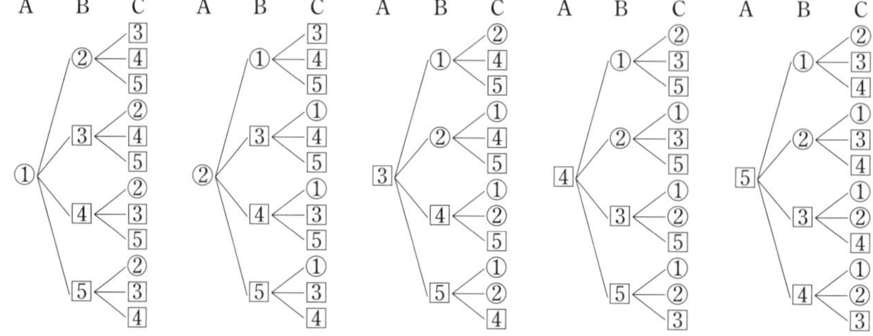

全部で 60 通りあり，これらはすべて同様に確からしい。

このうち，Cがあたる場合は，Cが①か②をひく場合である。

この場合の数は 24 通りだから，Cがあたりをひく確率は，$\frac{24}{60}=\frac{2}{5}$

AもBもCもあたりをひく確率は同じだから，**3 人のあたりやすさに違いはない。**

❓（例）◎の問題で，くじをひく人数を 4 人に増やしたとき，それぞれがあたりをひく確率は $\frac{2}{5}$ で等しい。

6章 章末問題　学びをたしかめよう

教科書 p.170

1 次の□にあてはまるものをいいなさい。

(1) かならず起こることがらの確率は□である。

(2) けっして起こらないことがらの確率は□である。

(3) ことがらAの起こる確率を p とすると，Aの起こらない確率は，□である。

ガイド あることがらが起こる確率を p とすると，p は，$0 \leqq p \leqq 1$ で，$p=1$ は，かならず起こるということがらで，$p=0$ は，けっして起こらないということがらです。だから，あることがらについて，起こる確率と起こらない確率を加えると 1 になります。

解答 (1) **1**　(2) **0**　(3) **$1-p$**

(1)，(2) p.162 問2

参考 確率が 1 や 0 のことがらを考えることは，ほとんど無意味ですが，(3)のときに，この考え方は役立ちます。

(3) p.167 問6

2 1つのさいころを投げるとき，1の目が出る確率は $\frac{1}{6}$ です。

この確率の意味を正しく説明しているのは，次の(ア)〜(ウ)のうち，どれですか。

(ア) 6 回投げるとき，そのうち 1 回はかならず 1 の目が出る。

(イ) 6 回投げるとき，そのうち 1 回しか 1 の目は出ない。

(ウ) 3000 回投げるとき，500 回ぐらい 1 の目が出る。

ガイド 確率は，場合の数をもとにして期待できる程度を表す数です。また，「かならず」のように断定的なことは，確率が 1 か 0 の場合だけで，他のときはいえません。

解答 (ウ)

p.162 話しあおう

3 箱の中に，ジョーカーを除く1組52枚のトランプがはいっています。この箱からカードを1枚取り出すとき，次の問いに答えなさい。

(1) 取り出したカードがA(エース)となるのは何通りですか。

(2) Aのカードを取り出す確率を求めなさい。

ガイド ジョーカーを除く1組52枚のトランプから1枚を取り出すとき，どのカードを取り出すことも同様に確からしいといえます。このことから，A(エース)を取り出す場合の数を求めて，確率を計算します。

解答 (1) ダイヤ，ハート，スペード，クローバーのAの**4通り**

p.161 問1

(2) $\frac{4}{52}=\mathbf{\frac{1}{13}}$

4 1から20までの数が1つずつ書かれた20枚のカードがあります。
このカードを箱に入れて，そこから1枚を取り出すとき，取り出したカードが3の倍数である確率を求めなさい。

ガイド 20枚のカードのうち，どのカードを取り出すことも同様に確からしいといえます。

解答 1から20までの数のうち，3の倍数は，

p.161 問1

3，6，9，12，15，18

の6枚である。

したがって，取り出したカードが3の倍数である確率は，$\frac{6}{20}=\mathbf{\frac{3}{10}}$

5 次の確率を求めなさい。

(1) 1つのさいころを投げるとき，奇数(きすう)の目が出る確率

(2) 3枚の硬貨を同時に投げるとき，3枚とも表となる確率

ガイド ことがらAの起こる確率＝$\frac{\text{ことがらAの起こる場合の数}}{\text{起こるすべての場合の数}}$

解答 (1) 1つのさいころの目の出かたは，1〜6で全部で6通りあり，どれも同様に確からしい。
そのうち，奇数の目は，1，3，5の3通りだから，
奇数の目が出る確率は，$\frac{3}{6}=\mathbf{\frac{1}{2}}$

(1) p.161 問1

(2) p.165 問4

(2) 3枚の硬貨をA，B，Cと区別し，表を○，裏を×として，すべての表裏の出かたを樹形図で表すと，全部で8通り。
どの表裏の出かたも同様に確からしい。
このうち，3枚とも表となる出かたは，1通りだから，
3枚とも表となる確率は，$\mathbf{\frac{1}{8}}$

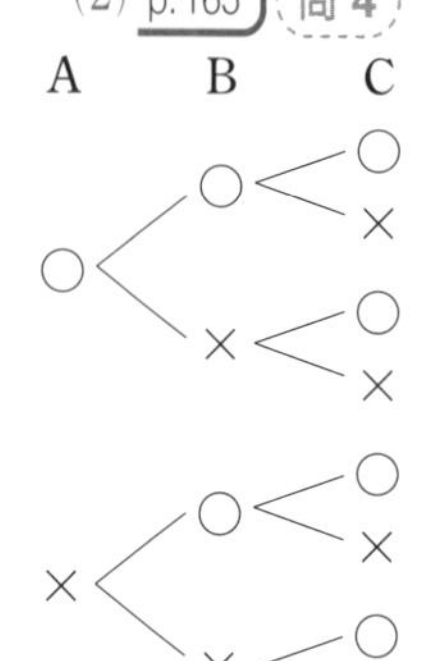

6章 章末問題　学びを身につけよう

教科書 p.171

1 5本のうち，あたりが2本はいっているくじがあります。
このくじを，同時に2本ひくとき，少なくとも1本があたりである確率を求めなさい。

ガイド あたりくじを①，②，はずれくじを③，④，⑤として，2本のくじのひき方を樹形図に表して調べます。「少なくとも1本があたり」ということは，ひいた2本のくじのうち，1本，または，2本があたりくじであるという意味です。

解答 2本のあたりくじを①，②，3本のはずれくじを③，④，⑤として，2本のくじのひき方を表すと，右の図のようになる。くじのひき方は全部で10通りあり，そのうち，少なくとも1本があたりくじである場合は，右の図の・の印をつけた7通りである。

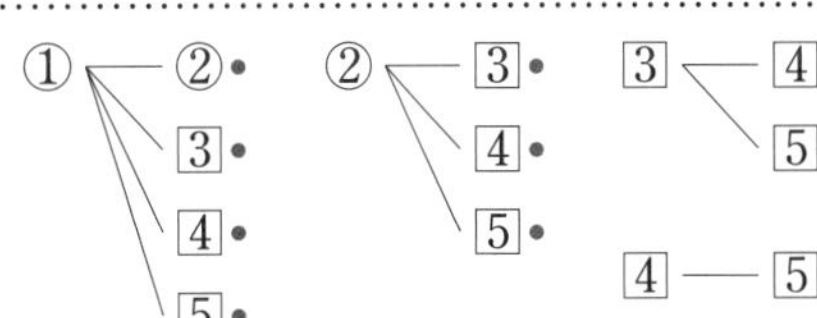

よって，求める確率は，$\frac{7}{10}$

参考 ひいた2本のくじが，①，③のとき，{①，③}と表すことにします。
このとき，すべてのくじのひき方は，次のように10通りに表されます。

{①，②}・，{①，③}・，{①，④}・，{①，⑤}・
{②，③}・，{②，④}・，{②，⑤}・
{③，④}，{③，⑤}
{④，⑤}

少なくとも1本があたりくじである場合は，上の・の印をつけた7通りです。

よって，求める確率は，$\frac{7}{10}$

2 2つのさいころを同時に投げるとき，次の確率を求めなさい。

(1) 1の目がまったく出ない確率
(2) 出る目の数の和が13になる確率
(3) 出る目の数の差が3になる確率
(4) 少なくとも一方は3以上の目が出る確率

ガイド 2つのさいころを同時に投げるとき，目の出かたは，2つのさいころをA，Bで表し，表にすると，わかりやすくなります。そして，それらの起こり方は同様に確からしいので，あとは，確率を求めることがらの場合の数を調べます。

解答　2つのさいころをA，Bとすると，目の出かたは右の表のようになり，全部で36通り。これらは同様に確からしい。

A＼B	1	2	3	4	5	6
1				③		
2					③	
3						③
4	③					
5		③				
6			③			

③…差が3

(1)　1の目がまったく出ない場合は，右の表の色のついた部分で，　$5\times5=25$（通り）

したがって，1の目がまったく出ない確率は，$\underline{\mathbf{\dfrac{25}{36}}}$

(2)　出る目の数の和がもっとも大きくなる場合は，$6+6=12$ である。

よって，出る目の数の和が13になる場合は0通りである。

したがって，求める確率は，$\dfrac{0}{36}=\underline{\mathbf{0}}$

(3)　出る目の数の差が3になる場合は，右上の表から，

(1，4)，(2，5)，(3，6)，(4，1)，(5，2)，(6，3) の6通り。

よって，求める確率は，$\dfrac{6}{36}=\underline{\mathbf{\dfrac{1}{6}}}$

(4)　少なくとも一方は3以上の目が出る確率は，

1−(両方とも2以下の目が出る確率)

で求められる。両方とも2以下の目が出る場合（右上の表の斜線部分）は，

(1，1)，(1，2)，(2，1)，(2，2) の4通りだから，その確率は，$\dfrac{4}{36}=\dfrac{1}{9}$

よって，少なくとも一方は3以上の目が出る確率は，$1-\dfrac{1}{9}=\underline{\mathbf{\dfrac{8}{9}}}$

3　右のような4枚のカードがはいっている箱から，カードを続けて2枚取り出します。
1枚目を十の位，2枚目を一の位として，2けたの整数をつくるとき，この整数が3の倍数となる確率を求めなさい。

ガイド　カードの並べ方を，樹形図に表して考えます。

解答　樹形図をかくと，右の図のようになり，全部で12個の2けたの整数ができる。

1 < 2, 3, 4　　2 < 1, 3, 4　　3 < 1, 2, 4　　4 < 1, 2, 3

このうち，3の倍数は，12，21，24，42の4個。

したがって，3の倍数となる確率は，$\dfrac{4}{12}=\underline{\mathbf{\dfrac{1}{3}}}$

4　500円，100円，50円，10円の硬貨が1枚ずつあります。この4枚を同時に投げるとき，次の問いに答えなさい。

(1)　表裏の出かたは，全部で何通りありますか。

(2)　4枚のうち，少なくとも1枚は表となる確率を求めなさい。

(3)　表が出た硬貨の合計金額が，550円以上になる確率を求めなさい。

ガイド　表を○，裏を×として，樹形図に表して考えます。

解答 表を○，裏を×として樹形図に表すと，下のようになる。

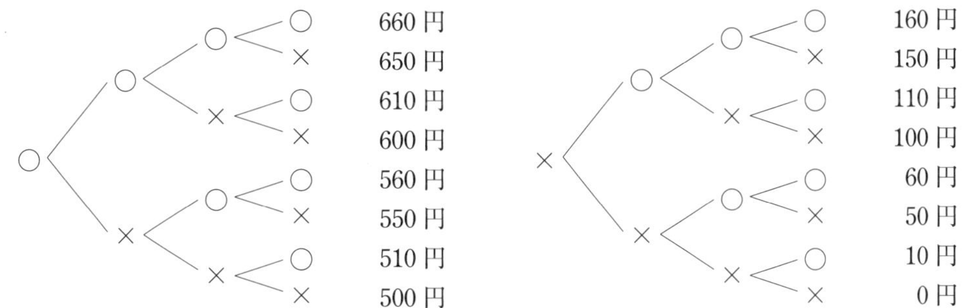

(1) 表裏の出かたは，全部で16通りあり，どれも同様に確からしい。 **16通り**

(2) 4枚のうち，少なくとも1枚は表となる確率は，1−(4枚とも裏となる確率)

樹形図から，4枚とも裏になるのは1通りだから，確率は，$\frac{1}{16}$

求める確率は，$1-\frac{1}{16}=\mathbf{\frac{15}{16}}$

(3) 樹形図の合計金額を見ると，550円以上は6通りだから，表が出た硬貨の合計金額が，550円以上になる確率は，$\frac{6}{16}=\mathbf{\frac{3}{8}}$

5 赤玉2個と白玉3個がはいっている袋(ふくろ)があります。この袋から玉を1個取り出して色を調べ，それを袋にもどしてから，また，玉を1個取り出すとき，次の(ア)と(イ)では，どちらの方が起こりやすいといえますか。その理由も説明しなさい。

(ア) 赤玉と白玉が出る　　(イ) 同じ色の玉が出る

ガイド 1回目に取り出した玉を袋にもどすから，2回目に玉を取り出すときも，袋の中の玉は1回目に取り出すときと同じで，赤玉2個と白玉3個です。

解答 それぞれの色の玉を区別して，取り出し方を表にすると，右のようになる。

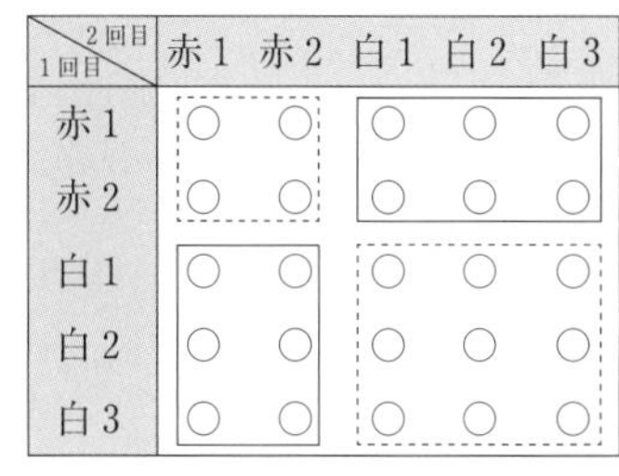

1回目＼2回目	赤1	赤2	白1	白2	白3
赤1	○	○	○	○	○
赤2	○	○	○	○	○
白1	○	○	○	○	○
白2	○	○	○	○	○
白3	○	○	○	○	○

玉の取り出し方は，全部で 5×5=25(通り) あり，どれも同様に確からしい。

(ア) 1回目が赤玉で，2回目が白玉の取り出し方は6通り。1回目が白玉で，2回目が赤玉の取り出し方も6通りある。(表の□で囲んだ場合)

よって，赤玉と白玉が出る場合は，6+6=12(通り) だから，(ア)の起こる確率は，$\frac{12}{25}$

(イ) 1回目も2回目も赤玉が出る取り出し方は4通り。1回目も2回目も白玉が出る取り出し方は9通りある。(表の⬚で囲んだ場合)

よって，同じ色の玉が出る場合は，4+9=13(通り) だから，(イ)の起こる確率は，$\frac{13}{25}$

したがって，**(イ)の方が起こりやすいといえる。**

6章 場合の数と確率

7章 箱ひげ図とデータの活用

❶節 箱ひげ図

通信速度をくらべよう

かりんさんとおじさんは，インターネットの通信速度について話していて，おじさんはインターネットをどこの会社と契約(けいやく)するか迷っています。

インターネット接続会社のホームページを見たところ，通信速度の測定結果として，ある図がのっていました。

下の図は，A 社，B 社，C 社，D 社の 4 社分の結果を，まとめたものです。

図 1　通信速度（送信時）測定結果

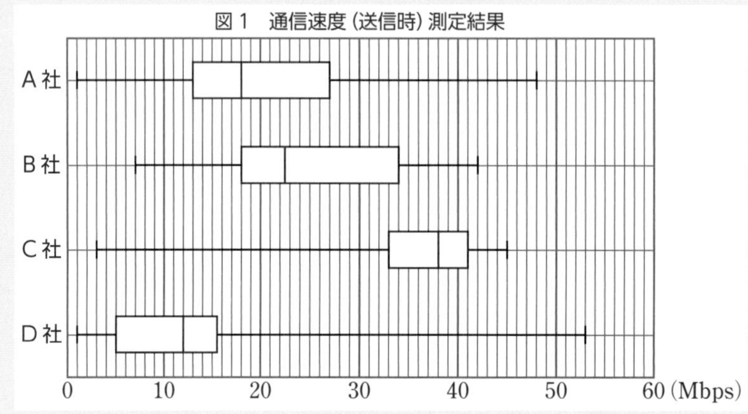

図 1 の A 社は，次のデータをもとにつくられています。

通信速度（送信時）測定結果（Mbps）
18，32，15，21，1，16，48，22，9，11，24，17，30

話しあおう

教科書 p.173

前ページ（上）の図 1 の A 社の図は，どのようなことを表しているでしょうか。上のデータの，最大値，最小値，中央値を求め，それぞれが図のどこにあたるかに着目して，考えてみましょう。

解答例　小さい順に並べると，1，9，11，15，16，17，18，21，22，24，30，32，48 なので，
最大値……48 Mbps，最小値……1 Mbps，中央値……18 Mbps

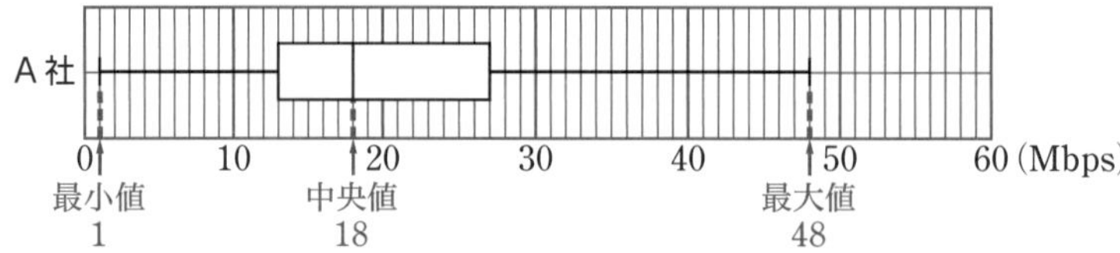

線分は通信速度の最小値から最大値を表している。長方形の中にある線は中央値を表していて，長方形の位置や長さで通信速度の中央付近の傾向を表していると思う。

1 箱ひげ図

学習のねらい

これまでに，データを整理する方法として，ヒストグラムや代表値などを学んできました。ここでは，データを整理する新しい方法として，箱ひげ図について学びます。

教科書のまとめ **テスト前にチェック**

□四分位数

▶データの値を小さい順に並べ，中央値を境に，前半部分と後半部分の 2 つに分けたとき，

前半部分の中央値を　　**第 1 四分位数**，

データ全体の中央値を　**第 2 四分位数**，

後半部分の中央値を　　**第 3 四分位数**といいます。

また，これらをあわせて，**四分位数**といいます。

□箱ひげ図

▶

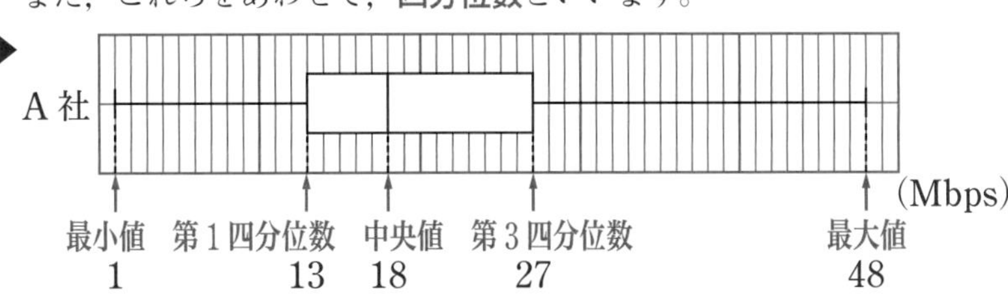

上の図のように，最小値，第 1 四分位数，中央値，第 3 四分位数，最大値を 1 つの図にまとめたものを**箱ひげ図**といいます。

□四分位範囲

▶第 3 四分位数と第 1 四分位数の差を，**四分位範囲**といいます。

四分位範囲＝第 3 四分位数－第 1 四分位数

箱ひげ図について学びましょう。

教科書 p.174

下の図は，(教科書) 172 ページの図 1 のうち，A 社の図を抜き出したものです。

この図で，

左端は最小値 1 Mbps，

右端は最大値 48 Mbps，

長方形の中にある線は中央値 18 Mbps

に，それぞれ対応しています。

(ア)と(イ)は何を表しているでしょうか。

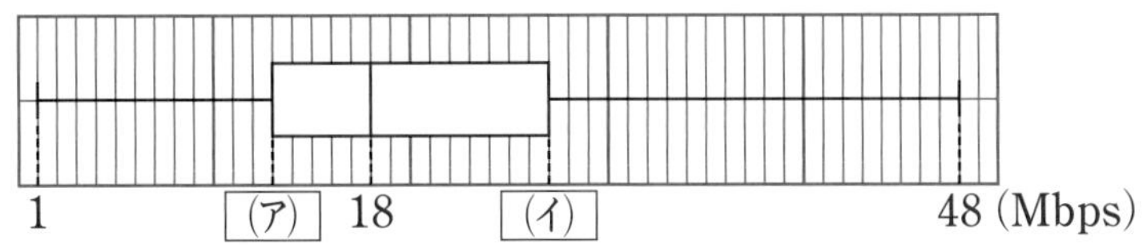

ガイド 左端，中央値，右端だけでなく，ほかのデータの値も図にかき入れて考えましょう。

解答例 ほかのデータの値を図にかき入れると，右のようになる。

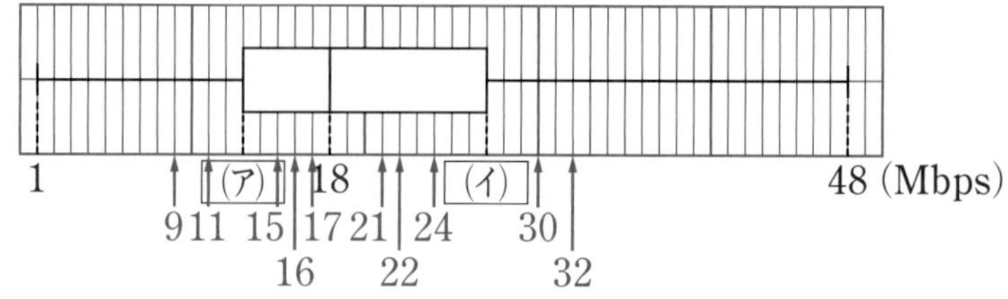

(ア)は 11 と 15 のまん中の値，(イ)は 24 と 30 のまん中の値になっているので，(ア)はデータの前半部分 (1，9，11，15，16，17) の中央値，(イ)はデータの後半部分 (21，22，24，30，32，48) の中央値になっていると考えられる。

問 1 前ページ (教科書 p.174) のC社の通信速度について，四分位数を求めなさい。 教科書 p.175

ガイド まず，第 2 四分位数 (中央値) を求めてから，第 1 四分位数と第 3 四分位数を求めます。

解答 データ全体の中央値は 38，前半部分の中央値は 33，後半部分の中央値は 41 だから，
第 1 四分位数は 33 Mbps，第 2 四分位数は 38 Mbps，第 3 四分位数は 41 Mbps

問 2 おじさんがさらに調べていると，A〜D社のほかに，E 社もあることがわかりました。E 社の通信速度について，四分位数を求め，箱ひげ図をかきなさい。 教科書 p.176

E社 通信速度 測定結果 (Mbps)
11，19，27，17，28，21，5，15

ガイド まず，値の小さい順に並べかえてから，四分位数を求めます。

解答 値の小さい順に並べかえて，四分位数を求めると，

5，11，｜15，17，｜19，21，｜27，28

↑ 第 1 四分位数 13 Mbps　↑ 中央値 18 Mbps　↑ 第 3 四分位数 24 Mbps

箱ひげ図は，右のようになる。

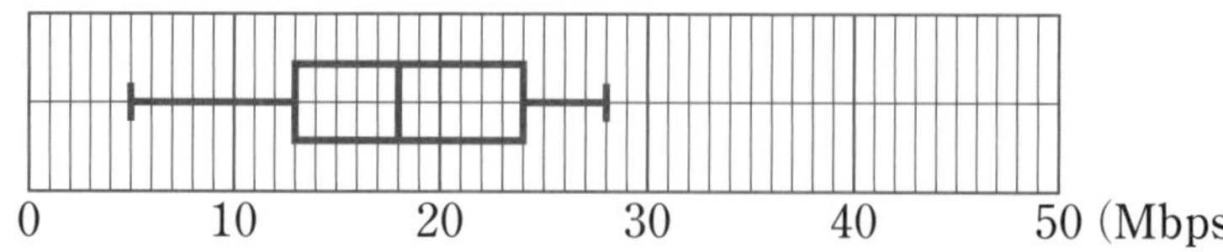

四分位数をもとにして，データの散らばりを調べましょう。

かりんさんは，(教科書) 172 ページの図 1 を見て，次のように考えました。 教科書 p.176
「最大値がもっとも大きいのはD社だから，D 社を選べば，通信速度が速くて快適に使えそうだね」
かりんさんの考えについてどう思いますか。

ガイド 箱ひげ図を見て，全体のデータのおおまかな分布のようすから考えます。

解答例 D社の箱ひげ図の，箱の部分を見ると，A社，B社，C社にくらべて，もっとも値が小さい方に寄っている。このことから，D社の最大値は大きいが，これはデータの分布の傾向とはかけ離(はな)れた値で，速い通信速度にはあまり分布していないことがわかる。だから，D社を選んでも，通信速度が速くて快適に使えるとは限らない。

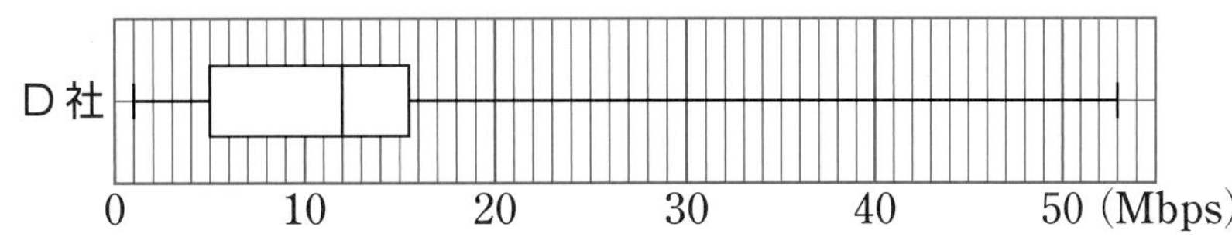

問 3 B社の通信速度について，四分位範囲を求めなさい。 教科書 p.176

ガイド **第3四分位数と第1四分位数を求めてから，その差を求めます。**

解答 教科書175ページの 例1 から，B社の通信速度の四分位範囲は，第3四分位数が34 Mbps，第1四分位数が18 Mbps だから，34－18＝**16 (Mbps)**

問 4 (教科書) 172ページの図1から，C社の通信速度の範囲と四分位範囲を求めなさい。 教科書 p.177

ガイド **のびた線の左端から右端までの長さが範囲，長方形の左端から右端までの長さが四分位範囲です。**

解答 範囲…45－3＝**42 (Mbps)**

四分位範囲…41－33＝**8 (Mbps)**

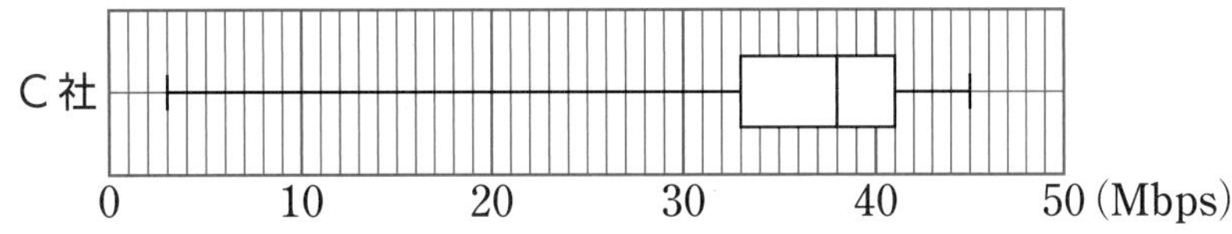

話しあおう

教科書 p.177

あなたなら，A～D社のうち，どの会社を選びますか。(教科書) 172ページの図1から，通信速度の傾向(けいこう)について読みとり，理由もあわせて説明しましょう。

ガイド **A～D社の箱ひげ図の箱の位置をくらべて考えます。**

解答例 C社

(理由) A～D社の箱ひげ図の箱の位置をくらべると，C社がいちばん高い位置で四分位範囲もせまくなっていることがわかる。これは，通信速度のデータの中央付近の約50％が，速い通信速度で安定していることを示している。だから，C社を選べば，通信速度が速くて快適に使えると思われる。

2 データを活用して，問題を解決しよう

学習のねらい

身近な事象について，調べたデータを箱ひげ図に表します。複数のデータを比較して考察することで，箱ひげ図への理解を深めます。

教科書のまとめ テスト前にチェック

□データを箱ひげ図に表す

過去から最近の最高気温のデータを箱ひげ図に表すと，気温の分布の変化のようすや傾向(けいこう)を読みとることができます。

箱ひげ図から，いろいろなことを読みとりましょう。

問 1

教科書 p.179

図 1　東京の７月の日最高気温

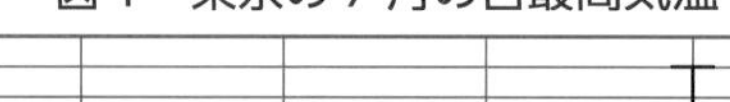

表 1　東京の７月の日最高気温（℃）

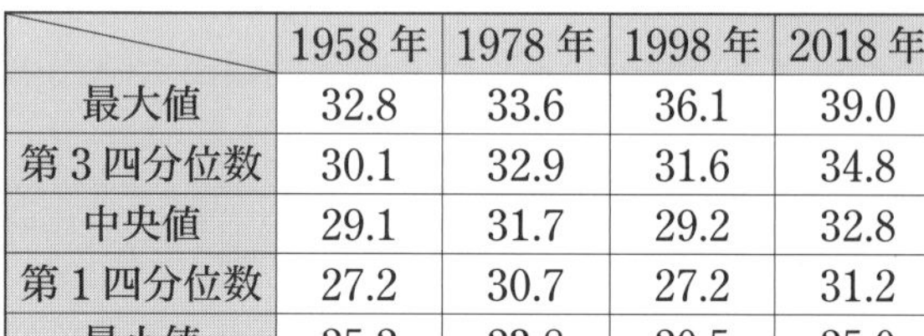

	1958 年	1978 年	1998 年	2018 年
最大値	32.8	33.6	36.1	39.0
第 3 四分位数	30.1	32.9	31.6	34.8
中央値	29.1	31.7	29.2	32.8
第 1 四分位数	27.2	30.7	27.2	31.2
最小値	25.2	23.8	20.5	25.0

（気象庁「過去の気象データ」）

東京の７月の日最高気温について，上の図 1，表 1 から読みとれることとして，次の(1)～(5)は正しいといえますか。「正しい」「正しくない」「このデータからはわからない」のどれかで答えなさい。

(1)　1958 年では，日最高気温が 33°C 以上の日はない。

(2)　1958 年と 1978 年では，範囲も四分位範囲も 1958 年の方が大きい。

(3)　1978 年では，平均値は 31.7°C である。

(4)　1998 年では，75% 以上の日が，27°C 以上である。

(5)　2018 年で，もっとも高い日最高気温は 39.0°C である。

ガイド　箱ひげ図や表を読みとって考えます。

解答

(1)　1958 年の最大値は 32.8°C だから，**正しい。**

(2)　1958 年の範囲は 7.6°C，四分位範囲は 2.9°C，
1978 年の範囲は 9.8°C，四分位範囲は 2.2°C だから，**正しくない。**

(3)　1978 年の気温のデータの散らばりのようすがわからないので，
このデータからはわからない。

(4)　1998 年の第 1 四分位数が 27.2°C だから，**正しい。**

(5)　2018 年の日最高気温の最大値が 39.0°C だから，**正しい。**

説明しよう

教科書 p.180

かりんさんは，前ページ(教科書 p.179)の図1から，1958年と1978年の箱ひげ図に着目して，次のように考えました。
下線をひいた部分は正しいでしょうか。
理由もあわせて説明しましょう。

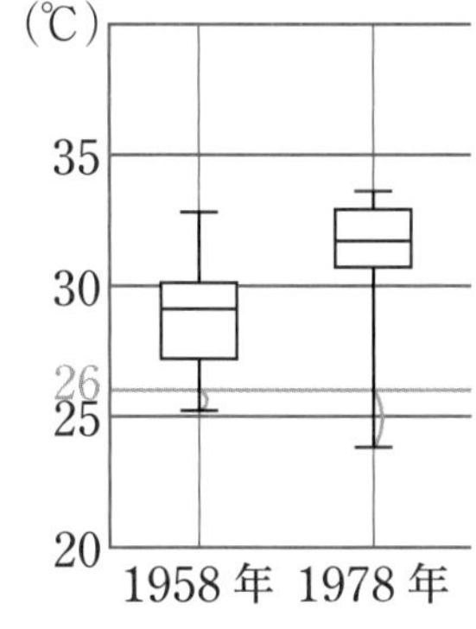

図1から，1958年よりも1978年の方が，
26℃より下の線が長い。
したがって，気温が26℃より低い日は，
1958年より1978年の方が多い。

ガイド 箱ひげ図では，データの値の個数は読みとることができないことに気をつけます。

解答例 正しくない。

(理由) 箱ひげ図の26℃より下の線が長くても，その区間のデータの値の個数(日数)や分布はわからないから。

箱ひげ図から判断しましょう。

話しあおう

教科書 p.180

前ページ(教科書 p.179)の図1，表1から，気温は高くなる傾向にあるといえるでしょうか。

ガイド 箱ひげ図の箱の位置や，最大値をくらべて考えます。

解答例

- 箱ひげ図の箱の位置をくらべると，1978年から1998年の間で下がっているけれど，全体的に上がっているので，気温は高くなる傾向にあると考えられる。
- 日最高気温の最大値をくらべると，常に上がっているので，気温は高くなる傾向にあると考えられる。
- 日最高気温の最小値をくらべると，1998年から2018年の間で上がっているけれど，全体的に下がっているので，気温は高くなる傾向にあるとはいえない。
- 箱ひげ図の箱の位置は上がり続けているわけではなく，下がっていることもあるので，気温は高くなる傾向にあるとは判断できない。

参考 図1や表1は，1958年から20年おきに調べたもので，4年分のデータしかありません。さらに正確な傾向を調べるには，ほかの年の気温を調べる必要があります。

数学ライブラリー

コンピュータを使って

教科書 p. 180

前ページ(教科書 p. 179)では，東京の気温について調べました。同じようにして，みなさんの住む地域の気温についても調べてみましょう。

気温のデータは，気象庁のホームページから見ることができます。

データを整理する際には，コンピュータを使うと，データの値を大きい順や小さい順に並べかえたり，箱ひげ図をつくったりすることができます。

コンピュータをうまく使って，データを活用してみましょう。

ガイド　気象庁のホームページでは，まず都道府県や地点，何年の何月かを選び，データの種類として日ごとの値を選びます。
たとえば，愛知県名古屋市の 2020 年 7 月の日最高気温を調べると，1 日が 28.7°C，2 日が 29.9°C，……ということがわかります。
コンピュータを使って，表計算ソフトに数値を入力すると，日最高気温を大きい順や小さい順に並べかえることができます。
愛知県名古屋市の 2020 年 7 月の日最高気温を並べかえると，最大値 34.8°C，第 3 四分位数 30.7°C，中央値 29.5°C，第 1 四分位数 27.5°C，最小値 22.7°C であることがわかります。
このようにして調べた四分位数から，コンピュータを使って箱ひげ図をかく方法も考えてみましょう。

7章 章末問題　学びをたしかめよう

教科書 p.181

1 ある生徒 15 人について，先月読んだ本の冊数を調べたところ，下のような結果になりました。

3，5，10，14，3，12，15，2，4，8，7，6，9，11，3

(1) 四分位数を求めなさい。

(2) 四分位範囲を求めなさい。

(3) 箱ひげ図をかきなさい。

ガイド データの値を小さい順に並べ，中央値（第 2 四分位数）を境に，前半部分の中央値を第 1 四分位数，後半部分の中央値を第 3 四分位数といいます。
また，第 3 四分位数と第 1 四分位数の差を四分位範囲といいます。

解答 (1) 値の小さい順に並びかえて，四分位数を求めると，

2，3，3，3，4，5，6，7，8，9，10，11，12，14，15

第 1 四分位数 3 冊（↑ 4番目の3）　中央値（第 2 四分位数）7 冊（↑ 7）　第 3 四分位数 11 冊（↑ 11）

(1) p.175 問 1

(2) (1)より，11－3＝8（冊）

(2)

p.176 問 3

(3)

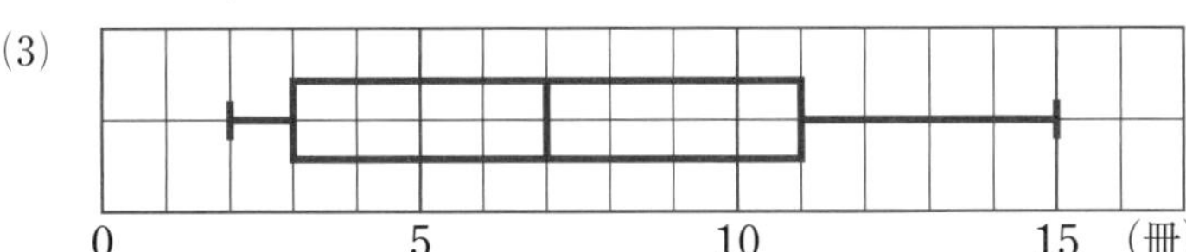

(3) p.176 問 2

2 下の箱ひげ図は，ある学校のＡグループ 45 人とＢグループ 45 人の，ハンドボール投げの記録を表したものです。

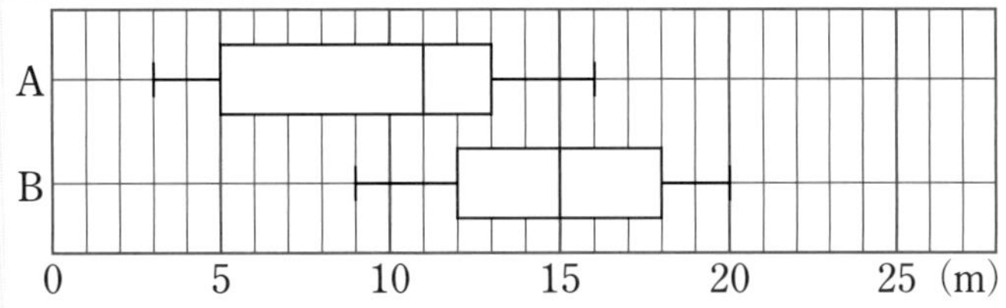

この箱ひげ図から読みとれることとして，次の(1)～(4)は正しいといえますか。
「正しい」「正しくない」「このデータからはわからない」のどれかで答えなさい。

(1) Ａグループの記録の平均値は 11 m である。

(2) 記録が 13 m 以上の人は，Ａグループより B グループの方が多い。

(3) 記録が 15 m 以上の人は，Ｂグループが A グループの 2 倍以上である。

(4) 範囲も四分位範囲も，Ａグループより B グループの方が大きい。

ガイド　箱ひげ図からデータの値の個数（人数）や割合，範囲や四分位範囲を読みとります。

解答　(1)　それぞれのデータの値がわからず，度数分布表もないので，

このデータからはわからない

(2)　AグループとBグループは同じ人数で，13 m 以上の人の数は
Aグループは多くても 22 人，Bグループは少なくとも 23 人なので
Bグループの方が多いことがわかる。**正しい**

(3)　AグループとBグループは同じ人数で，15 m 以上の人の割合は
Aグループは多くても全体の 25% 以下，Bグループは全体の 50% 以上
なのでBグループがAグループの 2 倍以上であることがわかる。
正しい

(4)　Aグループの範囲は $16-3=13$ (m)，四分位範囲は $13-5=8$ (m)
Bグループの範囲は $20-9=11$ (m)，四分位範囲は $18-12=6$ (m)
だから，範囲も四分位範囲もBグループよりAグループの方が
大きいことがわかる。**正しくない**

7章 章末問題　学びを身につけよう

教科書 p.182

1　下の(1)〜(4)のヒストグラムについて，同じデータを使ってかいた箱ひげ図を，㋐〜㋓の中から，それぞれ選びなさい。

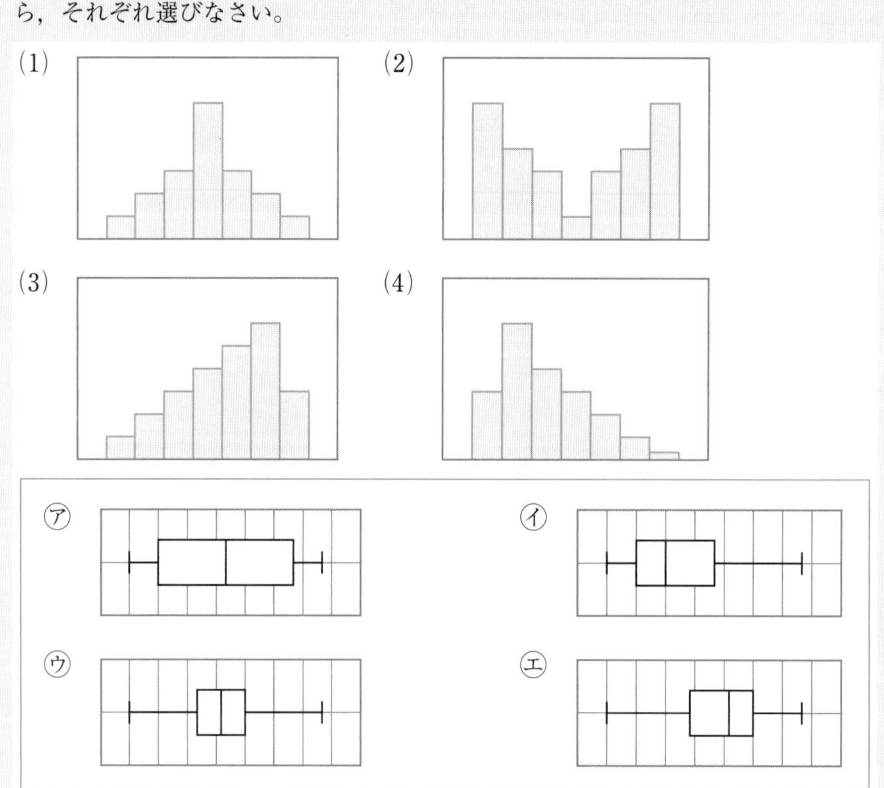

ガイド　ヒストグラムを見て，四分位数のおおまかな大きさを読みとって考えます。

解答　(1) ㋒　　(2) ㋐　　(3) ㋓　　(4) ㋑

参考　データが左右対称で中央値の近くに集中しているので，(1)は㋒，逆に，中央値の近くに集まっていないので，(2)は㋐とわかります。
また，(3)は中央値が右よりにあるので㋓，(4)は中央値が左よりにあるので㋑であることがわかります。

2　下の箱ひげ図は，100 個の電池Ａと100 個の電池Ｂを，それぞれ懐中電灯（かいちゅう）につないで，電池が切れるまでの時間を測定した結果を表したものです。
長く使える電池を買いたいとき，あなたならどちらの電池を選びますか。
その理由もあわせて説明しなさい。

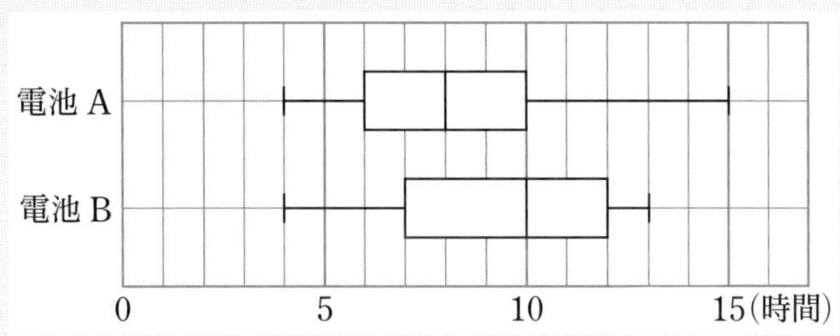

ガイド　電池Ａと電池Ｂの箱ひげ図の箱の位置をくらべて考えます。

解答例　電池Ｂ

（理由）　データの中央付近のほぼ 50％ は，
電池Ａは 6 時間から 10 時間，
電池Ｂは 7 時間から 12 時間
に分布していて，電池Ａより電池Ｂの方が，箱が右にある。
つまり，電池Ｂの方が，電池が切れるまでの時間は長い傾向にあるから，電池Ｂを選ぶ。

もっと練習しよう

教科書 p.184〜193

■利用のしかた

問題文はすべて省略しています。解答は教科書 p.194〜196 にのっています。理解しにくい問題には，ガイド に考え方をのせてあります。教科書の解答を見てもわからないときに利用しましょう。

1章　式の計算

1

ガイド　多項式で，文字の部分が同じ項を同類項（どうるいこう）といいます。
同類項は，次の計算法則を使って，1つの項にまとめることができます。

$$ma+na=(m+n)a$$

解答

(1) $5a+6b+2a-4b$
$=5a+2a+6b-4b$
$=(5a+2a)+(6b-4b)$
$=(5+2)a+(6-4)b$
$=\mathbf{7a+2b}$

(2) $x-2y+6x-3y$
$=x+6x-2y-3y$
$=(x+6x)+(-2y-3y)$
$=(1+6)x+(-2-3)y$
$=\mathbf{7x-5y}$

(3) $2x^2-3x+4x^2-2x$
$=2x^2+4x^2-3x-2x$
$=(2x^2+4x^2)+(-3x-2x)$
$=(2+4)x^2+(-3-2)x$
$=\mathbf{6x^2-5x}$

(4) $3a^2+2a-1-a^2-2a$
$=3a^2-a^2+2a-2a-1$
$=(3a^2-a^2)+(2a-2a)-1$
$=(3-1)a^2+(2-2)a-1$
$=\mathbf{2a^2-1}$

2

ガイド　2つの多項式をたしたりひいたりするには，それぞれの式にかっこをつけて，+，−でつないで計算します。同類項が上下にそろうように並べて計算することもできます。

解答

(1) 和　$(2x-3y)+(-3x+y)$
$=2x-3y-3x+y$
$=\mathbf{-x-2y}$

$$\begin{array}{rr} & 2x-3y \\ +) & -3x+y \\ \hline & -x-2y \end{array}$$

差　$(2x-3y)-(-3x+y)$
$=2x-3y+3x-y$　⇦−(　)のときは，符号（ふごう）に注意しよう！
$=\mathbf{5x-4y}$

$$\begin{array}{rr} & 2x-3y \\ -) & -3x+y \\ \hline & 5x-4y \end{array}$$

(2) 和　$(-4a-b)+(-a-b)$
$=-4a-b-a-b$
$=\mathbf{-5a-2b}$

$$\begin{array}{rr} & -4a-b \\ +) & -a-b \\ \hline & -5a-2b \end{array}$$

差　$(-4a-b)-(-a-b)$
$=-4a-b+a+b$
$=\mathbf{-3a}$

$$\begin{array}{rr} & -4a-b \\ -) & -a-b \\ \hline & -3a \end{array}$$

(3) 和　$(3x+5y)+(x+6y)$

$=3x+5y+x+6y$

$=\mathbf{4x+11y}$

$$\begin{array}{rr} & 3x+\ 5y \\ +) & x+\ 6y \\ \hline & 4x+11y \end{array}$$

差　$(3x+5y)-(x+6y)$

$=3x+5y-x-6y$

$=\mathbf{2x-y}$

$$\begin{array}{rr} & 3x+5y \\ -) & x+6y \\ \hline & 2x-\ y \end{array}$$

(4) 和　$(-a+7b)+(a-5b)$

$=-a+7b+a-5b$

$=\mathbf{2b}$

$$\begin{array}{rr} & -\ a+7b \\ +) & a-5b \\ \hline & 2b \end{array}$$

差　$(-a+7b)-(a-5b)$

$=-a+7b-a+5b$

$=\mathbf{-2a+12b}$

$$\begin{array}{rr} & -\ a+\ 7b \\ -) & a-\ 5b \\ \hline & -2a+12b \end{array}$$

3

ガイド 上下の同類項を計算します。

解答 (1)

$$\begin{array}{rr} & 3x-5y \\ +) & 2x+4y \\ \hline & \mathbf{5x-\ y} \end{array}$$

(2)

$$\begin{array}{rr} & 7x+6y \\ -) & x-2y \\ \hline & \mathbf{6x+8y} \end{array}$$

4

ガイド かっこがある式は，分配法則 $\boldsymbol{m(a+b)=ma+mb}$ を使って計算します。

解答 (1) $3(2x-y)+2(3x+y)=6x-3y+6x+2y$

$=\mathbf{12x-y}$

(2) $5(x-3y)-4(2x+y)=5x-15y-8x-4y$

$=\mathbf{-3x-19y}$

(3) $-2(3a-b+4)+6(-a+2b-2)=-6a+2b-8-6a+12b-12$

$=\mathbf{-12a+14b-20}$

5

ガイド 分数をふくむ式でも，分配法則を使って計算することができます。
また，分数の形の式は，通分をしてから計算します。

解答 (1) $\frac{1}{2}(2x-y)+\frac{1}{4}(3x-2y)=x-\frac{1}{2}y+\frac{3}{4}x-\frac{1}{2}y=\mathbf{\frac{7}{4}x-y}$　$\left(\mathbf{\frac{7x-4y}{4}}\right)$

(2) $\frac{2x-y}{3}-\frac{x+y}{4}=\frac{4(2x-y)}{12}-\frac{3(x+y)}{12}$

$=\frac{8x-4y-3x-3y}{12}=\mathbf{\frac{5x-7y}{12}}$　$\left(\mathbf{\frac{5}{12}x-\frac{7}{12}y}\right)$

−(　)のときは，
符号に注意しよう！

(3) $2a+3b-\frac{a-2b}{3}=\frac{3(2a+3b)}{3}-\frac{a-2b}{3}$

$=\frac{6a+9b-a+2b}{3}=\mathbf{\frac{5a+11b}{3}}$　$\left(\mathbf{\frac{5}{3}a+\frac{11}{3}b}\right)$

6

ガイド 文字が2つ以上ある式について，式の値を求めるとき，式を計算してから代入すると，求めやすくなります。

解答 (1) $2x-3y+6x-7y=8x-10y$

この式に $x=-\dfrac{1}{2}$，$y=-\dfrac{1}{5}$ を代入すると，

$8x-10y=8\times\left(-\dfrac{1}{2}\right)-10\times\left(-\dfrac{1}{5}\right)=-4+2=\mathbf{-2}$

(2) $-4(x-y)+3(-x+2y)=-4x+4y-3x+6y$

$=-7x+10y$

この式に $x=-\dfrac{1}{2}$，$y=-\dfrac{1}{5}$ を代入すると，

$-7x+10y=-7\times\left(-\dfrac{1}{2}\right)+10\times\left(-\dfrac{1}{5}\right)=\dfrac{7}{2}-2=\mathbf{\dfrac{3}{2}}$

7

ガイド 単項式の乗法では，係数の積と文字の積をかけます。

解答 (1) $(-2x)\times(-3y)=(-2)\times(-3)\times x\times y=\boldsymbol{6xy}$

(2) $(-4a)\times 3a=(-4)\times 3\times a\times a=\boldsymbol{-12a^2}$

(3) $(-9y)^2=(-9y)\times(-9y)=(-9)\times(-9)\times y\times y=\boldsymbol{81y^2}$

(4) $-\left(-\dfrac{1}{2}x\right)^2=-\left\{\left(-\dfrac{1}{2}x\right)\times\left(-\dfrac{1}{2}x\right)\right\}$

$=-\left\{\left(-\dfrac{1}{2}\right)\times\left(-\dfrac{1}{2}\right)\times x\times x\right\}=\boldsymbol{-\dfrac{1}{4}x^2}$

(5) $\dfrac{1}{4}a\times(2a)^2=\dfrac{1}{4}a\times 2a\times 2a$

$=\dfrac{1}{4}\times 2\times 2\times a\times a\times a=\boldsymbol{a^3}$

(6) $(-a)^2\times\dfrac{1}{3}a=(-a)\times(-a)\times\dfrac{1}{3}a$

$=(-1)\times(-1)\times\dfrac{1}{3}\times a\times a\times a=\boldsymbol{\dfrac{1}{3}a^3}$

8

ガイド 単項式の除法は，数の除法と同じように考えて計算します。

$\boldsymbol{A\div B=\dfrac{A}{B}}$，$\bigcirc\div\dfrac{2}{3}\boldsymbol{x}=\bigcirc\div\dfrac{2x}{3}=\bigcirc\times\dfrac{3}{2x}$

解答 (1) $(-12x^2y)\div(-4y)$

$=\dfrac{12x^2y}{4y}$

$=\dfrac{\overset{3}{\cancel{12}}\times x^2\times\overset{1}{\cancel{y}}}{\underset{1}{\cancel{4}}\times\underset{1}{\cancel{y}}}$

$=\boldsymbol{3x^2}$

(2) $-9a^2\div a$

$=-\dfrac{9a^2}{a}$

$=-\dfrac{9\times\overset{1}{\cancel{a}}\times a}{\underset{1}{\cancel{a}}}$

$=\boldsymbol{-9a}$

(3) $\frac{1}{2}x^2\div\left(-\frac{7}{8}x\right)$

$=\frac{x^2}{2}\div\left(-\frac{7x}{8}\right)$

$=-\left(\frac{x^2}{2}\times\frac{8}{7x}\right)$

$=-\frac{\overset{x}{\cancel{x^2}}\times\overset{4}{\cancel{8}}}{\underset{1}{\cancel{2}}\times7\times\underset{1}{\cancel{x}}}$

$=-\boldsymbol{\frac{4}{7}x}$

(4) $-\frac{1}{3}a^2b\div\left(-\frac{1}{6}a\right)$

$=-\frac{a^2b}{3}\div\left(-\frac{a}{6}\right)$

$=\frac{a^2b}{3}\times\frac{6}{a}$

$=\frac{\overset{a}{\cancel{a^2}}\times b\times\overset{2}{\cancel{6}}}{\underset{1}{\cancel{3}}\times\underset{1}{\cancel{a}}}$

$=\boldsymbol{2ab}$

9 

ガイド (4) 3つの式の除法は，$A\div B\div C=\frac{A}{B}\div C=\frac{A}{B\times C}$ のように計算します。

解答 (1) $5a\times13ab\times(-2a)=\boldsymbol{-130a^3b}$

(2) $2xy\times(-6y^2)\div(-3y)=\frac{2xy\times6y^2}{3y}=\boldsymbol{4xy^2}$

(3) $3x^2\div(-8x)\times(-4x)=\frac{3x^2\times4x}{8x}=\boldsymbol{\frac{3}{2}x^2}$

(4) $20x^2y\div2y\div(-5x)=-\frac{20x^2y}{2y\times5x}=\boldsymbol{-2x}$

まず符号を決める→数の計算
→文字の計算　の順にすると
いいよ！

10

ガイド 式を計算してから，x と y の値を代入します。

解答 (1) $2xy^2\times6x^2\div3y=4x^3y$

$=4\times(-3)^3\times\left(-\frac{1}{4}\right)=\boldsymbol{27}$

(2) $12x^2y^3\div2y^2\div3x=2xy$

$=2\times(-3)\times\left(-\frac{1}{4}\right)=\boldsymbol{\frac{3}{2}}$

11

ガイド 等式の性質を使って，式を変形することを考えます。

解答 (1) $a-b=8$ 〔a〕

$-b$ を移項して，$\boldsymbol{a=8+b}$

(2) $3x+2y=12$ 〔y〕

$3x$ を移項して，　$2y=12-3x$

両辺を2でわって，

$\boldsymbol{y=\frac{12-3x}{2}}$

(3) $S=2\pi rh$ 〔h〕

両辺を入れかえて，$2\pi rh=S$

両辺を $2\pi r$ でわって，$\boldsymbol{h=\frac{S}{2\pi r}}$

(4) $m=\frac{3a+5b}{2}$ 〔a〕

両辺を入れかえて，$\frac{3a+5b}{2}=m$

両辺を2倍して，$3a+5b=2m$

$3a=2m-5b$　　$\boldsymbol{a=\frac{2m-5b}{3}}$

2章 連立方程式

1

ガイド 連立方程式を解くのに，左辺どうし，右辺どうしを，それぞれ，たすかひくかして，1つの文字を消去します（加減法）。どちらかの式を何倍かして解くこともあります。

解答

(1) $\begin{cases} 6x+y=-4 & \cdots\cdots① \\ -x-y=-1 & \cdots\cdots② \end{cases}$

①+②　$5x=-5$，$x=-1$

$x=-1$ を①に代入すると，

$6\times(-1)+y=-4$，$y=2$

よって，この連立方程式の解は，

$\boldsymbol{(x,\ y)=(-1,\ 2)}$

(2) $\begin{cases} x+y=7 & \cdots\cdots① \\ 2x+y=14 & \cdots\cdots② \end{cases}$

①−②　$-x=-7$，$x=7$

$x=7$ を①に代入すると，

$7+y=7$，$y=0$

よって，この連立方程式の解は，

$\boldsymbol{(x,\ y)=(7,\ 0)}$

(3) $\begin{cases} 3x+4y=15 & \cdots\cdots① \\ 2x-y=-1 & \cdots\cdots② \end{cases}$

②×4

$8x-4y=-4$　……②′

①+②′　$11x=11$，$x=1$

$x=1$ を②に代入すると，

$2-y=-1$，$y=3$

よって，この連立方程式の解は，

$\boldsymbol{(x,\ y)=(1,\ 3)}$

(4) $\begin{cases} 2x-y=7 & \cdots\cdots① \\ x+4y=8 & \cdots\cdots② \end{cases}$

①×4

$8x-4y=28$　……①′

①′+②　$9x=36$，$x=4$

$x=4$ を①に代入すると，

$8-y=7$，$y=1$

よって，この連立方程式の解は，

$\boldsymbol{(x,\ y)=(4,\ 1)}$

2

ガイド どちらかの文字の係数をそろえるために，両方の方程式の両辺を何倍かして，たしたりひいたりします（加減法）。

解答

(1) $\begin{cases} 5x+2y=11 & \cdots\cdots① \\ 2x+5y=-4 & \cdots\cdots② \end{cases}$　⇦ x の係数をそろえよう。

①×2　$10x+4y=22$　……①′

②×5　$10x+25y=-20$　……②′

①′−②′　$-21y=42$，$y=-2$

$y=-2$ を②に代入すると，$2x-10=-4$，$2x=6$，$x=3$

$\boldsymbol{(x,\ y)=(3,\ -2)}$

(2) $\begin{cases} 3x+2y=1 & \cdots\cdots① \\ 11x+7y=1 & \cdots\cdots② \end{cases}$　⇦ y の係数をそろえよう。

①×7　$21x+14y=7$　……①′

②×2　$22x+14y=2$　……②′

①′−②′　$-x=5$，$x=-5$

$x=-5$ を①に代入すると，　$-15+2y=1$，$2y=16$，$y=8$

$\boldsymbol{(x,\ y)=(-5,\ 8)}$

(3) $\begin{cases} 4x+3y=2 & \cdots\cdots① \\ -3x+2y=7 & \cdots\cdots② \end{cases}$ ⇦yの係数をそろえよう。

①×2　$8x+6y=4$　……①′

②×3　$-9x+6y=21$　……②′

①′−②′　$17x=-17$，$x=-1$

$x=-1$ を②に代入すると，$3+2y=7$，$2y=4$，$y=2$

$(x, y)=(-1, 2)$

(4) $\begin{cases} 2x+3y=5 & \cdots\cdots① \\ 3x-5y=-21 & \cdots\cdots② \end{cases}$ ⇦xの係数をそろえよう。

①×3　$6x+9y=15$　……①′

②×2　$6x-10y=-42$　……②′

①′−②′　$19y=57$，$y=3$

$y=3$ を①に代入すると，$2x+9=5$，$2x=-4$，$x=-2$

$(x, y)=(-2, 3)$

もっと練習しよう

3

ガイド 連立方程式を解くのに，代入によって１つの文字を消去する方法（代入法）があります。

解答

(1) $\begin{cases} y=-8x & \cdots\cdots① \\ 2x+y=-48 & \cdots\cdots② \end{cases}$

①を②に代入すると，

$2x-8x=-48$

$-6x=-48$

$x=8$

$x=8$ を①に代入すると，

$y=-64$

$(x, y)=(8, -64)$

(2) $\begin{cases} 3x+y=-2 & \cdots\cdots① \\ x=-3y+10 & \cdots\cdots② \end{cases}$

②を①に代入すると，

$3(-3y+10)+y=-2$

$-9y+30+y=-2$

$-8y=-32$，$y=4$

$y=4$ を②に代入すると，

$x=-12+10=-2$

$(x, y)=(-2, 4)$

(3) $\begin{cases} 5x-3y=36 & \cdots\cdots① \\ y=10-2x & \cdots\cdots② \end{cases}$

②を①に代入すると，

$5x-3(10-2x)=36$

$5x-30+6x=36$

$11x=66$，$x=6$

$x=6$ を②に代入すると，

$y=10-2\times6=-2$

$(x, y)=(6, -2)$

(4) $\begin{cases} 4x+5y=-9 & \cdots\cdots① \\ y-3x=2 & \cdots\cdots② \end{cases}$

②より，$y=3x+2$　……②′

②′を①に代入すると，

$4x+5(3x+2)=-9$

$4x+15x+10=-9$

$19x=-19$，$x=-1$

$x=-1$ を②′に代入すると，

$y=-3+2=-1$

$(x, y)=(-1, -1)$

4

ガイド かっこのある連立方程式は，かっこをはずしたり移項したりして，整理してから解きます。

解答

(1) $\begin{cases} y=3x-5 & \cdots\cdots① \\ 3(x-y)+4x=9 & \cdots\cdots② \end{cases}$

②から，$3x-3y+4x=9$

$7x-3y=9$ ……②′

①を②′に代入すると，

$7x-3(3x-5)=9$

$7x-9x+15=9$

$-2x=-6$

$x=3$

$x=3$ を①に代入すると，

$y=9-5=4$

$(x,\ y)=(3,\ 4)$

(2) $\begin{cases} 3(2x+y)=5x-1 & \cdots\cdots① \\ 2x+(y-5)=-y+1 & \cdots\cdots② \end{cases}$

①から，　$6x+3y=5x-1$

$x+3y=-1$ ……①′

②から，$2x+y-5=-y+1$

$2x+2y=6$

$x+y=3$ ……②′

①′−②′　$2y=-4$

$y=-2$

$y=-2$ を②′に代入すると，

$x-2=3,\ x=5$

$(x,\ y)=(5,\ -2)$

5

ガイド 係数に分数がある連立方程式は，分母をはらって，係数を整数にします。

解答

(1) $\begin{cases} 3x+8y=4 & \cdots\cdots① \\ \dfrac{5}{6}x-\dfrac{16}{3}y=3 & \cdots\cdots② \end{cases}$

②×6　$5x-32y=18$ ……②′

①×4　$12x+32y=16$ ……①′

①′+②′　$17x=34,\ x=2$

$x=2$ を①に代入すると，

$6+8y=4,\ y=-\dfrac{1}{4}$

$(x,\ y)=\left(2,\ -\dfrac{1}{4}\right)$

(2) $\begin{cases} \dfrac{3}{100}x+\dfrac{1}{10}y=1 & \cdots\cdots① \\ x+y=10 & \cdots\cdots② \end{cases}$

①×100　$3x+10y=100$ ……①′

②×3　$3x+3y=30$ ……②′

①′−②′　$7y=70,\ y=10$

$y=10$ を②に代入すると，

$x+10=10,\ x=0$

$(x,\ y)=(0,\ 10)$

6

ガイド $A=B=C$ の形の方程式は，下の 3 つのいずれかの形の連立方程式になおして解きます。

(ア) $\begin{cases} A=C \\ B=C \end{cases}$　(イ) $\begin{cases} A=B \\ A=C \end{cases}$　(ウ) $\begin{cases} A=B \\ B=C \end{cases}$

解答

(1) $\begin{cases} 6x-y=9 & \cdots\cdots① \\ 3x-2y=9 & \cdots\cdots② \end{cases}$ ⇦(ア)の形

②×2　$6x-4y=18$ ……②′

①−②′　$3y=-9,\ y=-3$

$y=-3$ を①に代入すると，

$6x+3=9,\ x=1$

$(x,\ y)=(1,\ -3)$

(2) $\begin{cases} 2x+y+3=11 & \cdots\cdots① \\ 3x+2y=11 & \cdots\cdots② \end{cases}$ ⇦(ウ)の形

①から，　$2x+y=8$ ……①′

①′×2　$4x+2y=16$ ……①″

②−①″　$-x=-5,\ x=5$

$x=5$ を①′に代入すると，

$10+y=8,\ y=-2$

$(x,\ y)=(5,\ -2)$

7

ガイド あわせて10パック買ったことと，卵の合計が76個であることを式に表します。

解答 6個入りの卵パックをxパック，10個入りの卵パックをyパック買ったとすると，

$$\begin{cases} x+y=10 & \cdots\cdots① \\ 6x+10y=76 & \cdots\cdots② \end{cases}$$

①×10　　$10x+10y=100$　……①′

①′−②　　$4x=24$，$x=6$

$x=6$ を①に代入すると，$y=4$

$(x,\ y)=(6,\ 4)$

この解は問題にあっている。

6個入りの卵パック6パック
10個入りの卵パック4パック

8

ガイド (昨年の生徒数から8％減少)＝(昨年の生徒数)×$\frac{100-8}{100}$，

(昨年の生徒数から5％増加)＝(昨年の生徒数)×$\frac{100+5}{100}$ と考えます。

解答 昨年の男子をx人，昨年の女子をy人とすると，

$$\begin{cases} x+y=490 & \cdots\cdots① \\ \frac{92}{100}x+\frac{105}{100}y=482 & \cdots\cdots② \end{cases}$$

①×105　　$105x+105y=51450$　……①′

②×100　　$92x+105y=48200$　……②′

①′−②′　　$13x=3250$，$x=250$

$x=250$ を①に代入すると，$y=240$

$(x,\ y)=(250,\ 240)$

この解は問題にあっている。　**昨年の男子250人，昨年の女子240人**

9

ガイド 歩く速さと走る速さをそれぞれ分速x m，分速y mとして，行きと帰りでそれぞれ，速さ×時間＝道のりの関係を使って式をつくります。

解答 歩く速さを分速x m，走る速さを分速y mとすると，

$$\begin{cases} 5x+15y=3000 & \cdots\cdots① \\ 20x+10y=3000 & \cdots\cdots② \end{cases}$$

①×4　　$20x+60y=12000$　……①′

①′−②　　$50y=9000$，$y=180$

$y=180$ を②に代入すると，$x=60$

$(x,\ y)=(60,\ 180)$

この解は問題にあっている。　**歩く速さ　分速60 m，走る速さ　分速180 m**

3章 一次関数

1

ガイド 一次関数の式は，$y=ax+b$（a，b は定数）の形の式で表されます。$b=0$ の場合，比例の関係になりますが，これは一次関数の特別な場合です。

解答 (イ)は，$y=\frac{1}{6}x$ と表される。(イ)，(エ)は，比例の関係である。

(ウ)は，反比例の関係である。(オ)は，$y=-3x+7$ と表される。

よって，一次関数であるものは，(ア)，(イ)，(エ)，(オ)

2

ガイド $\frac{y\text{の増加量}}{x\text{の増加量}}=a$ だから，（y の増加量）$=a\times$（x の増加量）で求められます。

解答 変化の割合は $-\frac{2}{3}$ だから，x の増加量が 6 のときの y の増加量は，

$-\frac{2}{3}\times 6=-4$

3

ガイド 直線 $y=ax+b$ で，a は傾き，b は切片です。$a>0$ のとき，右上がりの直線，$a<0$ のとき，右下がりの直線になります。

解答 (1) **傾き 1，切片 −8，右上がり**　　(2) **傾き 2，切片 5，右上がり**

(3) **傾き $-\frac{2}{5}$，切片 0，右下がり**

4

ガイド 一次関数 $y=ax+b$ のグラフは，切片 b で y 軸との交点 $(0,\ b)$ を決め，その点を通る傾き a の直線をひいてかくことができます。

(1) $y=-x+2$
切片… 2
傾き… $-x$ は $(-1)\times x$ だから，-1（右へ 1 進むと下へ 1 進む）

(2) $y=\frac{1}{4}x-2$
切片… −2，傾き… $\frac{1}{4}$（右へ 4 進むと上へ 1 進む）

(3) $y=-4x-1$
切片… −1，傾き… −4
（右へ 1 進むと下へ 4 進む）

(4) $y=-\frac{3}{2}x+3$
切片… 3，傾き… $-\frac{3}{2}$
（右へ 2 進むと下へ 3 進む）

解答 右の図

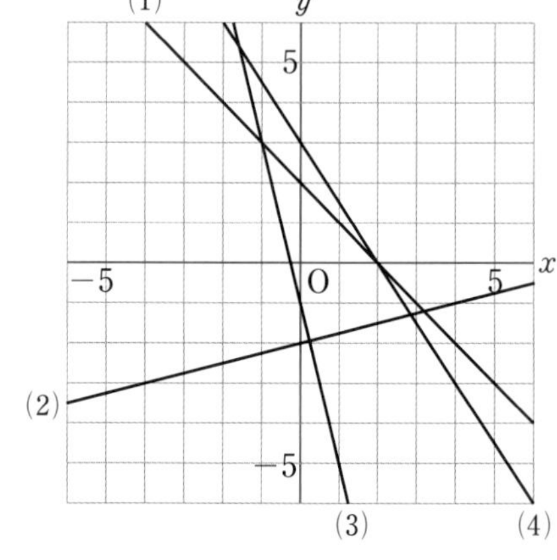

5 **ガイド** xの変域に制限があるときは，xの値に対応するyの値を調べます。

解答 (1) $x=2$ のとき $y=-5$,
$x=3$ のとき $y=-7$
だから，yの変域は，$\boldsymbol{-7 \leqq y \leqq -5}$

(2) $x=-3$ のとき $y=5$,
$x=1$ のとき $y=-3$
だから，yの変域は，$\boldsymbol{-3 \leqq y \leqq 5}$

6 **ガイド** 一次関数のグラフから，傾きaと切片bを読みとることができれば，その関数の式 $y=ax+b$ を求めることができます。

解答 ①のグラフは，点(0, 3)を通るから，切片は3
また，右へ1進むと下へ1進むから，傾きは -1 $\underline{\boldsymbol{y=-x+3}}$
②のグラフは，点(0, -2)を通るから，切片は -2
また，右へ1進むと上へ3進むから，傾きは3 $\underline{\boldsymbol{y=3x-2}}$
③のグラフは，点(0, -1)を通るから，切片は -1
また，右へ3進むと下へ2進むから，傾きは $-\frac{2}{3}$ $\underline{\boldsymbol{y=-\frac{2}{3}x-1}}$

7 **ガイド** 求める式を $y=ax+b$ とおいて，aに傾きを代入し，通る点のx座標とy座標の値を，それぞれx，yに代入して，bを求めます。

解答 (1) 傾きは2だから，求める一次関数の式を，
$y=2x+b$ ……① とする。
この直線は，点(4, 1)を通るから，$x=4$，$y=1$ を①に代入すると，
$1=8+b$，$b=-7$
よって，求める式は，$\boldsymbol{y=2x-7}$

(2) 傾きは $-\frac{1}{2}$ だから，求める一次関数の式を，
$y=-\frac{1}{2}x+b$ ……① とする。
この直線は，点(-2, 3)を通るから，$x=-2$，$y=3$ を①に代入すると，
$3=-\frac{1}{2}\times(-2)+b$，$b=2$
よって，求める式は，$\boldsymbol{y=-\frac{1}{2}x+2}$

(3) 傾きは $\frac{4}{3}$ だから，求める一次関数の式を，
$y=\frac{4}{3}x+b$ ……① とする。
この直線は，点(-3, -3)を通るから，$x=-3$，$y=-3$ を①に代入すると，
$-3=\frac{4}{3}\times(-3)+b$，$b=1$
よって，求める式は，$\boldsymbol{y=\frac{4}{3}x+1}$

8

ガイド 2点の座標から，グラフの傾きと切片を求めて，一次関数の式 $y=ax+b$ を求めることができます。また，連立方程式を使って求めることもできます。

解答 (1) 2点 $(1,\ 3)$，$(-4,\ -2)$ を通る直線の傾きは，

$\dfrac{3-(-2)}{1-(-4)}=\dfrac{5}{5}=1$ だから，$y=x+b$

この直線は，点 $(1,\ 3)$ を通るから，$3=1+b$，$b=2$

<u>$y=x+2$</u>

(2) 2点 $(-2,\ 5)$，$(1,\ -1)$ を通る直線の傾きは，

$\dfrac{(-1)-5}{1-(-2)}=\dfrac{-6}{3}=-2$ だから，$y=-2x+b$

この直線は，点 $(1,\ -1)$ を通るから，$-1=-2+b$，$b=1$

<u>$y=-2x+1$</u>

(3) (1)，(2)の方法でも求めることができるが，ここでは，連立方程式を使って求める。$y=ax+b$ にそれぞれ x，y の値を代入すると，

$x=-1$ のとき $y=2$ だから，$2=-a+b$

$x=4$ のとき $y=-3$ だから，$-3=4a+b$

$\begin{cases}-a+b=2\\4a+b=-3\end{cases}$ を解くと，$(a,\ b)=(-1,\ 1)$ <u>$y=-x+1$</u>

(4) $x=-3$ のとき $y=-3$ だから，$-3=-3a+b$

$x=6$ のとき $y=3$ だから，$3=6a+b$

$\begin{cases}-3a+b=-3\\6a+b=3\end{cases}$ を解くと，$(a,\ b)=\left(\dfrac{2}{3},\ -1\right)$ <u>$y=\dfrac{2}{3}x-1$</u>

9

ガイド (1) y について解くと，$y=\dfrac{1}{3}x-2$

グラフは，切片 -2，傾き $\dfrac{1}{3}$

(2) y について解くと，$y=\dfrac{2}{3}x$

グラフは，原点を通り，傾き $\dfrac{2}{3}$

(3) $y=-2$

点 $(0,\ -2)$ を通り，x 軸に平行

(4) $x=1$

点 $(1,\ 0)$ を通り，y 軸に平行

解答 右の図

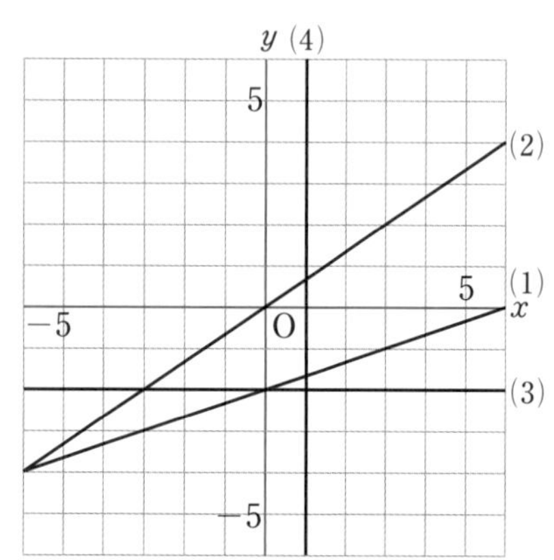

10 **ガイド** 交点Pの座標は，グラフから読みとれないので，2つの直線の式を求め，それらを連立方程式とみて解きます。

解答 直線 ℓ，m の式は，それぞれ，

$y=-2x-3$ ……①

$y=\dfrac{1}{2}x-2$ ……②

①を②に代入すると，$-2x-3=\dfrac{1}{2}x-2$，$x=-\dfrac{2}{5}$

$x=-\dfrac{2}{5}$ を②に代入すると，$y=-\dfrac{11}{5}$

よって，$(x,\ y)=\left(-\dfrac{2}{5},\ -\dfrac{11}{5}\right)$ **$P\left(-\dfrac{2}{5},\ -\dfrac{11}{5}\right)$**

もっと練習しよう

4章　図形の調べ方

1 **ガイド** 対頂角（向かいあっている角）は等しい。

解答 (1) 対頂角は等しいから，$64°+\angle x+72°=180°$，$\angle x=$**44°**

(2) $\angle x+25°=135°$ より，$\angle x=135°-25°=$**110°**

2 **ガイド** 2つの直線が平行ならば，同位角，錯角（さっかく）は等しい。

解答 (1) $\angle x=180°-73°=107°$

右の図で，$\angle a=73°$（対頂角）

$\ell /\!/ m$ から，$\angle y=\angle a=73°$（同位角）

$\angle x=107°$，$\angle y=73°$

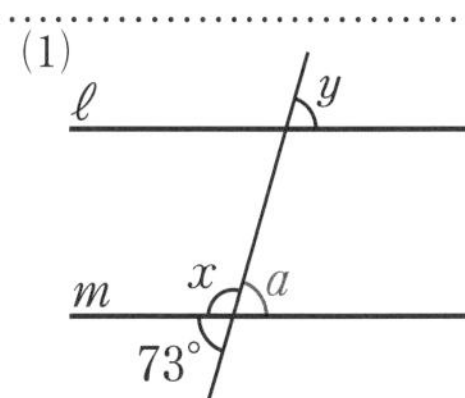

(2) 右の図で，$\angle b=180°-120°=60°$

$\ell /\!/ m$ から，$\angle y=\angle b=60°$（同位角）

また，$\angle a=\angle y=60°$（対頂角）

よって，$\angle x=180°-(60°+50°)=70°$

$\angle x=70°$，$\angle y=60°$

3 **ガイド** 三角形の3つの内角の和は180°です。
また，三角形の1つの外角は，そのとなりにない2つの内角の和に等しい。

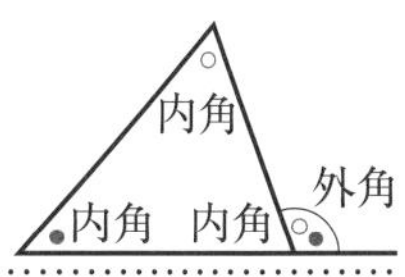

解答 (1) 三角形の3つの内角の和は180°だから，

$\angle x=180°-(75°+42°)=$**63°**

(2) 右の図で，$\angle a=180°-120°=60°$

$\angle x+\angle a=103°$ だから，

$\angle x=103°-60°=$**43°**

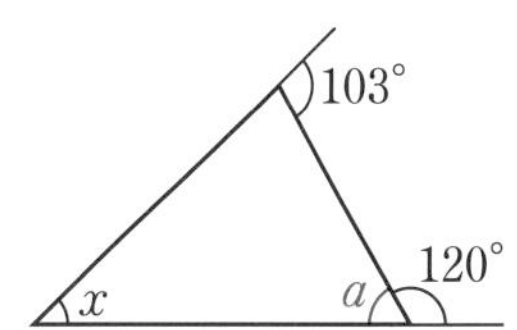

4

ガイド n 角形の内角の和は，$180°\times(n-2)$ です。

解答 (1) 十五角形の内角の和は，$180°\times(15-2)=180°\times13=2340°$

正十五角形の内角はすべて等しいから，$2340°\div15=156°$

<u>**十五角形の内角の和　2340°，正十五角形の1つの内角　156°**</u>

(2) n 角形とすると，$180°\times(n-2)=2700°$

$n-2=15$，$n=17$　　<u>**十七角形**</u>

5

ガイド 多角形の外角の和は，360°です。

解答 (1) $\angle x+(180°-65°)+130°=360°$

$\angle x+115°+130°=360°$

$\angle x=360°-245°=115°$　　<u>$\boldsymbol{\angle x=115°}$</u>

(2) 右の図で，$\angle a=180°-122°=58°$

$\angle x+75°+83°+60°+58°=360°$

$\angle x=360°-276°=84°$　　<u>$\boldsymbol{\angle x=84°}$</u>

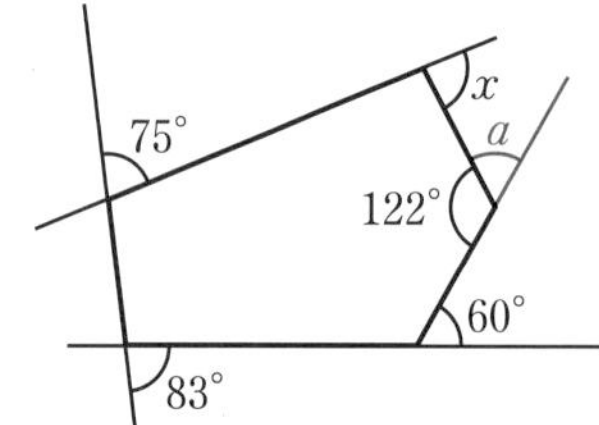

6

ガイド 多角形の外角の和は，360° です。

解答 (1) 正十八角形の外角の和は 360° で，外角はすべて等しいから，

$360°\div18=20°$　　<u>**1つの外角　20°**</u>

1つの内角の大きさは，$180°-20°=160°$　　<u>**1つの内角　160°**</u>

(2) $360°\div40°=9$　　<u>**正九角形**</u>

7

ガイド 合同な図形では，対応する線分の長さや，対応する角の大きさは，それぞれ等しくなっています。

解答 (1) 辺 AB に対応する辺は，辺 EF だから，**7 cm**

(2) 辺 EH に対応する辺は，辺 AD だから，**6 cm**

(3) ∠G に対応する角は，∠C だから，**85°**

8

ガイド 2つの三角形は，次のそれぞれの場合に合同です。

① 3組の辺が，それぞれ等しいとき

② 2組の辺とその間の角が，それぞれ等しいとき

③ 1組の辺とその両端(りょうたん)の角が，それぞれ等しいとき

解答 **<△ABC≡△UST>**

AB＝US，AC＝UT，

∠BAC＝∠SUT

2組の辺とその間の角が，それぞれ等しい。

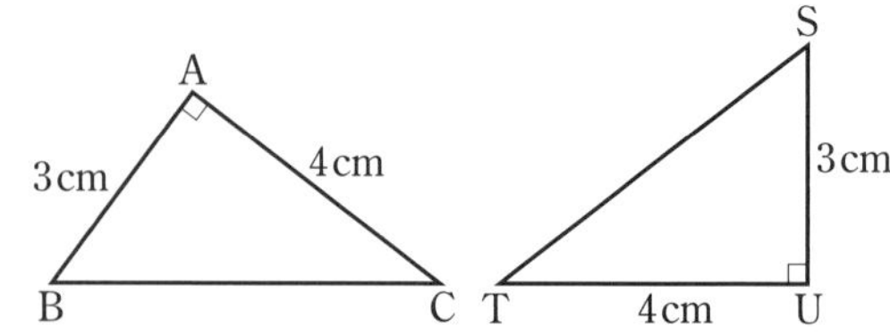

＜△GHI≡△QRP＞

GH＝QR，HI＝RP，IG＝PQ

3 組の辺が，それぞれ等しい。

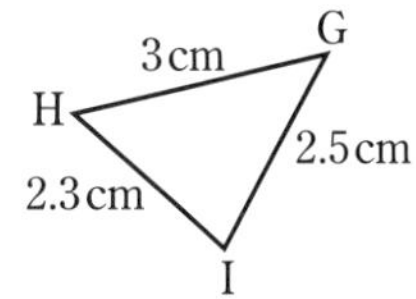

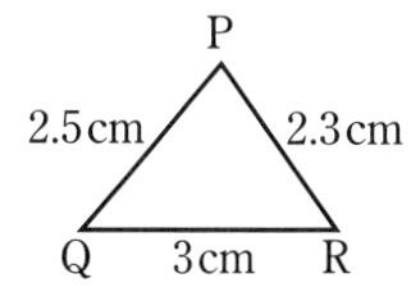

＜△JKL≡△NMO＞

JL＝NO，∠JLK＝∠NOM，

$\angle \mathrm{LJK}=180^\circ-(25^\circ+45^\circ)$

$=110^\circ$ だから，

∠LJK＝∠ONM

1 組の辺とその両端の角が，それぞれ等しい。

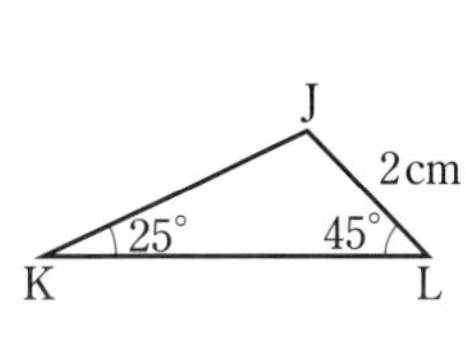

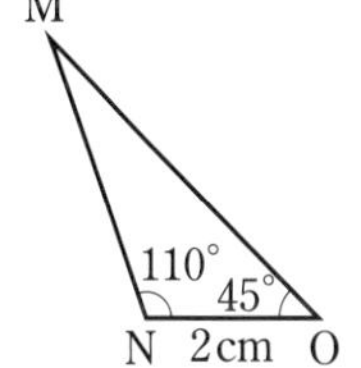

※△DEF は，∠FDE＝75° なので，△XWV とは合同にならない。

9 **ガイド** 仮定から，三角形の合同条件のどれが使えるかを考えます。

解答 **△EAD≡△EBC**

合同条件… **1 組の辺とその両端の角が，それぞれ等しい。**

(AD＝BC，平行線の錯角は等しいので，AD∥CB から，∠A＝∠B，∠D＝∠C)

5章　図形の性質と証明

1 **ガイド** 二等辺三角形の 2 つの底角は等しい。

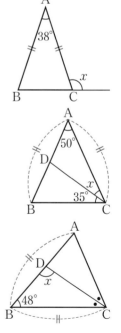

解答 (1)　AB＝AC の二等辺三角形だから，

∠ABC＝∠ACB

$\angle \mathrm{ACB}=(180^\circ-38^\circ)\div 2=71^\circ$

よって，$\angle x=180^\circ-71^\circ=109^\circ$

$\angle x=109^\circ$

(2)　AB＝AC の二等辺三角形だから，

∠ABC＝∠ACB

$\angle \mathrm{ACB}=(180^\circ-50^\circ)\div 2=65^\circ$

よって，$\angle x=65^\circ-35^\circ=30^\circ$

$\angle x=30^\circ$

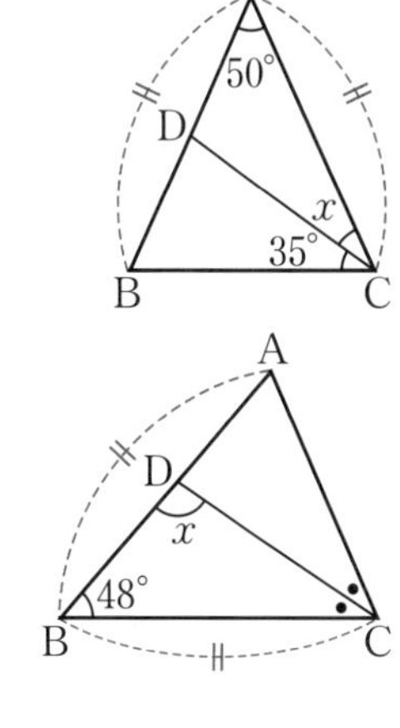

(3)　BA＝BC の二等辺三角形だから，

∠BAC＝∠BCA

$\angle \mathrm{BCA}=(180^\circ-48^\circ)\div 2=66^\circ$

∠ACD＝∠BCD だから，

$\angle \mathrm{BCD}=66^\circ\div 2=33^\circ$

$\angle x=180^\circ-(48^\circ+33^\circ)=99^\circ$

$\angle x=99^\circ$

(4) DA＝DC の二等辺三角形だから，
$\angle ACD=\angle CAD=50^\circ$
$\angle ACD=\angle BCD$ だから，
$\angle ACB=50^\circ\times 2=100^\circ$
$\angle x=180^\circ-(50^\circ+100^\circ)=30^\circ$

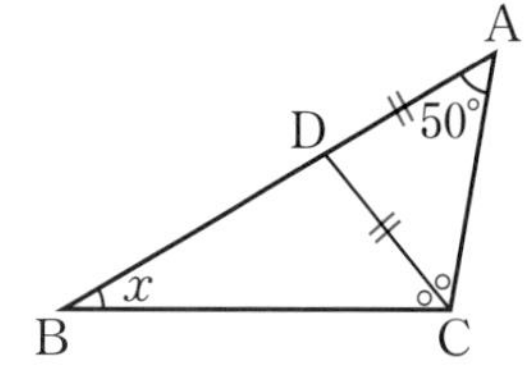

$\underline{\angle x=30^\circ}$

ガイド 2つの直角三角形は，次のそれぞれの場合に合同です。
① 斜辺(しゃへん)と1つの鋭角(えいかく)が，それぞれ等しいとき
② 斜辺と他の1辺が，それぞれ等しいとき

＜△ABC≡△ONM＞
∠A＝∠O＝90° の直角三角形で，
BC＝NM (斜辺)
また，AC＝OM
直角三角形の斜辺と他の1辺が，それぞれ等しい。

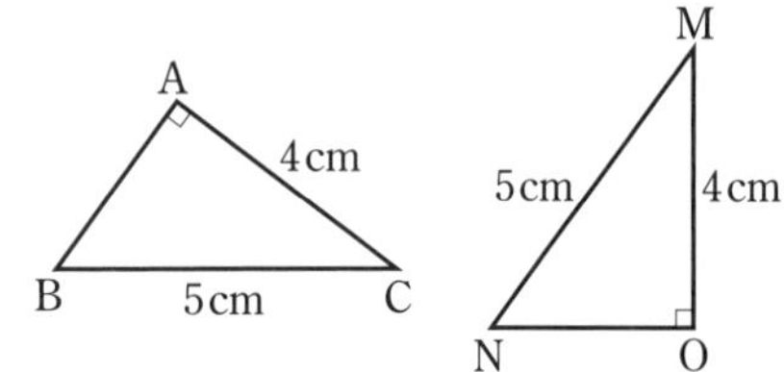

＜△DEF≡△QRP＞
∠F＝∠P＝90° の直角三角形で，
DE＝QR (斜辺)
また，$\angle EDF=90^\circ-50^\circ=40^\circ$
よって，∠EDF＝∠RQP
直角三角形の斜辺と1つの鋭角が，それぞれ等しい。

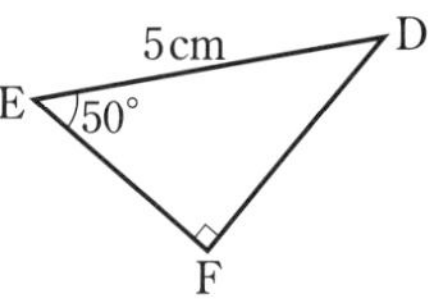

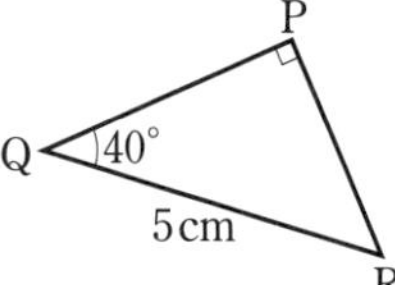

＜△GHI≡△KLJ＞
GI＝KJ，HI＝LJ，
∠GIH＝∠KJL＝90°
2組の辺とその間の角が，それぞれ等しい。

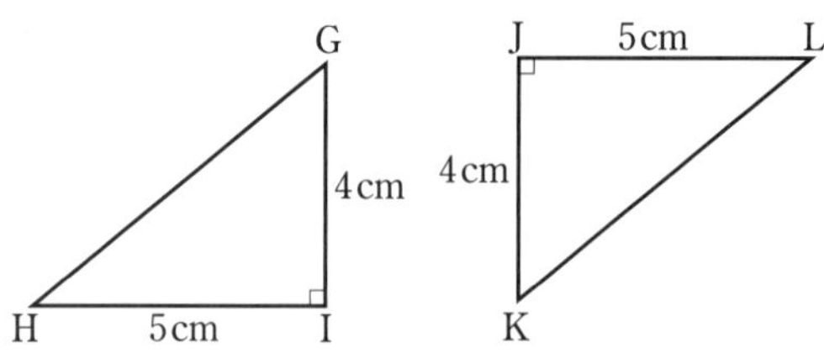

直角三角形においても，一般(いっぱん)の三角形の合同条件が成り立てば，2つの直角三角形は合同であるといえます。

3

ガイド 直角三角形の合同条件を使って証明します。

解答 (証明) △ECB と △EDB で,

仮定より, BC＝BD ……①

∠ECB＝∠EDB＝90° ……②

共通な辺だから, EB＝EB ……③

①, ②, ③から, 直角三角形の斜辺と他の1辺が, それぞれ等しいので,

△ECB≡△EDB

合同な図形では, 対応する角は等しいので,

∠EBC＝∠EBD

したがって, BE は ∠ABC を2等分する。

4

ガイド 平行四辺形の対角線の性質と仮定から, 四角形 **AECF** の対角線について, どんなことがいえるかを考えます。

解答 (証明) 平行四辺形の対角線は, それぞれの中点で交わるので,

OA＝OC ……①

OB＝OD ……②

仮定より, BE＝DF ……③

②, ③から,

OB－BE＝OD－DF

よって, OE＝OF ……④

①, ④から, 対角線が, それぞれの中点で交わるので, 四角形 AECF は平行四辺形である。

6章 場合の数と確率

1

ガイド 確率では次のことがいえます。

- かならず起こることがらの確率は **1** である。
- けっして起こらないことがらの確率は **0** である。

また, あることがらの起こる確率を p とするとき, p の値の範囲(はんい)は, $0 \leqq p \leqq 1$ です。

解答 起こる場合は, 全部で6通りで, どの玉の取り出し方も同様に確からしい。

(1) 2が書かれた玉が出るのは1通り。よって, $\boldsymbol{\frac{1}{6}}$

(2) 偶数(ぐうすう)が書かれた玉が出るのは, 2, 4, 6の3通り。よって, $\frac{3}{6}=\boldsymbol{\frac{1}{2}}$

(3) かならず起こることがらなので, $\frac{6}{6}=\mathbf{1}$

(4) けっして起こらないことがらなので, $\frac{0}{6}=\mathbf{0}$

2

ガイド 3枚の硬貨を，A，B，Cと区別し，樹形図を使って，表裏の出かたを考えてみます。「少なくとも2枚は裏」とは，3枚とも裏，または，2枚は裏で1枚は表の場合のことです。

解答 3枚の硬貨をA，B，Cと区別し，表を○，裏を×として，起こるすべての場合を樹形図に表すと，出かたは全部で8通りになる。

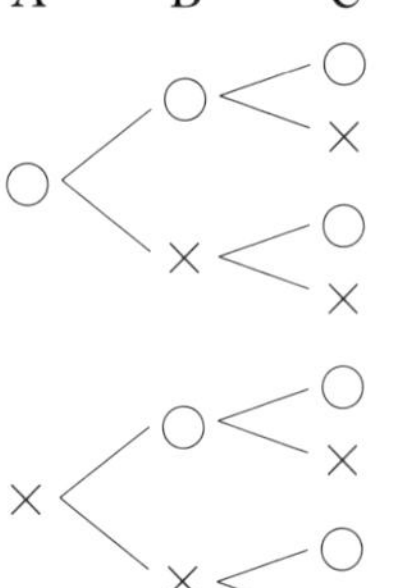

(1) 2枚は表で1枚は裏となる出かたは，

(○，○，×)，(○，×，○)，(×，○，○)

の3通り。よって，求める確率は，$\mathbf{\frac{3}{8}}$

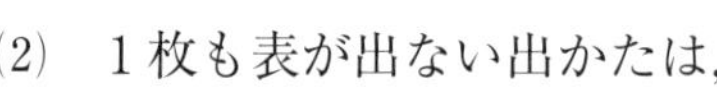

(2) 1枚も表が出ない出かたは，

(×，×，×)

の1通り。よって，求める確率は，$\mathbf{\frac{1}{8}}$

(3) 3枚とも裏となる出かたは，

(×，×，×)

の1通り。

2枚は裏で1枚は表となる出かたは，

(○，×，×)，(×，○，×)，(×，×，○)

の3通り。

だから，少なくとも2枚は裏となる出かたは，全部で4通り。

よって，求める確率は，$\frac{4}{8}=\mathbf{\frac{1}{2}}$

3

ガイド 3けたの整数をつくるときは，樹形図を使って，整理して考えます。

解答 3けたの整数は，全部で6通りある。

百　十　一

1 ＜ 2 ― 3 / 3 ― 2

2 ＜ 1 ― 3 / 3 ― 1

3 ＜ 1 ― 2 / 2 ― 1

(1) 奇数になるのは，一の位が奇数の場合だから，

123，213，231，321　の4通り。

よって，求める確率は，$\frac{4}{6}=\mathbf{\frac{2}{3}}$

(2) 十の位が2になるのは，123，321　の2通り。

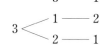

よって，求める確率は，$\frac{2}{6}=\mathbf{\frac{1}{3}}$

(3) 123，132，213，231，312，321　のどれもが3でわり切れる(6通り)。

よって，求める確率は，$\frac{6}{6}=\mathbf{1}$

4

ガイド **2つのさいころをA，Bで表すと，目の出かたは，右の表のようになります。6×6＝36（通り）**

A＼B	⚀	⚁	⚂	⚃	⚄	⚅
⚀	(1, 1)	(1, 2)	(1, 3)	(1, 4)	(1, 5)	(1, 6)
⚁	(2, 1)	(2, 2)	(2, 3)	(2, 4)	(2, 5)	(2, 6)
⚂	(3, 1)	(3, 2)	(3, 3)	(3, 4)	(3, 5)	(3, 6)
⚃	(4, 1)	(4, 2)	(4, 3)	(4, 4)	(4, 5)	(4, 6)
⚄	(5, 1)	(5, 2)	(5, 3)	(5, 4)	(5, 5)	(5, 6)
⚅	(6, 1)	(6, 2)	(6, 3)	(6, 4)	(6, 5)	(6, 6)

解答 2つのさいころをA，Bで区別すると，目の出かたは全部で36通り。

(1) 出る目の数の和が6になる場合は，(1, 5)，(2, 4)，(3, 3)，(4, 2)，(5, 1)の5通り。　よって，求める確率は，$\mathbf{\frac{5}{36}}$

(2) (出る目の数の和が6にならない確率)＝1－(出る目の数の和が6になる確率)

だから，求める確率は，$1-\frac{5}{36}=\mathbf{\frac{31}{36}}$

(3) 出る目の数の差が1になる場合は，(1, 2)，(2, 1)，(2, 3)，(3, 2)，(3, 4)，(4, 3)，(4, 5)，(5, 4)，(5, 6)，(6, 5) の10通り。

よって，求める確率は，$\frac{10}{36}=\mathbf{\frac{5}{18}}$

(4) 積が6…(1, 6)，(2, 3)，(3, 2)，(6, 1) の4通り。

積が5…(1, 5)，(5, 1) の2通り。

積が4…(1, 4)，(2, 2)，(4, 1) の3通り。

積が3…(1, 3)，(3, 1) の2通り。

積が2…(1, 2)，(2, 1) の2通り。

積が1…(1, 1) の1通り。

積が6以下になる場合は，全部で14通り。

よって，求める確率は，$\frac{14}{36}=\mathbf{\frac{7}{18}}$

5

ガイド **男子3人をA，B，C，女子2人をD，Eとして，樹形図をかいて考えます。**

解答 男子をA，B，C，女子をD，Eとして，2人の選び方を樹形図に表すと，右のようになる。2人の選び方は，全部で10通り。

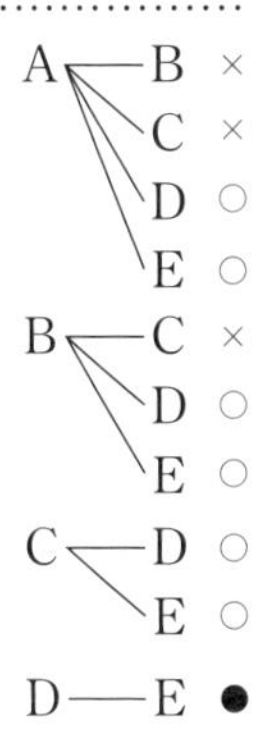

(1) 2人とも女子が選ばれるのは，図の●のところで，1通り。

よって，求める確率は，$\mathbf{\frac{1}{10}}$

(2) 男子と女子が1人ずつ選ばれるのは，図の○のところで，6通り。

よって，求める確率は，$\frac{6}{10}=\mathbf{\frac{3}{5}}$

(3) 2人とも男子が選ばれるのは，図の×のところで，3通り。

よって，求める確率は，$\mathbf{\frac{3}{10}}$

参考 (3)は，(1)でも(2)でもない場合と考えて，

$$1-\frac{1}{10}-\frac{3}{5}=\frac{3}{10}$$

として求めることもできます。

また，2人の選び方を，表を使って数え上げると，右の表のようになります。

	A	B	C	D	E
A	＼	○	○	○	○
B		＼	○	○	○
C			＼	○	○
D				＼	○
E					＼

(1)は，□で囲んだ部分で，1通り，

(2)は，⬚で囲んだ部分で，6通り，

(3)は，▒で囲んだ部分で，3通り。

また，{A，B}，{A，C}，{A，D}，{A，E}，
{B，C}，{B，D}，{B，E}，
{C，D}，{C，E}，
{D，E}

のように書いて数えることもできます。

7章　箱ひげ図とデータの活用

1 **ガイド** データの値を小さい順に並べ，中央値（第2四分位数）を境に，前半部分の中央値を第1四分位数，後半部分の中央値を第3四分位数といいます。

解答 (1)　値の小さい順に並べかえて，四分位数を求めると，

0，　1，　3，　4，　4，｜ 6，　6，　8，　9，　12

- ↑ **第1四分位数 3°C**（3の位置）
- ↑ **中央値（第2四分位数）5°C**（｜の位置）
- ↑ **第3四分位数 8°C**（8の位置）

(2)　(1)より，8−3=**5**（°C）

(3)　**右の図**

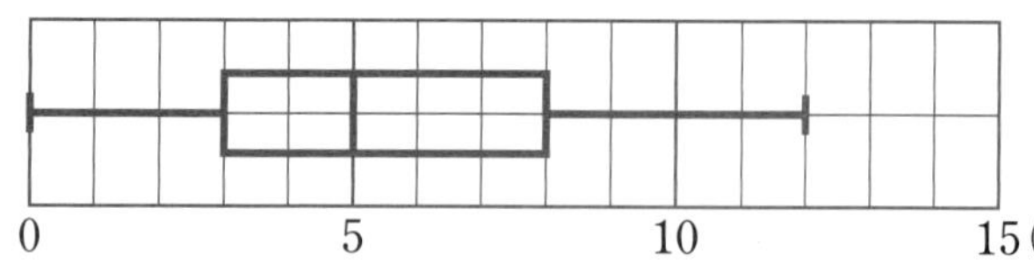

2 **ガイド** 箱ひげ図では，のびた線の左端（さたん）（最小値）から右端（最大値）までの長さが範囲，長方形の左端（第1四分位数）から右端（第3四分位数）までの長さが四分位範囲です。

解答 (1)　最大値… **9点**，最小値… **5点**

範囲…9−5=**4**（点）

(2)　第1四分位数… **6点**

中央値（第2四分位数）… **7点**

第3四分位数… **8点**

四分位範囲…8−6=**2**（点）

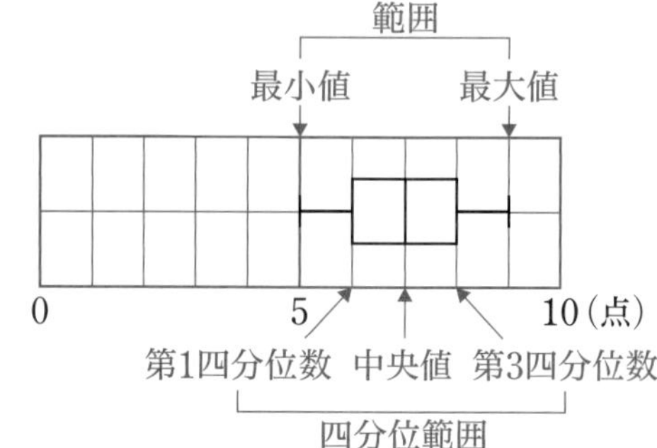

m 自分から学ぼう 編

「自分から学ぼう編」では，興味・関心に応じて取り組むことができる数学を活用する課題や，本編で学習したことの理解を深めたり，さらに力を伸ばしたりするための問題をとり上げています。（全員が一律に学習する必要はありません。）

力をつけよう

学びをいかそう

力をつけよう

自分から学ぼう編 p.7~20

■利用のしかた

問題文はすべて省略しています。解答は「自分から学ぼう編」の p.45~50 にのっています。理解しにくい問題には，ガイド に考え方をのせてあります。「自分から学ぼう編」の解答を見てもわからないときに利用しましょう。

1章 式の計算

自分から学ぼう編 p.7~8

1

ガイド (13)~(16)分数をふくむ式の計算は，通分してから計算，またはかっこをはずして通分します。

解答

(1) $4a+b-9a=(4a-9a)+b=\boldsymbol{-5a+b}$

(2) $x-8y-5+2x+7y=\boldsymbol{3x-y-5}$

(3) $3x-y+(-x+2y)=3x-y-x+2y=\boldsymbol{2x+y}$

(4) $2a+b-(a+b)=2a+b-a-b=\boldsymbol{a}$

(5) $(-5x)\times 12y=(-5)\times 12\times x\times y=\boldsymbol{-60xy}$

(6) $24x^2y\div(-6x)=-\dfrac{24x^2y}{6x}=\boldsymbol{-4xy}$

(7) $-\dfrac{2}{3}x\times\dfrac{3}{4}xy=\left(-\dfrac{2}{3}\right)\times\dfrac{3}{4}\times x\times xy=\boldsymbol{-\dfrac{1}{2}x^2y}$

(8) $\dfrac{3}{5}x^2y\div\left(-\dfrac{3}{4}x^2\right)=\dfrac{3x^2y}{5}\times\left(-\dfrac{4}{3x^2}\right)=-\dfrac{3x^2y\times 4}{5\times 3x^2}=\boldsymbol{-\dfrac{4}{5}y}$

(9) $(-2a)\times 6b\div(-4a)=\dfrac{2a\times 6b}{4a}=\boldsymbol{3b}$

(10) $30x^2y\div(-2x)\div 5y=-\dfrac{30x^2y}{2x\times 5y}=\boldsymbol{-3x}$

(11) $3(x-2y)+5(x+3y)=3x-6y+5x+15y=\boldsymbol{8x+9y}$

(12) $2(2a-b+3)-3(a-2b+2)=4a-2b+6-3a+6b-6=\boldsymbol{a+4b}$

(13) $\dfrac{2a+b}{3}+\dfrac{a+3b}{2}=\dfrac{2(2a+b)+3(a+3b)}{6}$

$=\dfrac{4a+2b+3a+9b}{6}$

$=\boldsymbol{\dfrac{7a+11b}{6}}\quad\left(\dfrac{7}{6}a+\dfrac{11}{6}b\right)$

(14) $\dfrac{2x+y}{3}-\dfrac{x-3y}{4}=\dfrac{4(2x+y)-3(x-3y)}{12}$

$=\dfrac{8x+4y-3x+9y}{12}$

$=\boldsymbol{\dfrac{5x+13y}{12}}\quad\left(\dfrac{5}{12}x+\dfrac{13}{12}y\right)$

(15) $\frac{1}{3}x+\frac{1}{2}(3x-y)=\frac{1}{3}x+\frac{3}{2}x-\frac{1}{2}y$

$=\frac{2}{6}x+\frac{9}{6}x-\frac{1}{2}y$

$=\boldsymbol{\frac{11}{6}x-\frac{1}{2}y}$ $\left(\boldsymbol{\frac{11x-3y}{6}}\right)$

(16) $\frac{1}{2}(7x+4y)-x+3y=\frac{7}{2}x+2y-x+3y$

$=\boldsymbol{\frac{5}{2}x+5y}$ $\left(\boldsymbol{\frac{5x+10y}{2}}\right)$

2

ガイド 等式の性質を利用して，順序よく変形します。

解答 (1) $-x+y=6$ 〔x〕

$-x=-y+6$

$\boldsymbol{x=y-6}$

(2) $8x+3y=12$ 〔y〕

$3y=12-8x$

$\boldsymbol{y=\frac{12-8x}{3}}$ $\left(\boldsymbol{y=4-\frac{8}{3}x}\right)$

(3) $4a-5b=20$ 〔b〕

$-5b=-4a+20$

$\boldsymbol{b=\frac{4a-20}{5}}$ $\left(\boldsymbol{b=\frac{4}{5}a-4}\right)$

(4) $S=\frac{h(a+b)}{2}$ 〔a〕

$\frac{h(a+b)}{2}=S$

$h(a+b)=2S$

$a+b=\frac{2S}{h}$

$\boldsymbol{a=\frac{2S}{h}-b}$ $\left(\boldsymbol{a=\frac{2S-bh}{h}}\right)$

3

ガイド (2) 等式の性質を使って，左辺がhだけになるように変形します。

解答 (1) $\boldsymbol{V=\frac{1}{3}\pi r^2 h}$

(2) $\frac{1}{3}\pi r^2 h=V$

$\pi r^2 h=3V$

$\boldsymbol{h=\frac{3V}{\pi r^2}}$

(3) $h=\frac{3V}{\pi r^2}$ に $r=3$，$V=15\pi$ を代入すると，

$h=\frac{3\times 15\pi}{\pi\times 3\times 3}$

$=\boldsymbol{5}$

4

ガイド m, n を整数として，2 つの数を m, n を使って表し，和を計算して，5×(整数) になることを示します。

解答 (説明)　m, n を整数とすると，5 の倍数より 2 大きい数は $5m+2$, 5 の倍数より 3 大きい数は $5n+3$ と表される。

このとき 2 数の和は，

$$(5m+2)+(5n+3)=5m+2+5n+3$$
$$=5m+5n+5$$
$$=5(m+n+1)$$

$m+n+1$ は整数だから，$5(m+n+1)$ は 5 の倍数である。

したがって，5 の倍数より 2 大きい数と，5 の倍数より 3 大きい数の和は，5 の倍数になる。

5

ガイド 3 つの自然数 a', b', c' を使って，$a=3a'$, $b=3b'-2$, $c=3c'-1$ と表して考えます。$b=3b'+1$, $c=3c'+2$ としないのは，$b=1$, $c=2$ を含(ふく)めるためです。

解答 3 つの自然数 a', b', c' を使って，$a=3a'$, $b=3b'-2$, $c=3c'-1$ と表して考える。

(ア) $a+b+c=3a'+(3b'-2)+(3c'-1)$
$=3(a'+b'+c'-1)$

$a'+b'+c'-1$ は自然数だから，$3(a'+b'+c'-1)$ は 3 の倍数である。

よって，$a+b+c$ は 3 でわり切れる。正しい。

(イ) 反例…例えば，$a=3$, $c=8$ のとき，a は 3 でわり切れて，c は 3 でわると 2 余るが，$a+2=5$ となり，$a+2$ と c は等しくならない。

正しくない。

(ウ) 反例…例えば，$a=3$, $b=7$ のとき，a は 3 でわり切れて，b は 3 でわると 1 余るが，$a+b=10$ で，6 でわると 4 余る。

正しくない。

(エ) 反例…例えば，$a=9$, $b=7$, $c=5$ のとき，a は 3 でわり切れて，b は 3 でわると 1 余り，c は 3 でわると 2 余るが，$a>b>c$ となる。

正しくない。

(オ) $b+2=(3b'-2)+2=3b'$

$c+1=(3c'-1)+1=3c'$

b', c' はどちらも自然数だから，$b+2$, $c+1$ はどちらも 3 を約数としてもっている。正しい。

(ア), (オ)

6

ガイド 弧の長さ ℓ を r，a を使って表し，$\frac{1}{2}\ell r$ に代入して，r，a を使って表した面積 S と等しくなることを示します。

解答 (説明) $\ell=2\pi r\times\frac{a}{360}$

$S=\pi r^2\times\frac{a}{360}$ ……①

$\frac{1}{2}\ell r=\frac{1}{2}\times 2\pi r\times\frac{a}{360}\times r$

$=\pi r^2\times\frac{a}{360}$ ……②

①，②から，$S=\frac{1}{2}\ell r$

7

ガイド オーブンの天板の1辺を x cm として，大きなピザと小さなピザの面積や周の長さを表して説明します。

解答 (1) (説明) オーブンの天板の1辺を x cm とすると，

大きなピザの半径は $\frac{1}{2}x$ cm，小さなピザの半径は $\frac{1}{4}x$ cm となる。

大きなピザの面積は，$\pi\times\left(\frac{1}{2}x\right)^2=\frac{1}{4}\pi x^2$ (cm²) だから，

1人分のピザの面積は，$\frac{1}{4}\pi x^2\times\frac{1}{4}=\frac{1}{16}\pi x^2$ (cm²)

小さなピザの面積は，$\pi\times\left(\frac{1}{4}x\right)^2=\frac{1}{16}\pi x^2$ (cm²)

したがって，大きなピザを1枚焼いて4等分しても，小さなピザを4枚焼いても，1人分の分量は同じになる。

(2) (説明) オーブンの天板の1辺を x cm とすると，大きなピザの周の長さは，πx cm

小さなピザの周の長さは，$\frac{1}{2}\pi x\times 4=2\pi x$ (cm)

したがって，**小さなピザ4枚の方が，必要なソーセージの量は多くなる。**

8

ガイド 等式の変形にもとづいて，正しく変形して考えます。

解答 a について，正しく解くと，次のようになる。

$m=\frac{-2a+b}{3}$ ……①

両辺に3をかけて，　$3m=-2a+b$ ……②

右辺の $-2a$ を左辺に移項して，　$2a+3m=b$ ……③

左辺の $3m$ を右辺に移項して，　$2a=b-3m$ ……④

両辺を2でわって，　$\boldsymbol{a=\frac{b-3m}{2}}$ ……⑤

したがって，もとの式③から式④への変形が間違っている。　(ウ)

自分から学ぼう編　力をつけよう

2章　連立方程式

自分から学ぼう編 p. 9〜10

1

ガイド 加減法，代入法を適切に使って解きます。(8)は比例式を解いてから考えます。

解答

(1) $\begin{cases} 3x-y=7 & \cdots\cdots① \\ 2x+2y=10 & \cdots\cdots② \end{cases}$

①×2＋②

$$\begin{array}{rr} 6x-2y=14 \\ +)\ 2x+2y=10 \\ \hline 8x\quad\ =24 \\ x=3 \end{array}$$

$x=3$ を①に代入すると，

$9-y=7$，$y=2$

$(\boldsymbol{x},\ \boldsymbol{y})=(\mathbf{3},\ \mathbf{2})$

(2) $\begin{cases} 2x-3y=-9 & \cdots\cdots① \\ -3x+4y=13 & \cdots\cdots② \end{cases}$

①×3
②×2

$$\begin{array}{rr} 6x-9y=-27 \\ +)\ -6x+8y=\ \ 26 \\ \hline -y=-1 \\ y=1 \end{array}$$

$y=1$ を①に代入すると，

$2x-3=-9$，$x=-3$

$(\boldsymbol{x},\ \boldsymbol{y})=(\mathbf{-3},\ \mathbf{1})$

(3) $\begin{cases} 3a-2b=17 & \cdots\cdots① \\ 2b=7a-29 & \cdots\cdots② \end{cases}$

②を①に代入すると，

$3a-(7a-29)=17$

$-4a=-12$，$a=3$

$a=3$ を②に代入すると，

$2b=-8$，$b=-4$

$(\boldsymbol{a},\ \boldsymbol{b})=(\mathbf{3},\ \mathbf{-4})$

(4) $\begin{cases} y=5x-4 & \cdots\cdots① \\ y=3x-6 & \cdots\cdots② \end{cases}$

①を②に代入すると，

$5x-4=3x-6$

$2x=-2$，$x=-1$

$x=-1$ を①に代入すると，

$y=-5-4=-9$

$(\boldsymbol{x},\ \boldsymbol{y})=(\mathbf{-1},\ \mathbf{-9})$

(5) $\begin{cases} 0.3s+0.7t=5 & \cdots\cdots① \\ 9s+t=-10 & \cdots\cdots② \end{cases}$

①×10　$3s+7t=50$　……①′

①′×3　$9s+21t=150$　……①″

①″－②　$20t=160$，$t=8$

$t=8$ を②に代入すると，

$9s+8=-10$，$s=-2$

$(\boldsymbol{s},\ \boldsymbol{t})=(\mathbf{-2},\ \mathbf{8})$

(6) $\begin{cases} 9x-8y=66 & \cdots\cdots① \\ \dfrac{7}{8}x+\dfrac{1}{8}y=1 & \cdots\cdots② \end{cases}$

②×8　$7x+y=8$　……②′

②′×8　$56x+8y=64$　……②″

①＋②″　$65x=130$，$x=2$

$x=2$ を②′に代入すると，

$14+y=8$，$y=-6$

$(\boldsymbol{x},\ \boldsymbol{y})=(\mathbf{2},\ \mathbf{-6})$

(7) $\begin{cases} 3(x-y)=x-8y & \cdots\cdots① \\ 3x+4y=7 & \cdots\cdots② \end{cases}$

①×3　$6x+15y=0$　……①′

②×2　$6x+8y=14$　……②′

①′－②′　$7y=-14$，$y=-2$

$y=-2$ を①′に代入すると，

$6x-30=0$，$x=5$

$(\boldsymbol{x},\ \boldsymbol{y})=(\mathbf{5},\ \mathbf{-2})$

(8) $\begin{cases} (a+5):3=b:2 & \cdots\cdots① \\ 2a+5b=22 & \cdots\cdots② \end{cases}$

①から，$2(a+5)=3b$

$2a-3b=-10$　……①′

②－①′　$8b=32$，$b=4$

$b=4$ を①′に代入すると，

$2a-12=-10$，$a=1$

$(\boldsymbol{a},\ \boldsymbol{b})=(\mathbf{1},\ \mathbf{4})$

2

ガイド $A=B=C$ の形の方程式は，右の3つの形の連立方程式のどれかになおして解きます。 $\begin{cases}A=C\\B=C\end{cases}$ $\begin{cases}A=B\\A=C\end{cases}$ $\begin{cases}A=B\\B=C\end{cases}$

解答 (1) $\begin{cases}2x+3y+7=10 & \cdots\cdots①\\3x-y=10 & \cdots\cdots②\end{cases}$

①から，　$2x+3y=3$　……①′

②×3　$9x-3y=30$　……②′

①′＋②′　$11x=33$

$x=3$

$x=3$ を②に代入すると，

$9-y=10$，$y=-1$

$(\boldsymbol{x},\ \boldsymbol{y})=(\mathbf{3},\ \mathbf{-1})$

(2) $\begin{cases}\dfrac{x+1}{3}=\dfrac{2x-3y}{5} & \cdots\cdots①\\[2mm]\dfrac{x+1}{3}=\dfrac{-3y+1}{2} & \cdots\cdots②\end{cases}$

①から，　$-x+9y=-5$　……①′

②から，　$2x+9y=1$　……②′

②′−①′　$3x=6$，$x=2$

$x=2$ を②′に代入すると，

$4+9y=1$，$y=-\dfrac{1}{3}$

$(\boldsymbol{x},\ \boldsymbol{y})=\left(\mathbf{2},\ -\dfrac{\mathbf{1}}{\mathbf{3}}\right)$

参考 (1)は $\begin{cases}A=C\\B=C\end{cases}$ (2)は $\begin{cases}A=B\\A=C\end{cases}$ の形で連立方程式を解きます。

3

ガイド ①〜③が同じ解をもつので，①と②を連立方程式とみて解き，解の x，y の値を③の式に代入して，a の値を求めます。

解答 $\begin{cases}3x+2y=8 & \cdots\cdots①\\4x-5y=3 & \cdots\cdots②\end{cases}$

①×4　$12x+8y=32$　……①′

②×3　$12x-15y=9$　……②′

①′−②′　$23y=23$

$y=1$

$y=1$ を①に代入すると，

$3x+2=8$

$x=2$　　　　$\underline{(\boldsymbol{x},\ \boldsymbol{y})=(\mathbf{2},\ \mathbf{1})}$

$(x,\ y)=(2,\ 1)$ を $5x-ay=4$　……③ に代入すると，

$10-a=4$

$a=6$　　　　$\underline{\boldsymbol{a}=\mathbf{6}}$

4

ガイド まず，間違えて解いた連立方程式に $x=-41$，$y=36$ を代入して，a，b を求めて考えます。

解答 $\begin{cases} 4x+by=16 & \cdots\cdots① \\ ax+4y=21 & \cdots\cdots② \end{cases}$ に $(x,\ y)=(-41,\ 36)$ を代入すると，

①から，$-164+36b=16$，$b=5$

②から，$-41a+144=21$，$a=3$

$\begin{cases} 4x+ay=16 \\ bx+4y=21 \end{cases}$ に $a=3$，$b=5$ を代入すると，

$\begin{cases} 4x+3y=16 & \cdots\cdots③ \\ 5x+4y=21 & \cdots\cdots④ \end{cases}$

③×4　$16x+12y=64$　……③′

④×3　$15x+12y=63$　……④′

③′－④′　$x=1$

$x=1$ を④に代入すると，$5+4y=21$，$y=4$

$(x,\ y)=(1,\ 4)$

5

ガイド 1分間に，2人の間の道のりが何mずつ縮まるかひらくかを考えます。

解答 Aを分速 x m，Bを分速 y m とすると，

$\begin{cases} 60x-60y=2000 & \cdots\cdots① \\ 12x+12y=2000 & \cdots\cdots② \end{cases}$

①÷5　$12x-12y=400$　……①′

①′＋②　$24x=2400$，$x=100$

$x=100$ を②に代入すると，

$1200+12y=2000$，$12y=800$，$y=\dfrac{200}{3}$

$(x,\ y)=\left(100,\ \dfrac{200}{3}\right)$

この解は問題にあっている。　**Aは分速 100 m，Bは分速 $\dfrac{200}{3}$ m**

6

ガイド (先月の製品Aの個数)＋(先月の製品Bの個数)＝1000 (個)
(今月の製品Aの個数)＋(今月の製品Bの個数)＝1000＋80 (個)
ここで，今月の製品Aの個数は，先月の製品Aの個数の 90 % で，今月の製品Bの個数は，先月の製品Bの個数の 120 % です。

解答 先月つくった製品Aの個数を x 個，先月つくった製品Bの個数を y 個とすると，

$$\begin{cases} x+y=1000 & \cdots\cdots① \\ \dfrac{90}{100}x+\dfrac{120}{100}y=1080 & \cdots\cdots② \end{cases}$$

②×10　$9x+12y=10800$　……②′

①×9　$9x+9y=9000$　……①′

②′−①′　$3y=1800$，$y=600$

$y=600$ を①に代入すると，$x+600=1000$，$x=400$

$(x,\ y)=(400,\ 600)$

この解は問題にあっている。

よって，今月つくった製品Aは，$400\times\dfrac{90}{100}=360$ (個)

また，今月つくった製品Bは，$600\times\dfrac{120}{100}=720$ (個)

今月つくった製品A　360 個，今月つくった製品B　720 個

7

ガイド (2) ハンバーグを x 人分，ロールキャベツを y 人分つくるとして，ひき肉の量と玉ねぎの量を式に表します。

解答 (1)　1 人分の量は，それぞれ $\dfrac{1}{4}$ だから，

ハンバーグ 1 人分…ひき肉 **100 g**，玉ねぎ **70 g**

ロールキャベツ 1 人分…ひき肉 **50 g**，玉ねぎ **40 g**

(2)　ハンバーグを x 人分，ロールキャベツを y 人分つくるとすると，

$$\begin{cases} 100x+50y=350 & \cdots\cdots① \\ 70x+40y=260 & \cdots\cdots② \end{cases}$$

①×4　$400x+200y=1400$　……①′

②×5　$350x+200y=1300$　……②′

①′−②′　$50x=100$，$x=2$

$x=2$ を①に代入すると，$y=3$

$(x,\ y)=(2,\ 3)$

この解は問題にあっている。

ハンバーグ 2 人分，ロールキャベツ 3 人分

8

ガイド 郵便物の重さと，定形郵便物か定形外郵便物かで料金が違うので，表から読みとって考えます。

解答 (1) $82+120+205=407$ **407円**

(2) 40 g の定形外郵便物は 120 円，75 g の定形外郵便物は 140 円であることから，

$$\begin{cases} x+y=9 \\ 120x+140y=1160 \end{cases}$$

(3) $\begin{cases} x+y=9 & \cdots\cdots① \\ 120x+140y=1160 & \cdots\cdots② \end{cases}$

①×140　$140x+140y=1260$　……①′

①′−②　$20x=100$，$x=5$

$x=5$ を①に代入すると，$y=4$

$(x,\ y)=(5,\ 4)$

この解は問題にあっている。 **40 g の定形外郵便物 5 通**

75 g の定形外郵便物 4 通

3章　一次関数

自分から学ぼう編 p.11~12

1

ガイド グラフの傾き，切片に着目します。
(5)は，x 座標，y 座標がともに整数の組になる 2 点を求めてから，直線をひきます。

解答 (1) $y=-2x+1$　傾き -2，切片 1

(2) $y=-x-2$　傾き -1，切片 -2

(3) $y=-3+x$　傾き 1，切片 -3

(4) $y=\dfrac{5}{2}x+3$　傾き $\dfrac{5}{2}$，切片 3

(5) $y=\dfrac{2}{3}x-\dfrac{4}{3}$ より，$y=\dfrac{2x-4}{3}$

$x=-1$ のとき，$y=-2$

$x=2$ のとき，$y=0$

よって，グラフは 2 点 $(-1,\ -2)$，$(2,\ 0)$ を通る。

グラフは，**右上の図**

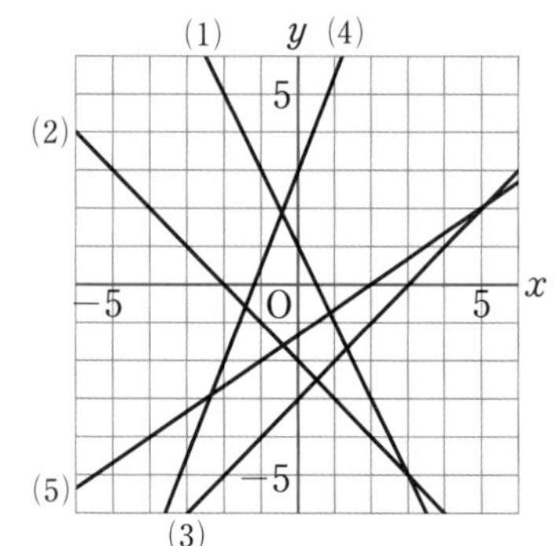

2

ガイド 求める一次関数の式を $y=ax+b$ として，$x=-1$ のとき $y=1$，$x=1$ のとき $y=5$ であることから，連立方程式をつくって考えます。

解答 求める一次関数の式を $y=ax+b$ とすると，

$x=-1$ のとき $y=1$ だから，$1=-a+b$ ……①

$x=1$ のとき $y=5$ だから，$5=a+b$ ……②

①+②　$6=2b$，$b=3$

$b=3$ を①に代入すると，$a=2$

よって，求める式は，$\boldsymbol{y=2x+3}$

$x=-3$ を代入すると，$y=-3$

$x=2$ を代入すると，$y=7$　　　**(ア) −3，(イ) 7**

3

ガイド 求める直線の式を，$y=ax+b$（aは傾き，bは切片）で表します。

解答 (1)　2点(2，3)，(−5，−11)を通る直線の傾きは，$\dfrac{3-(-11)}{2-(-5)}=2$ だから，

求める直線の式を $y=2x+b$ とする。

この直線が点(2，3)を通るから，$3=2\times2+b$，$b=-1$

よって，$\boldsymbol{y=2x-1}$

(2)　直線 $y=-3x-5$ に平行だから，求める直線の式を $y=-3x+b$ とする。

この直線が点(−1，5)を通るから，$5=3+b$，$b=2$

よって，$\boldsymbol{y=-3x+2}$

(3)　$y=-2x+3$ と x 軸(じく)上で交わるから，$y=0$ を代入すると，$0=-2x+3$

$x=\dfrac{3}{2}$ より，点$\left(\dfrac{3}{2},\ 0\right)$を通ることがわかる。

求める直線の式を $y=ax+b$ とすると，

$$\begin{cases} 0=\dfrac{3}{2}a+b & \cdots\cdots① \\ 2=-a+b & \cdots\cdots② \end{cases}$$

①−②　$-2=\dfrac{5}{2}a$，$a=-\dfrac{4}{5}$

$a=-\dfrac{4}{5}$ を②に代入すると，$2=\dfrac{4}{5}+b$，$b=\dfrac{6}{5}$

よって，$\boldsymbol{y=-\dfrac{4}{5}x+\dfrac{6}{5}}$

(4)　x 軸に平行で，点(3，1)を通る直線の式は，$\boldsymbol{y=1}$

4

ガイド A地点からB地点までは，$\frac{12}{4}=3$（時間），B地点からA地点までは，$\frac{12}{3}=4$（時間）かかり，往復で7時間かかります。

解答 (1) 出発してからx時間後に，A地点からy kmの地点にいるとすると，

A地点からB地点までは，$\boldsymbol{y=4x\ (0\leqq x\leqq 3)}$

B地点からA地点までの式を，$y=-3x+b$ とすると，

3時間後にB地点（A地点から12 km）にいるから，$x=3$，$y=12$ を代入すると，

$12=-3\times 3+b$，$b=21$

よって，$\boldsymbol{y=-3x+21\ (3\leqq x\leqq 7)}$

(2) グラフは，**右の図**

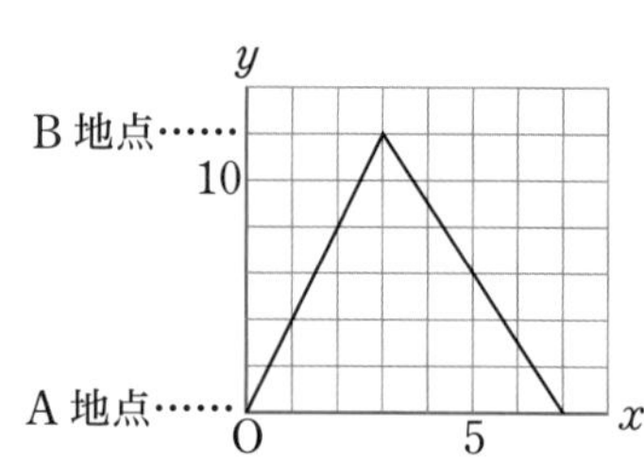

5

ガイド (1) $3x-2y=12$ で，$y=0$ のときのxの値を求めます。

(2) (1)で求めたxの値と $y=0$ を $ax-y=-8$ に代入して，aの値を求めます。

(3) 直線 $3x-2y=12$ とy軸との交点から直線 $ax-y=-8$ とy軸との交点までを底辺とし，高さが点Pのx座標である三角形の面積を求めます。

(4) 求める直線は，(3)の三角形の底辺の中点を通ります。

解答 (1) 点Pのy座標は0だから，$y=0$ を $3x-2y=12$ に代入すると，

$3x=12$，$x=4$ **P(4, 0)**

(2) 直線 $ax-y=-8$ は，点Pを通るので，$x=4$，$y=0$ を代入すると，

$4a-0=-8$

$\boldsymbol{a=-2}$

(3) 2つの直線の切片をそれぞれ求めると，

$3x-2y=12$

$2y=3x-12$

$y=\frac{3}{2}x-6$ 切片は -6

$-2x-y=-8$

$y=-2x+8$ 切片は 8

2つの直線とy軸との交点は，それぞれ点$(0,\ -6)$，$(0,\ 8)$だから，求める三角形の面積は，$\frac{1}{2}\times\{8-(-6)\}\times 4=28$ **28**

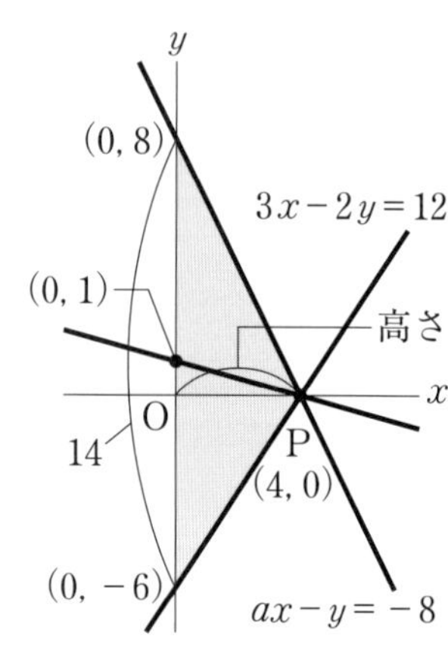

(4)　求める直線は，点 (0，8) と点 (0，−6) の中点 (0，1) を通る。よって，点 P(4，0) と点 (0，1) の 2 点を通る直線になる。

切片が 1 だから，求める直線の式を $y=px+1$ とすると，点 (4，0) を通るから，

$0=4p+1$，$p=-\frac{1}{4}$

したがって，$\boldsymbol{y=-\frac{1}{4}x+1}$

6

ガイド (3)　$\boldsymbol{a:b=c:d}$ ならば，$\boldsymbol{ad=bc}$ という，比例式の性質を使います。

解答 (1)　$y=-\frac{1}{2}x+6$ に，$x=10$ を代入すると，$y=-\frac{1}{2}\times10+6=1$

よって，点 Q の座標は **Q(10，1)**

(2)　点 P の x 座標が a のとき，P(a，0)，Q$\left(a,\ -\frac{1}{2}a+6\right)$ なので，

$\boldsymbol{OP=a}$，$\boldsymbol{PQ=-\frac{1}{2}a+6}$

(3)　(2)より，$a:\left(-\frac{1}{2}a+6\right)=1:2$

比例式の性質を使うと，$2a=-\frac{1}{2}a+6$，$a=\frac{12}{5}$

よって，点 P の座標は，$\boldsymbol{P\left(\frac{12}{5},\ 0\right)}$

7

ガイド (2)　点Oを通り，右下がりの直線 3 つ (下の図の①，②，③) と交点をもつ直線を考えます。

解答 (1)　バスは 8 km の道のりを 15 分で走っているので，バスの時速は，

$8\div\frac{15}{60}=32$　　**時速 32 km**

(2)　太郎さんが自転車で駅から空港に向かうとき，空港から駅に向かうバスと 3 回すれちがうのは，太郎さんのグラフが右の図の直線 ℓ と直線 m の間にあるときである。

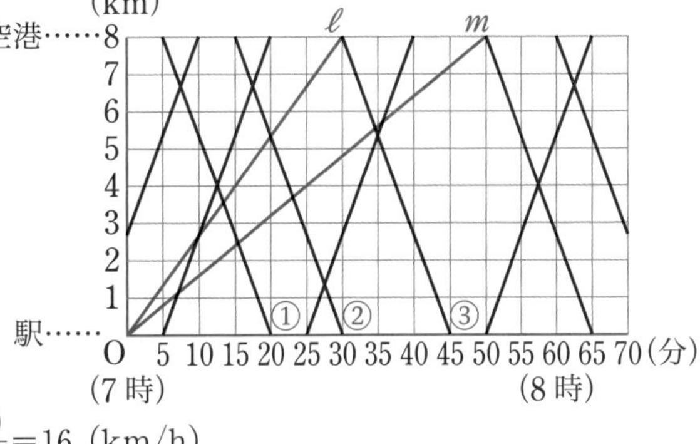

直線 ℓ のときの速さ…$8\div\frac{30}{60}=16$ (km/h)

直線 m のときの速さ…$8\div\frac{50}{60}=\frac{48}{5}$ (km/h)

よって，**時速 $\frac{48}{5}$ km (時速 9.6 km) 以上，時速 16 km 未満**のとき。

4章 図形の調べ方

自分から学ぼう編 p. 13〜14

1

ガイド 平行線と錯角(さっかく)の関係や，三角形の内角・外角の性質を使います。

解答 (1) $\angle x$ と $70°$ の角は錯角で等しい。

$\angle x = 70°$

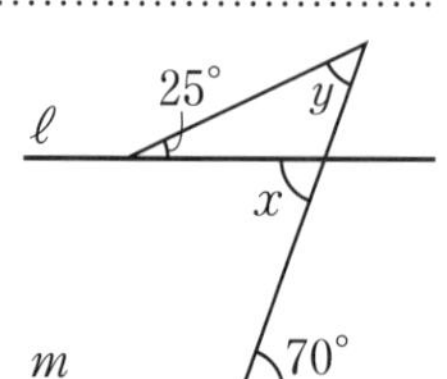

三角形の内角・外角の性質から，

$\angle y + 25° = \angle x$，$\angle y = 70° - 25° = 45°$

$\angle y = 45°$

(2) 右の図のように，直線 ℓ，m に平行な直線をひく。平行線と錯角の関係から，

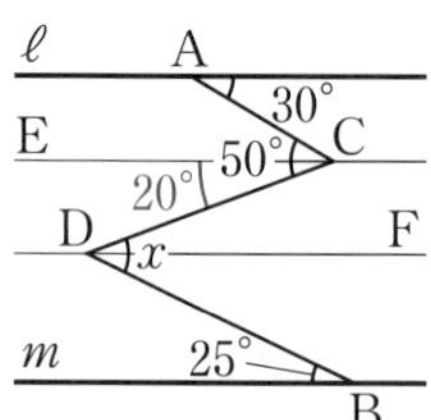

$\angle \mathrm{ACE} = 30°$

よって，$\angle \mathrm{CDF} = \angle \mathrm{ECD} = 50° - 30° = 20°$

$\angle x = \angle \mathrm{CDF} + \angle \mathrm{BDF} = 20° + 25° = 45°$

$\angle x = 45°$

2

ガイド (1)(2) 三角形の内角・外角の性質を使います。

(3) n 角形の内角の和は，$180° \times (n-2)$ で求められます。ここでは五角形の内角の和から考えます。

(4) 多角形の外角の和は，辺の数に関係なく $360°$ であることを利用します。

解答 (1) 三角形の内角・外角の性質から，

$\angle x = 76° + 53° = 129°$　　$\angle x = 129°$

(2) 右の図で，三角形の内角・外角の性質から，

$\angle a = 65° + 30° = 95°$

また，$\angle x + 50° = \angle a$ だから，

$\angle x = \angle a - 50° = 95° - 50° = 45°$　　$\angle x = 45°$

(3) 右の図のように，CとDを結ぶ。対頂角は等しいので，$\angle \mathrm{FOG} = \angle \mathrm{COD}$ だから，

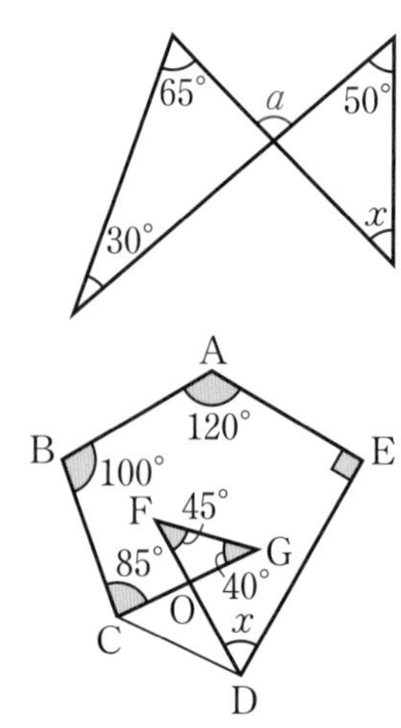

$\angle \mathrm{OFG} + \angle \mathrm{OGF} = \angle \mathrm{OCD} + \angle \mathrm{ODC}$

したがって，$\angle x$ の大きさは，五角形の内角の和から，かげのついた角の和をひいた大きさに等しくなる。

$180° \times (5-2) = 540°$　⇦五角形の内角の和

$\angle x = 540° - (90° + 120° + 100° + 85° + 45° + 40°)$

$= 60°$　　$\angle x = 60°$

(4)　$\angle x$ の外角を $\angle a$ とする。

多角形の外角の和は 360° だから，

$75°+62°+70°+80°+\angle a=360°$，$\angle a=73°$

よって，$\angle x=180°-\angle a=180°-73°=107°$

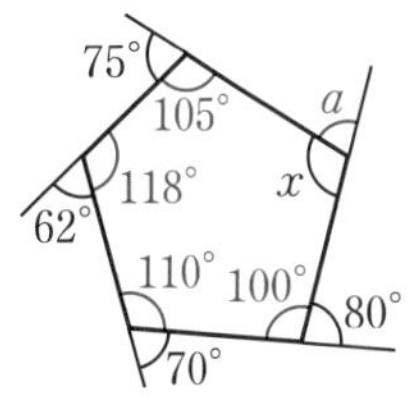

$\angle x=107°$

参考　(4)　内角の和を利用して，次のように求めてもよい。

五角形の内角の和は，$180°\times(5-2)=540°$

よって，$105°+118°+110°+100°+\angle x=540°$

$\angle x+433°=540°$

$\angle x=107°$

3

ガイド　折り返した角の大きさは等しいことを使って求めます。

解答　∠EAC は，∠BAC を折り返した角だから，

$\angle \mathrm{EAC}=\angle \mathrm{BAC}=70°$

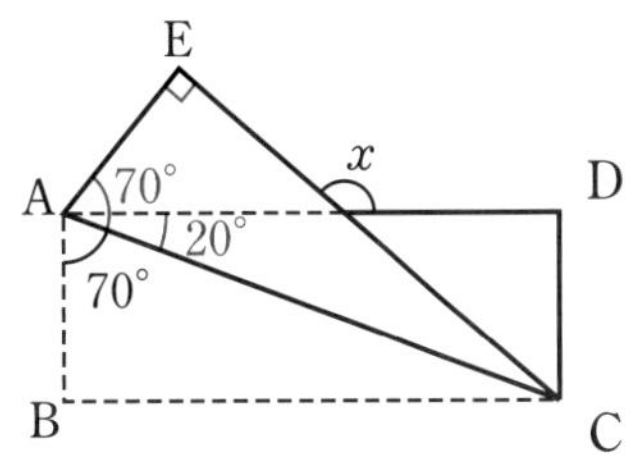

また，四角形 ABCD は長方形だから，

$\angle \mathrm{BAD}=90°$

よって，

$\angle \mathrm{DAC}=\angle \mathrm{BAD}-\angle \mathrm{BAC}=90°-70°=20°$

$\angle \mathrm{EAD}=\angle \mathrm{EAC}-\angle \mathrm{DAC}=70°-20°=50°$

三角形の内角・外角の性質から，

$\angle x=\angle \mathrm{E}+\angle \mathrm{EAD}=90°+50°=140°$

$\angle x=140°$

4

ガイド　(1)　三角形の内角の和は **180°** であることを利用して求めます。

(2)　三角形の内角・外角の性質に着目します。

解答　(1)　△ABC で，

$70°+\angle \mathrm{ABC}+\angle \mathrm{ACB}=180°$

よって，$\angle \mathrm{ABC}+\angle \mathrm{ACB}=110°$

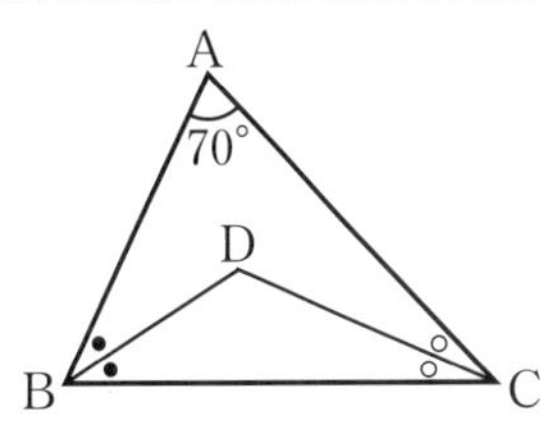

△DBC で，

$$\angle \mathrm{DBC}+\angle \mathrm{DCB}=\frac{1}{2}\angle \mathrm{ABC}+\frac{1}{2}\angle \mathrm{ACB}$$

$$=\frac{1}{2}(\angle \mathrm{ABC}+\angle \mathrm{ACB})$$

$$=\frac{1}{2}\times 110°=55°$$

よって，$\angle \mathrm{BDC}=180°-55°=$ **125°**

自分から学ぼう編　力をつけよう

(2) △ABC で，三角形の内角・外角の性質より，

$50°+\angle ABC=\angle ACE$

よって，$\angle ACE-\angle ABC=50°$ ……①

△DBC で，三角形の内角・外角の性質より，

$\angle BDC+\angle DBC=\angle DCE$

よって，$\angle BDC=\angle DCE-\angle DBC$

$=\frac{1}{2}\angle ACE-\frac{1}{2}\angle ABC$

$=\frac{1}{2}(\angle ACE-\angle ABC)$

①から，$\angle BDC=\frac{1}{2}\times 50°=$**25°**

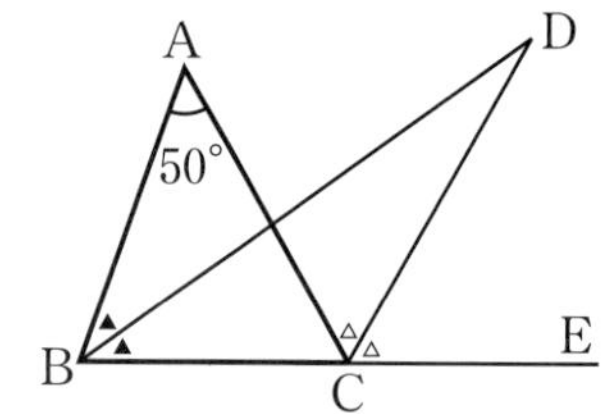

5

ガイド 回転移動では，対応する点と回転の中心とを結んでできた角の大きさはすべて等しくなることから考えます。

解答 △A′B′C は △ABC を，頂点 C を回転の中心として回転移動したものなので，$\angle A'=\angle x$

また，$\angle ACA'=\angle BCB'=40°$

だから，$\angle x=180°-(95°+40°)=$**45°**

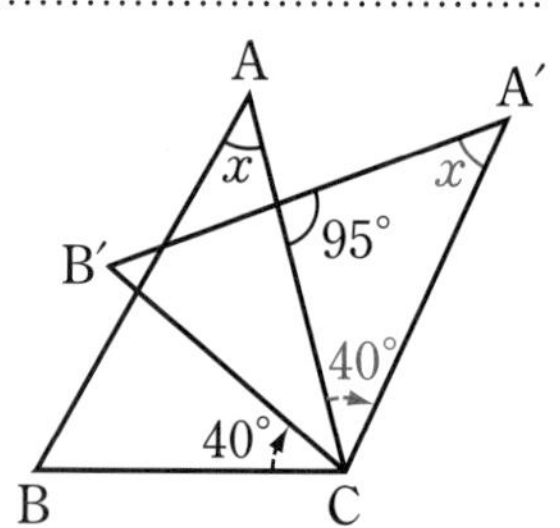

6

ガイド 適当な補助線をひいて，三角形，四角形，五角形の内角の和から考えます。

解答 (1) 右の図のように，2 本の補助線をひくと，$\angle a+\angle b=\angle a'+\angle b'$ なので，求める角の大きさの和は，内側の小さい三角形の内角の和と，外側の大きい四角形の内角の和をたしたものになる。したがって，$180°+360°=$**540°**

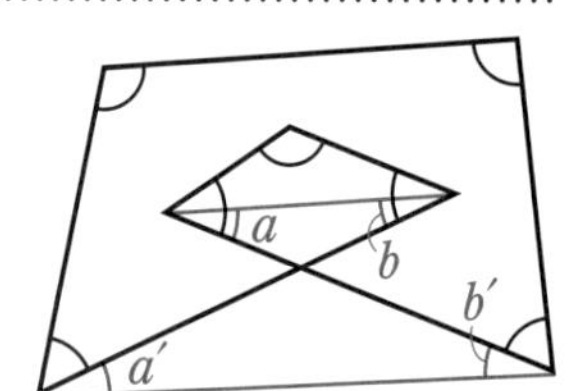

(2) 右の図のように，5 本の補助線をひくと，求める角の大きさの和は，5 つの三角形の内角の和と，内側の五角形の内角の和をたしたものになる。したがって，$180°\times 5+540°=$**1440°**

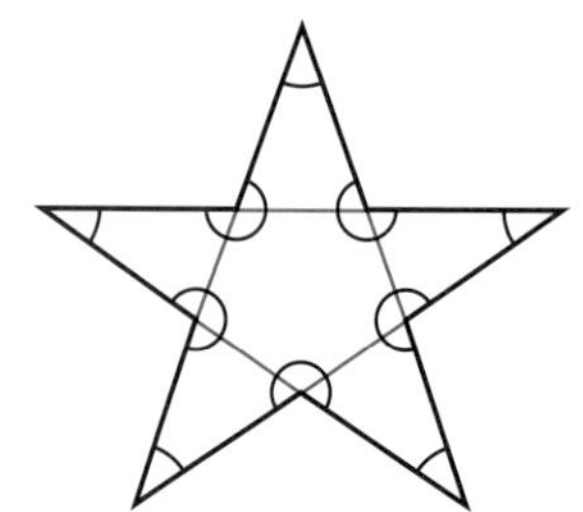

7

ガイド 合同な三角形では，対応する角の大きさは等しくなることを使います。

解答 (証明) △ABE と △ACD で，

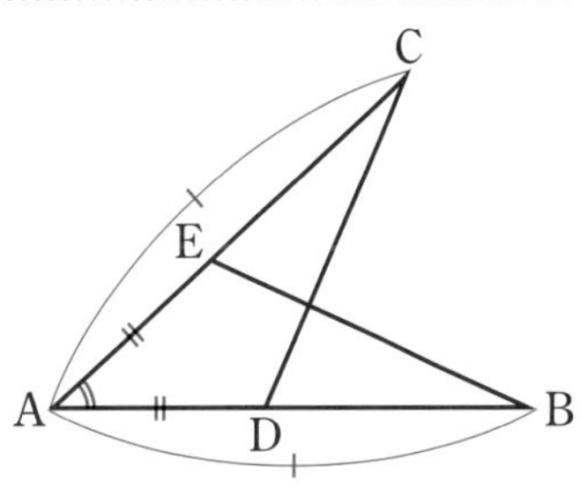

仮定より，AB＝AC ……①

AE＝AD ……②

また，∠BAE＝∠CAD ……③

①，②，③から，２組の辺とその間の角が，それぞれ等しいので，

△ABE≡△ACD

よって，∠ABE＝∠ACD

8

ガイド 合同な三角形では，対応する辺の長さは等しくなることを使います。

解答 (証明) △APC と △BPD で，

平行線の錯角は等しいので，ℓ∥m から，

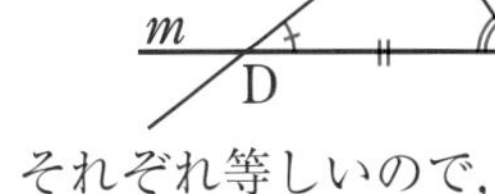

∠PAC＝∠PBD ……①

∠PCA＝∠PDB ……②

仮定より，AC＝BD ……③

①，②，③から，１組の辺とその両端(りょうたん)の角が，それぞれ等しいので，

△APC≡△BPD

合同な図形では，対応する辺の長さは等しいので，AP＝BP

よって，点Pは線分 AB の中点である。

9

ガイド 合同な三角形では，対応する辺の長さは等しくなることを使います。
合同な三角形は，**AB∥FC**，**GD∥BF** から等しい角を見つけて証明します。

解答 (証明) △AGD と △CFE で，

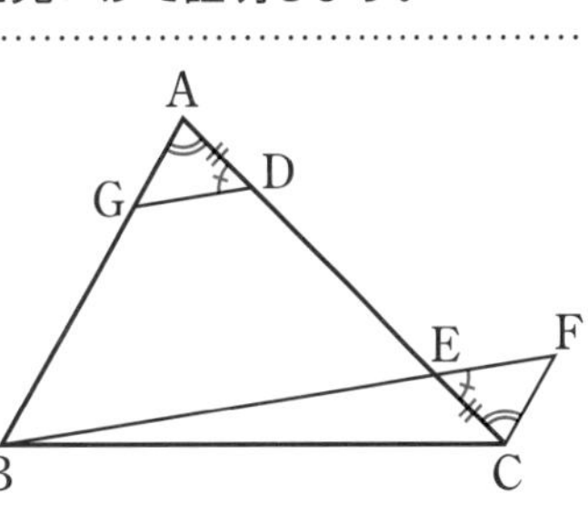

仮定より，AD＝CE ……①

平行線の錯角は等しいので，AB∥FC から，

∠DAG＝∠ECF ……②

平行線の同位角は等しいので，GD∥BF から，

∠ADG＝∠AEB ……③

また，対頂角は等しいので，

∠AEB＝∠CEF ……④

③，④から，

∠ADG＝∠CEF ……⑤

①，②，⑤から，１組の辺とその両端の角が，それぞれ等しいので，

△AGD≡△CFE

よって，AG＝CF

10

ガイド 仮定から，大きさのわかる角をかき入れて考えます。

解答 右の図のように，EF と AC の交点を H とすると，

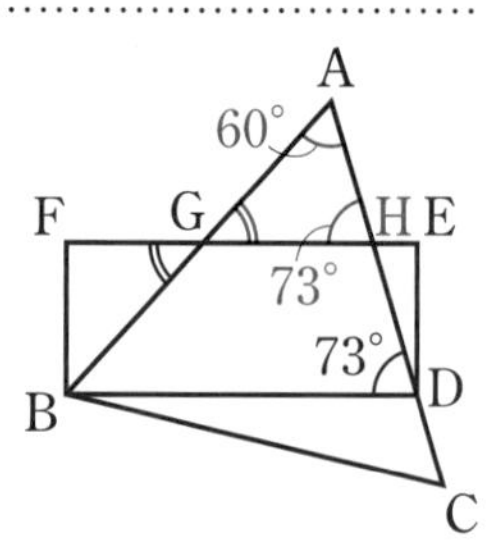

正三角形の 1 つの角なので，∠GAH＝60°

また，平行線の同位角は等しいので，長方形 BDEF で

FE∥BD から，∠AHG＝73°

したがって，∠AGH＝180°−(60°＋73°)＝47°

対頂角は等しいから，∠FGB＝∠AGH＝**47°**

5章　図形の性質と証明

自分から学ぼう編 p.15～16

1

ガイド 三角形の内角・外角の性質，二等辺三角形の性質を利用します。

解答 (1)　$\angle \boldsymbol{x}$＝65°＋65°＝**130°**

(2)　△EBC は正三角形だから，∠EBC＝∠ECB＝60°，

∠ABE＝∠DCE＝90°−60°＝30°　で，

△BEA と △CED は頂角が 30° の二等辺三角形になる。

よって，∠BEA＝∠CED＝(180°−30°)÷2＝75°

したがって，

$\angle x$＝360°−(75°×2＋60°)＝150°

$\angle \boldsymbol{x}$＝150°

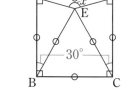

2

ガイド 平行線の錯角の関係，平行四辺形の性質，二等辺三角形の性質を使います。

解答 CE は ∠C の二等分線なので，∠BCE＝∠DCE

これらを a° とすると，平行線の錯角の関係から，

∠BCE＝∠CED＝a°

また，平行四辺形の向かいあう角は等しいので，

∠BAE＝∠BCD＝2a°

AB＝EB なので，△ABE は二等辺三角形より，

∠BEA＝∠BAE＝2a°

よって，$\angle x$＝180°−3a°

△DEC は底角が a° の二等辺三角形なので，

a°＝(180°−98°)÷2＝41°

したがって，$\angle x$＝180°−41°×3＝**57°**

3

ガイド 平行線の同位角や錯角は等しいことから，△CEF の 2 つの角が等しいことを示します。

解答 (証明) AF は ∠A の二等分線だから,

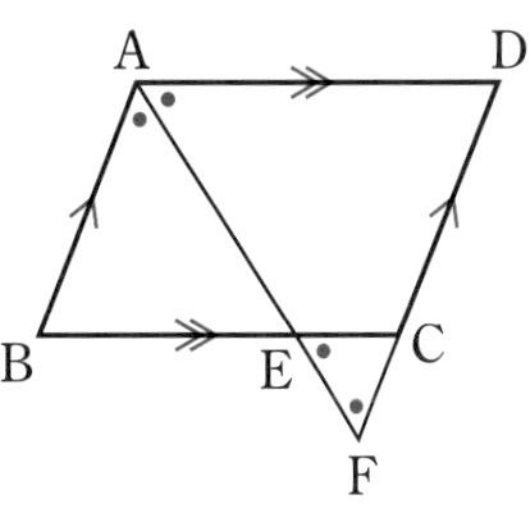

∠BAE＝∠DAE ……①

平行線の錯角は等しいので, AB∥DC から,

∠BAE＝∠CFE ……②

平行線の同位角は等しいので, AD∥BC から,

∠DAE＝∠CEF ……③

①, ②, ③から, ∠CFE＝∠CEF

2つの角が等しいので, △CEF は二等辺三角形である。

4

ガイド 長方形の性質と三角形の合同条件を使って証明します。

解答 (証明) △EBC と △FGC で,

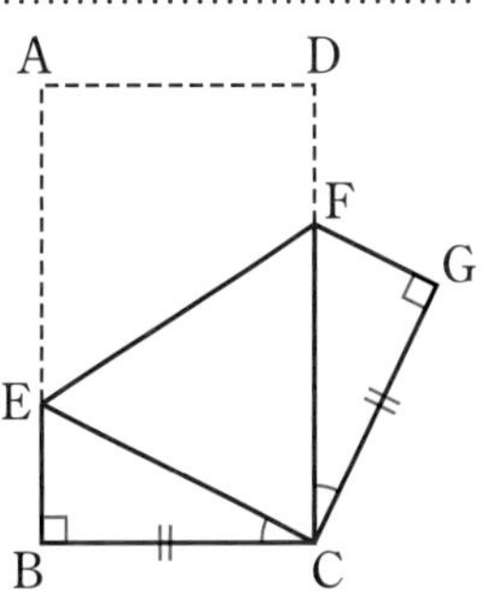

長方形 ABCD の向かいあう辺だから, BC＝DA

DA＝GC だから, BC＝GC ……①

∠EBC＝∠FGC＝90° ……②

また, ∠ECB＝90°－∠ECF ……③

∠FCG＝90°－∠ECF ……④

③, ④から,

∠ECB＝∠FCG ……⑤

①, ②, ⑤から, 1組の辺とその両端の角が,

それぞれ等しいので,

△EBC≡△FGC

5

ガイド 平行四辺形になるための条件,「対角線が, それぞれの中点で交わるとき」を使う証明です。

解答 (証明) △EAF と △EDC で,

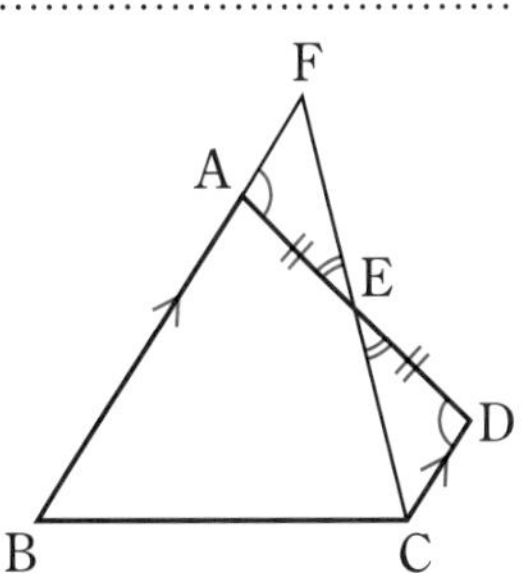

平行線の錯角は等しいので, FB∥DC から,

∠FAE＝∠CDE ……①

仮定より, AE＝DE ……②

また, 対頂角は等しいので,

∠AEF＝∠DEC ……③

①, ②, ③から, 1組の辺とその両端の角が,

それぞれ等しいので,

△EAF≡△EDC

よって, FE＝CE ……④

②, ④から, 対角線が, それぞれの中点で交わるので, 四角形 ACDF は平行四辺形である。

6

ガイド 平行線にはさまれた，底辺が共通な三角形は，面積が等しくなります。

解答 **△ABD と △ABE，△ADE と △BDE，**
△AFE と △BFD，△ADC と △BEC

参考 △AFE＝△ADE－△FDE
　＝△BDE－△FDE
　＝△BFD

△ADC＝△ADE＋△DCE
　＝△BDE＋△DCE
　＝△BEC

7

ガイド 四角形 **AEFD** には，平行四辺形になる条件のどれが使えるかを考えます。

解答 (証明)　四角形 ABCD は平行四辺形だから，
AD∥BC，AD＝BC　……①
四角形 BEFC は平行四辺形だから，
BC∥EF，BC＝EF　……②
①，②から，AD∥EF，AD＝EF
したがって，１組の向かいあう辺が，等しくて
平行であるので，四角形 AEFD は平行四辺形である。

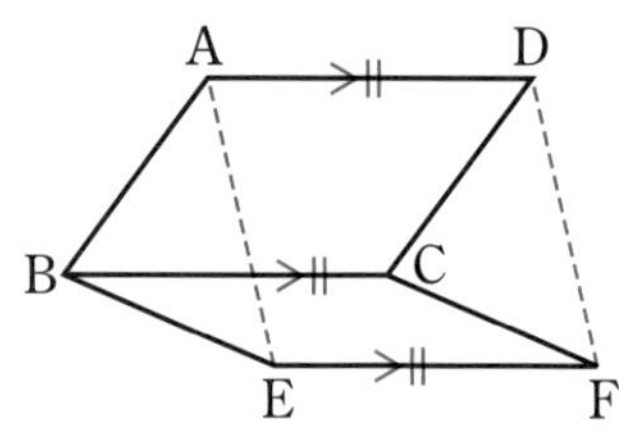

8

ガイド 底辺が共通な三角形の性質から，四角形 **ABCD** のもつ性質を考えます。

解答 四角形 ABCD で，
△ABD＝△ACD だから，AD∥BC　……①
△ACD＝△BCD だから，AB∥DC　……②
①，②から，２組の向かいあう辺が，それぞれ
平行であるので，四角形 ABCD は**平行四辺形**である。

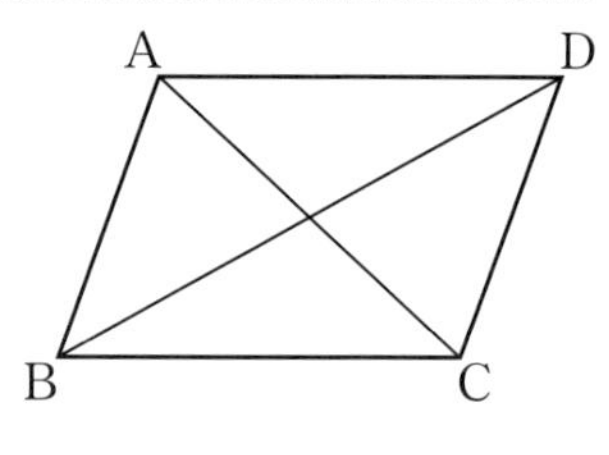

9

ガイド 底辺が共通で高さが等しい２つの三角形は，面積が等しくなります。
また，底辺が等しく高さが等しい２つの三角形も，面積が等しくなります。

解答 (1)　(証明)　Mは辺 BC の中点だから，BM＝CM
△ABM と △ACM は，
底辺が等しく，高さも等しいから，
△ABM＝△ACM

(2)　(証明)　△PBM と △PCM で，
(1)と同じように考えて，
△PBM＝△PCM　……①
(1)から，△ABM＝△ACM　……②
①，②から，△ABP＝△ABM－△PBM
＝△ACM－△PCM＝△ACP
よって，△ABP＝△ACP

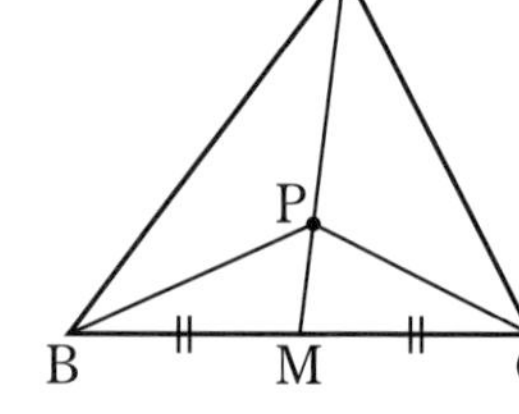

10

ガイド (1) 仮定より，**AC∥DP**，**AB∥EP** から考えます。

(2) 二等辺三角形の **2** つの底角は等しいことを使って証明します。

(3) 二等辺三角形の **2** つの辺は等しいことを使って証明します。

解答 (1) （証明） AD∥EP，AE∥DP だから，2 組の向かいあう辺が，それぞれ平行であるので，四角形 ADPE は平行四辺形である。

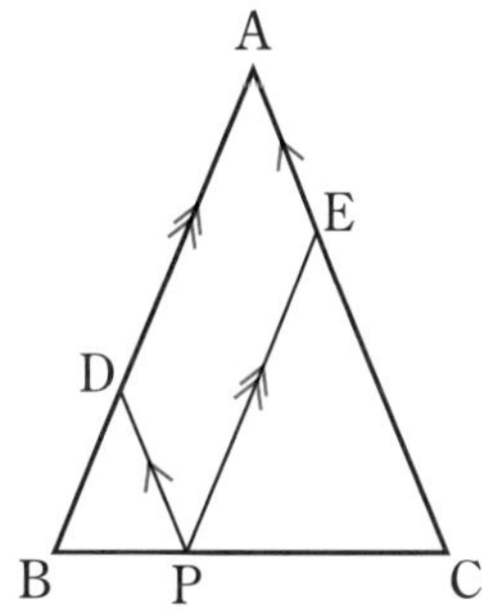

(2) （証明） 平行線の同位角は等しいので，

AC∥DP から，

∠DPB＝∠ACB ……①

△ABC は二等辺三角形だから，

∠DBP＝∠ACB ……②

①，②から，∠DPB＝∠DBP

2 つの角が等しいので，△DBP は二等辺三角形である。

(3) （証明） 四角形 ADPE は平行四辺形だから，

AD＝EP，AE＝DP

△DBP は二等辺三角形だから，

DB＝DP

四角形 ADPE の周の長さは，

AD＋DP＋PE＋EA＝2AD＋2DP

＝2AD＋2DB

＝2(AD＋DB)

＝2AB

したがって，四角形 ADPE の周の長さは，辺 AB の長さの 2 倍である。

11

ガイド 二等辺三角形の **2** つの底角は等しいことや，平行線の同位角を使って考えます。

解答 仮定より，AB＝AE なので，△ABE は二等辺三角形である。

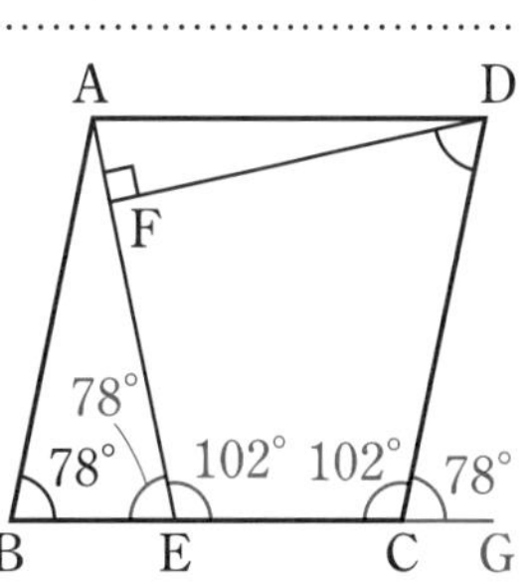

よって，∠AEB＝∠ABE＝78°

したがって，∠AEC＝180°−78°＝102°

また，右の図のように，BC をのばして ∠DCG を考えると，平行線の同位角は等しいので，AB∥DC から，∠DCG＝∠ABE＝78°

したがって，∠DCE＝180°−78°＝102°

四角形 FECD で，∠FDC＝360°−(90°＋102°＋102°)＝**66°**

6章　場合の数と確率

自分から学ぼう編 p. 17～18

1

ガイド カードの取り出し方は，全部で52通りあり，どのカードの取り出し方も，同様に確からしいといえます。トランプには，1から10までとJ，Q，Kのカードが，4枚ずつあります。

解答 (1)　♠のカードが出る場合は13通りだから，

♠のカードが出る確率は，$\frac{13}{52}=\mathbf{\frac{1}{4}}$

(2)　J，Q，Kのカード（絵札）が出る場合は，3×4＝12（通り）だから，

J，Q，Kのカードが出る確率は，$\frac{12}{52}=\mathbf{\frac{3}{13}}$

2

ガイド 樹形図をかいて調べます。

解答 (1)　樹形図をかくと，下の図のようになる。

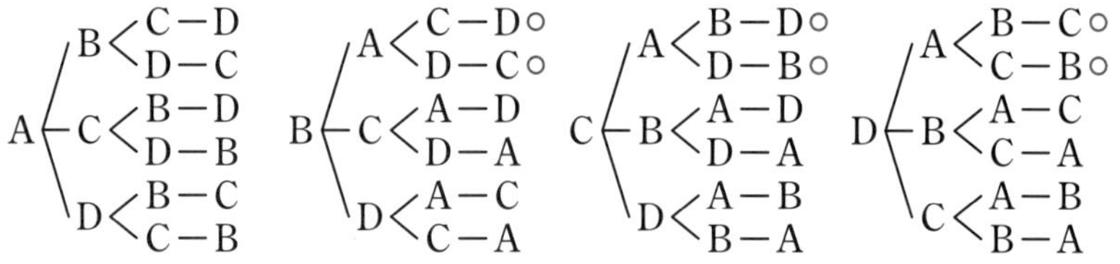

- A
  - B＜C－D，D－C
  - C＜B－D，D－B
  - D＜B－C，C－B
- B
  - A＜C－D○，D－C○
  - C＜A－D，D－A
  - D＜A－C，C－A
- C
  - A＜B－D○，D－B○
  - B＜A－D，D－A
  - D＜A－B，B－A
- D
  - A＜B－C○，C－B○
  - B＜A－C，C－A
  - C＜A－B，B－A

24通り

(2)　走る順番が，Aが2番目になるのは，(1)の樹形図の ○ の印のついた6通りだから，

$\frac{6}{24}=\mathbf{\frac{1}{4}}$

3

ガイド 3枚の硬貨(こうか)をA，B，Cと区別し，樹形図を使って，表裏の出かたを考えます。

「少なくとも1枚は裏」←「3枚とも裏」，「2枚が裏」，「1枚が裏」のこと。

である確率は，次の式で求めることができます。

(少なくとも1枚は裏となる確率)＝1－(3枚とも表となる確率)　←裏が1枚も出ない確率

解答 3枚の硬貨をA，B，Cと区別し，表を○，裏を×として，起こるすべての場合を，樹形図に表すと，出かたは全部で8通りになる。

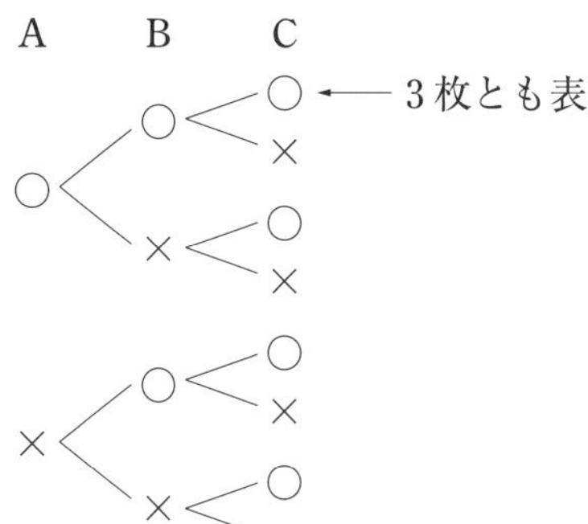

どの表裏の出かたも同様に確からしい。
このうち，3枚とも表となる出かたは，右の樹形図のいちばん上で，

(○，○，○)

の1通りだから，

3枚とも表となる確率は，$\frac{1}{8}$

(少なくとも1枚は裏となる確率)＝1－(3枚とも表となる確率)
で求めることができるので，

$$1-\frac{1}{8}=\mathbf{\frac{7}{8}}$$

4

ガイド 男子を①，②，③，女子を[1]，[2]，[3]と区別し，樹形図を使って，2人の代表の選び方を考えます。

解答 男子を①，②，③，女子を[1]，[2]，[3]として，2人の選び方を樹形図に表すと，右のようになる。

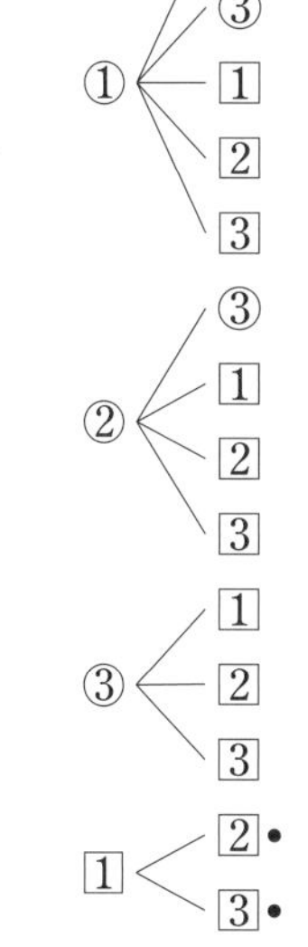

2人の選び方は，全部で15通り。

(1) 2人とも女子が選ばれるのは，図の•のところで，3通り。
よって，2人とも女子が選ばれる確率は，

$$\frac{3}{15}=\mathbf{\frac{1}{5}}$$

(2) (少なくとも男子が1人選ばれる確率)
＝1－(2人とも女子が選ばれる確率)
であるから，(1)の結果を使って，

$$1-\frac{1}{5}=\mathbf{\frac{4}{5}}$$

5

ガイド 5本のくじから同時に2本ひくとき，くじのひき方は，全部で10通りあります。

解答 3本のあたりを①，②，③，
2本のはずれを[4]，[5]として，
2本のくじのひき方を表すと，
右のようになる。

{①，②} {①，③} {①，[4]} {①，[5]}
{②，③} {②，[4]} {②，[5]}
{③，[4]} {③，[5]}
{[4]，[5]}

(1)　2本ともあたる場合は，{①，②}，{①，③}，{②，③} の3通りだから，
求める確率は，$\mathbf{\frac{3}{10}}$

(2)　1本あたり，1本はずれる場合は，{①，[4]}，{①，[5]}，{②，[4]}，{②，[5]}，{③，[4]}，{③，[5]} の6通りだから，
求める確率は，$\frac{6}{10}=\mathbf{\frac{3}{5}}$

(3)　2本ともはずれる場合は，{[4]，[5]} の1通りだから，求める確率は，$\mathbf{\frac{1}{10}}$

(4)　少なくとも1本はあたる場合は，(3)以外の場合なので，求める確率は，
$1-\frac{1}{10}=\mathbf{\frac{9}{10}}$

6

ガイド さいころの1回目に出た目の数を x，2回目に出た目の数を y としたときの x と y の出かたは，右の表のようになります。目の出かたは，6×6＝36（通り）
(2)は，$2x-y=3$ のグラフ上にある点 (x, y) を考えます。

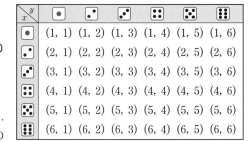

x \ y	⚀	⚁	⚂	⚃	⚄	⚅
⚀	(1, 1)	(1, 2)	(1, 3)	(1, 4)	(1, 5)	(1, 6)
⚁	(2, 1)	(2, 2)	(2, 3)	(2, 4)	(2, 5)	(2, 6)
⚂	(3, 1)	(3, 2)	(3, 3)	(3, 4)	(3, 5)	(3, 6)
⚃	(4, 1)	(4, 2)	(4, 3)	(4, 4)	(4, 5)	(4, 6)
⚄	(5, 1)	(5, 2)	(5, 3)	(5, 4)	(5, 5)	(5, 6)
⚅	(6, 1)	(6, 2)	(6, 3)	(6, 4)	(6, 5)	(6, 6)

解答 (1)　$xy=12$ が成り立つのは，x，y の出かたが，(2，6)，(3，4)，(4，3)，(6，2) の4通りだから，
求める確率は，$\frac{4}{36}=\mathbf{\frac{1}{9}}$

(2)　(x, y) を座標とする点を，右の図のようにとる（36通り）。
$2x-y=3$ より，$y=2x-3$
この直線の上にある点は，(2，1)，(3，3)，(4，5) の3通り。
よって，$2x-y=3$ が成り立つ確率は，

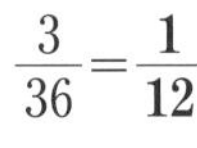
$\frac{3}{36}=\mathbf{\frac{1}{12}}$

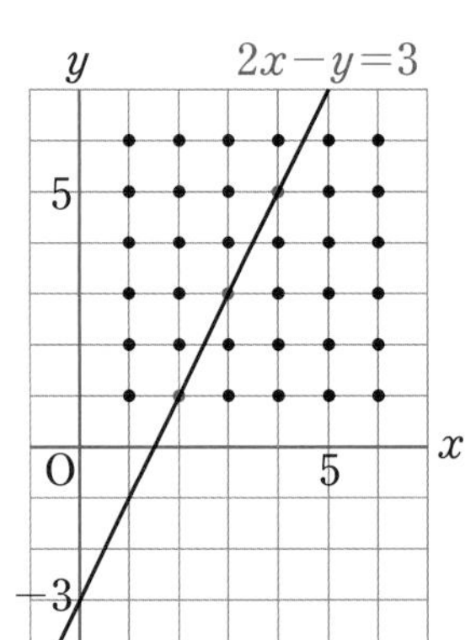

7

ガイド 図に，あてはまる点Pをとって考えます。

解答 (1) AB＝3 cm より，点Pは△PABでABを底辺とみたときの高さが4 cmとなる点だから，右の図の ◦ の印のついた6通り。

よって，$\frac{6}{36}=\mathbf{\frac{1}{6}}$

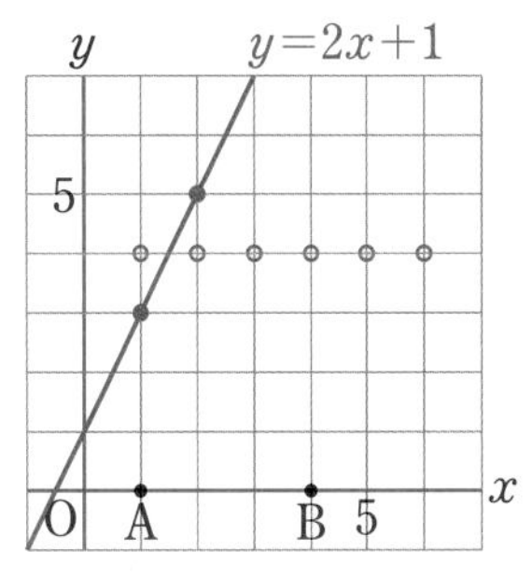

(2) 点Pは，右の図の • のついた2通りだから，

$\frac{2}{36}=\mathbf{\frac{1}{18}}$

8

ガイド 赤玉2個を赤$_1$，赤$_2$，黄玉3個を黄$_1$，黄$_2$，黄$_3$として，樹形図をかいて考えます。

解答 赤玉2個を赤$_1$，赤$_2$，黄玉3個を黄$_1$，黄$_2$，黄$_3$と区別して，樹形図をかくと，右の図のようになる。20通りのうち，得点の合計が15点以上になるのは，右の図の ○ の印のついた10通り。

赤$_1$ー赤$_2$＜黄$_1$，黄$_2$，黄$_3$，青
赤$_1$ー黄$_1$＜黄$_2$，黄$_3$，青 ○
赤$_1$ー黄$_2$＜黄$_3$，青 ○
赤$_1$ー黄$_3$ー青 ○
赤$_2$ー黄$_1$＜黄$_2$，黄$_3$，青 ○
赤$_2$ー黄$_2$＜黄$_3$，青 ○
赤$_2$ー黄$_3$ー青 ○
黄$_1$ー黄$_2$＜黄$_3$ ○，青 ○
黄$_1$ー黄$_3$ー青 ○
黄$_2$ー黄$_3$ー青 ○

よって，$\frac{10}{20}=\mathbf{\frac{1}{2}}$

9

ガイド 樹形図をかいて調べます。

解答 樹形図をかくと，3つの点のとり方は，下の図のように10通りある。
10通りのうち，できる三角形が二等辺三角形になるのは，下の図の ○ の印のついた4通り。

よって，$\frac{4}{10}=\mathbf{\frac{2}{5}}$

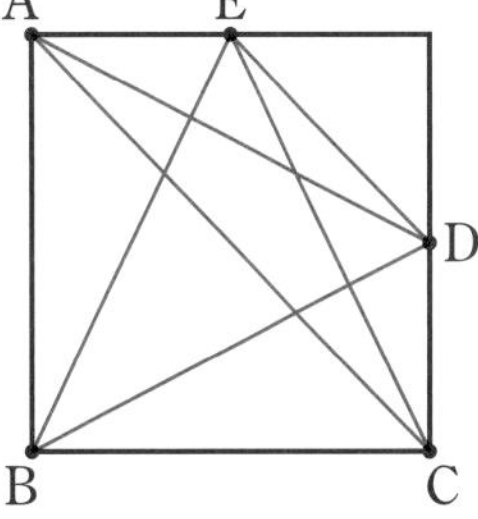

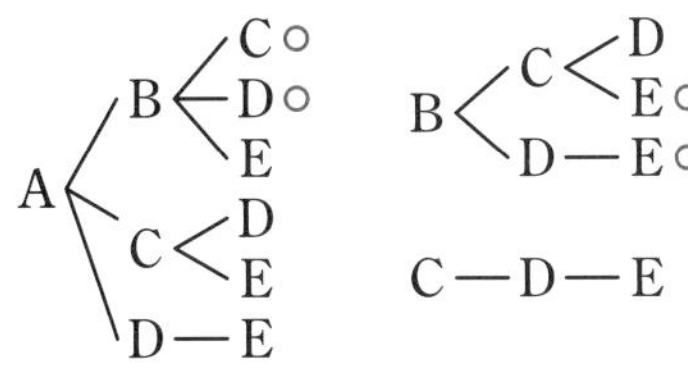

10

ガイド (2) Pの位置とQの位置が同じ頂点になるさいころの目の出かたを，頂点ごとに場合分けして考えます。

解答 (1) Pの位置が頂点Bになるのは，赤いさいころの目が2か6のとき。
Qの位置が頂点Dになるのは，白いさいころの目が3のとき。
赤，白のさいころの目の出かたが，(2, 3)，(6, 3)の2通りだから，
求める確率は，$\frac{2}{36}=\boldsymbol{\frac{1}{18}}$

(2) Pの位置とQの位置が同じ頂点になる赤と白のさいころの目の出かたは，
頂点A…(1, 4)，(5, 4)
頂点B…(2, 1)，(2, 5)，(6, 1)，(6, 5)
頂点C…(3, 2)，(3, 6)
頂点D…(4, 3)
あわせて9通りだから，求める確率は，$\frac{9}{36}=\boldsymbol{\frac{1}{4}}$

7章　箱ひげ図とデータの活用

自分から学ぼう編 p.19～20

1

ガイド まず，値の小さい順に並びかえてから，四分位数や四分位範囲を求めます。

解答 (1) 値の小さい順に並べかえて，四分位数を求めると，

57, 59, 60, 68, 70, 72, 73, 77, 78, 81, 85

第1四分位数 60(回)　**中央値(第2四分位数) 72(回)**　**第3四分位数 78(回)**

(2) (1)より，78－60＝**18(回)**

(3) **右の図**

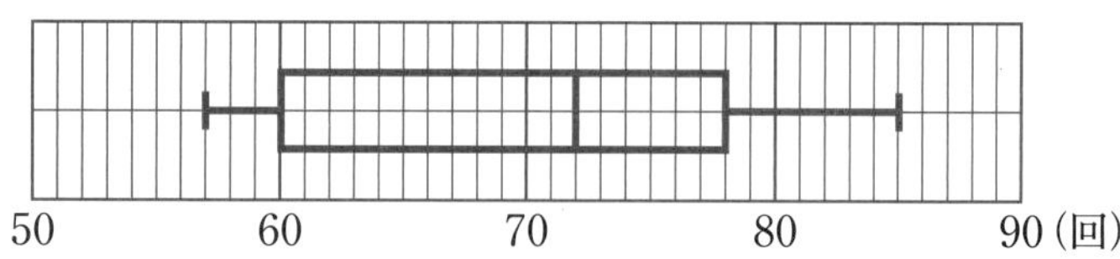

2

ガイド (3) 箱ひげ図の箱の大きさや位置，上下の線の長さなどをくらべて考えます。

解答 (1) Aのデータを値の小さい順に並びかえて，四分位数を求めると，

7.54, 7.59, 7.68, 7.98, 8.19, | 8.45, 8.45, 8.56, 8.79, 8.84

第1四分位数 7.68(秒)　**中央値(第2四分位数) 8.32(秒)**　**第3四分位数 8.56(秒)**

(2)　**右の図**

(3)　(例)　A

(理由)

Aは8.0秒未満の記録がもっとも多いから。

(例)　B

(理由)

Bは箱の大きさがもっとも小さく安定感があり，Cよりも箱が下にあって記録もいいから。

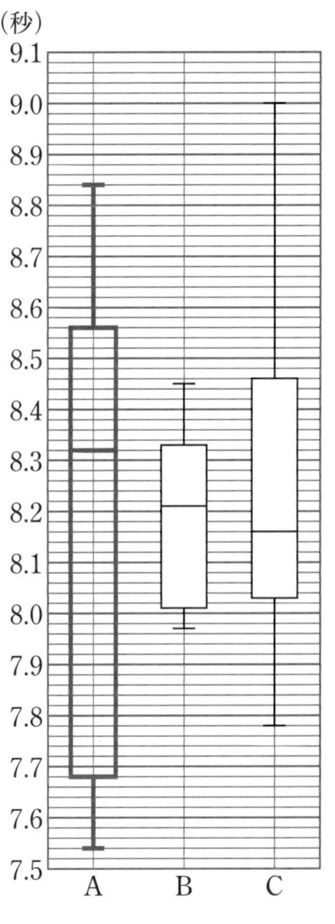

自分から学ぼう編　力をつけよう

3

ガイド　箱ひげ図から読みとれるものと読みとれないものを考えます。

解答　(1)　中央値が350 g以上なので，**正しい**

(2)　それぞれのデータの値がわからないので，**このデータからはわからない**

(3)　AグループとBグループは同じ人数で，野菜摂(せっしゅ)取量が300 g以上の人の割合はAグループが75％以上，Bグループが75％未満なので，**正しくない**

(4)　最小値から第1四分位数までのデータの分布がわからないので，**このデータからはわからない**

4

ガイド　まず，最小値や最大値に着目して，箱ひげ図をいくつかにしぼりこみます。あとは，度数分布表から中央値のある階級を見つけて，あてはまる箱ひげ図を選びます。

解答　A，Bは180 cm以上190 cm未満の部員がいないので，(イ)か(ウ)である。度数分布表から，中央値のある階級はAが160 cm以上170 cm未満，Bが150 cm以上160 cm未満とわかるので，Aは(ウ)，Bは(イ)。Cは150 cm未満の部員がいないので，(エ)か(オ)である。度数分布表から，中央値のある階級は160 cm以上170 cm未満とわかるので，(エ)

A…(ウ)，B…(イ)，C…(エ)

学びをいかそう

自分から学ぼう編 p. 21〜44

■利用のしかた

解答は「自分から学ぼう編」の p. 51〜54 にのっています。理解しにくい問題には，ガイド に考え方をのせてあります。「自分から学ぼう編」の解答を見てもわからないときに利用しましょう。

スタートの位置はどこ？

1章 式の計算　自分から学ぼう編 p. 21〜24

学習のねらい　トラック競技のレーンをかく問題を通して，それぞれのレーンで走る距離（きょり）を同じにするためにスタートの位置をどれだけずらせばよいかを，式の計算を使って考えます。

1　1レーンと2レーンを走る距離を，a と r を使って，それぞれ表しましょう。

ガイド　走る距離を式に表してから，同類項をまとめます。

解答　1レーンを走る距離は，a m の直線と，半径 r m の半円の弧（こ）の長さと，a m の直線をあわせた距離なので，

$a+2\pi r\div2+a=\boldsymbol{2a+\pi r}$ **(m)**

2レーンを走る距離は，a m の直線と，半径 $(r+1)$ m の半円の弧の長さと，a m の直線をあわせた距離なので，

$a+2\pi(r+1)\div2+a=\boldsymbol{2a+\pi r+\pi}$ **(m)**　$(\boldsymbol{2a+\pi(r+1)}$ **(m)**$)$

2　1レーンと2レーンで走る距離を同じにするためには，2レーンのスタートの位置を，何 m 前にすればよいでしょうか。

❓ 文字式を使って考えると，どんなよさがあるかな。

ガイド　**1** で求めた，1レーンと2レーンで走る距離の差を求めます。

解答　**1** より，1レーンで走る距離は $(2a+\pi r)$ m，2レーンで走る距離は $(2a+\pi r+\pi)$ m だから，

$(2a+\pi r+\pi)-(2a+\pi r)=\pi$ (m)

よって，2レーンのスタートの位置を，1レーンよりも **$\boldsymbol{\pi}$ m** だけ前にすればよい。

❓ 文字式を使って考えると，同類項をまとめるなどして整理されるので，数量の関係をとらえやすくなる。また，実際の数で計算するより簡単で，結果が半径に関わらないことがわかりやすいなどのよさがある。

3 2レーンと3レーンで走る距離を同じにするためには，3レーンのスタートの位置を，2レーンより何m前にすればよいでしょうか。

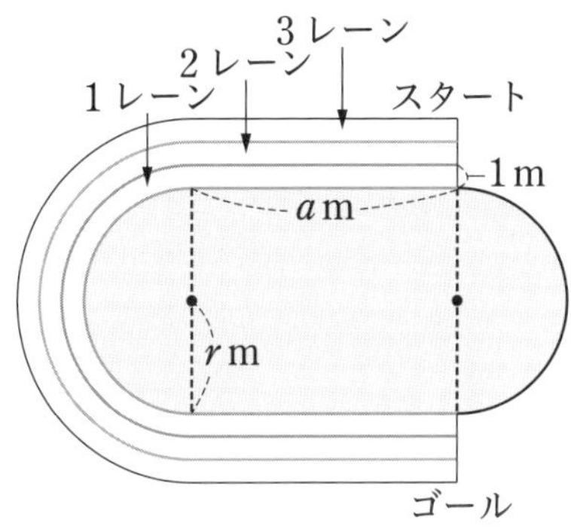

ガイド **1** と同じように，3レーンで走る距離を，aとrを使って表して考えます。

解答 3レーンを走る距離は，amの直線と，半径$(r+2)$mの半円の弧の長さと，amの直線をあわせた距離なので，

$a+2\pi(r+2)\div2+a=2a+\pi r+2\pi$ (m)

3レーンと2レーンを走る距離の差は，

$(2a+\pi r+2\pi)-(2a+\pi r+\pi)=\pi$ (m)

よって，3レーンのスタートの位置を，2レーンよりも **π m** だけ前にすればよい。

4 1レーンを走る人がトラックを1周する場合，1レーンと2レーンで走る距離を同じにするためには，2レーンのスタートの位置を，何m前にすればよいでしょうか。

? レーンの幅が変わると，どうなるかな。

ガイド **1** と同じように，1レーンと2レーンを走る距離を，aとrを使ってそれぞれ式に表して考えます。

解答 1レーンを走る距離は，amの直線を2回と，半径rmの半円の弧の長さを2回あわせた距離なので，

$a\times2+2\pi r\div2\times2=2a+2\pi r$ (m)

2レーンを走る距離は，amの直線を2回と，半径$(r+1)$mの半円を2回あわせたものなので，

$a\times2+2\pi(r+1)\div2\times2=2a+2\pi r+2\pi$ (m)

2レーンと1レーンを走る距離の差は，

$(2a+2\pi r+2\pi)-(2a+2\pi r)=2\pi$ (m)

よって，2レーンのスタートの位置を，1レーンよりも **2π m** だけ前にすればよい。

? レーンの幅が1mではなく，bmとすると，2レーンを走る距離は，

$a\times2+2\pi(r+b)\div2\times2=2a+2\pi r+2\pi b$ (m)

2レーンと1レーンを走る距離の差は，

$(2a+2\pi r+2\pi b)-(2a+2\pi r)=2\pi b$ (m)

よって，2レーンのスタートの位置を，1レーンよりも$2\pi b$mだけ前にすればよい。

つるかめ算

2章 連立方程式　自分から学ぼう編 p.25〜26

学習のねらい　「つるかめ算」について，問題の原形が示された中国の古い数学書「孫子算経（そんしさんけい）」による解き方を知り，方程式を使う方法や，すべてかめだと考える方法とくらべます。

1　「孫子算経」では，上の問題（省略）を，次のように解いています。

> ❶　足の数の合計を半分にする。
> ❷　❶から，頭の数の合計をひくと，かめの数になる。
> ❸　頭の数の合計から，❷をひくと，つるの数になる。

この方法で，上の問題を解きましょう。

ガイド　足の数の合計は94本，頭の数の合計は35であることから考えます。

解答
❶　$94 \div 2 = 47$
❷　$47 - 35 = 12$
❸　$35 - 12 = 23$　　<u>つるの数23羽，かめの数12匹</u>

2　つるの数をx羽，かめの数をy匹として，連立方程式をつくって，上の問題を解きましょう。
❓ **1** の方法とくらべて，似ているところはないかな。

ガイド　足の数の合計，頭の数の合計から，それぞれ方程式をつくって考えます。

解答
$$\begin{cases} x+y=35 & \cdots\cdots① \\ 2x+4y=94 & \cdots\cdots② \end{cases}$$
②÷2　$x+2y=47$　……②′
②′−①　$y=12$
$y=12$ を①に代入すると，
$x+12=35$
$x=35-12$
$=23$
$(x,\ y)=(23,\ 12)$
この解は問題にあっている。　<u>つるの数23羽，かめの数12匹</u>

❓ **1** の方法も **2** の方法も，同じ計算で求めているところが似ている。

3　つるの数をx羽とします。
(1)　かめの数を，xを使って表しましょう。
(2)　足の数に着目して方程式をつくり，上の問題を解きましょう。

ガイド **2** で，かめの数を y 匹としましたが，これを x を使って表して考えます。

解答 (1) **$35-x$ (匹)**

(2) $2x+4(35-x)=94$

$-2x=-46$, $x=23$

かめの数は，$35-23=12$ (匹)　　**つるの数 23 羽，かめの数 12 匹**

4

次のように解くこともできます。(考え方省略)
上の考え方では，はじめに，35 頭すべてがかめだと考えて計算をしました。
こんどは，35 頭すべてがつるだと考えて，同じように解いてみましょう。

ガイド 35 頭すべてがつるだと考えると，足の数は実際より少なくなるので，その差から，何頭をかめに変えればよいかを考えます。

解答 35 頭すべてがつるだと考えると，足の数は，

$35\times2=70$ (本)

となる。

しかし，実際には 94 本だから，35 頭のうち何頭かはかめである。

つるをかめに変えると，足の数は 2 本増える。

70 本と 94 本の差は 24 本だから，かめに変える数は，

$24\div2=12$

となり，かめの数は 12 匹となる。つるの数は，

$35-12=23$

から，23 羽となる。　　**つるの数 23 羽，かめの数 12 匹**

5

1 本 100 円のみたらしだんごと，1 本 80 円の草だんごをあわせて 18 本買ったところ，1560 円になりました。みたらしだんごと草だんごを，それぞれ何本ずつ買いましたか。

ガイド 買っただんごの数と代金から，それぞれ方程式をつくって考えます。

解答例 みたらしだんごを x 本，草だんごを y 本買ったとすると，

$$\begin{cases} x+y=18 & \cdots\cdots① \\ 100x+80y=1560 & \cdots\cdots② \end{cases}$$

①×100　$100x+100y=1800$　……①′

①′−②　$20y=240$, $y=12$

$y=12$ を①に代入すると，$x=6$

$(x, y)=(6, 12)$

この解は問題にあっている。　　**みたらしだんご 6 本，草だんご 12 本**

料金が安いのは？

3章 一次関数　　自分から学ぼう編 p. 27〜28

学習のねらい　うちわを製作しているA社，B社，C社の料金プランを，一次関数を利用して，グラフに表してくらべます。

1　うちわを120本注文するとき，もっとも料金が安くなるのは，どの会社でしょうか。A社，B社，C社の料金を，それぞれ求めて考えましょう。また，180本注文する場合はどうなるでしょうか。

ガイド　うちわを120本注文するとき，180本注文するときのA社，B社，C社の料金をそれぞれ求めます。

解答　うちわを120本注文するとき，

A社……20000円

B社……5000＋200×120＝29000（円）

C社……15000＋100×(120－100)＝17000（円）　　**C社がもっとも料金が安い。**

うちわを180本注文するとき，

A社……20000円

B社……5000＋200×180＝41000（円）

C社……15000＋100×(180－100)＝23000（円）　　**A社がもっとも料金が安い。**

2　うちわをx本注文するときの料金をy円とします。

A社，B社，C社のそれぞれについて，xとyの関係を，グラフに表しましょう。

❓ A社とB社の料金が同じになるのは，うちわを何本注文するときかな。

解答　それぞれxとyの関係を式に表すと，

A社…$y=20000$

$(0 \leqq x \leqq 250)$

B社…$y=200x+5000$

$(x \geqq 0)$

C社…$0 \leqq x \leqq 100$ のとき，

$y=15000$

$x \geqq 100$ のとき，

$y=100x+5000$

それぞれのグラフは，**右の図**

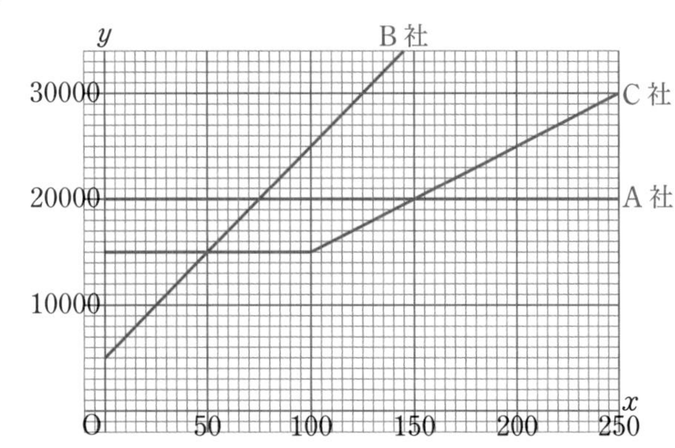

❓ 上のグラフで，A社とB社の直線が交わるところなので，75本注文するとき。

同じように，A社とC社では150本，B社とC社では50本注文するとき。

3 かりんさんは **2** のグラフから，次のように考えました。
「注文する本数が 50 本より少なければ，B社の料金がもっとも安くなるよ。」
かりんさんがこのように考えた理由を説明しましょう。

ガイド **2** のグラフで，$x<50$ のときのA社，B社，C社の対応する y の値を読みとります。

解答例 **2** のグラフで，$x<50$ のとき，同じ x の値に対応する y の値が，いつもA社，C社よりもB社が小さくなっているから。

4 注文するうちわが 250 本以下のとき，本数によって，どの会社がもっとも料金が安くなるか，グラフを使って説明しましょう。

ガイド **2** のグラフで，A社，B社，C社の直線が交わる点に着目して考えます。

解答 **2** のグラフで，

- $0<x<50$ に着目すると，注文する本数が 50 本より少ないとき，B社がもっとも料金が安くなる。
- $x=50$ に着目すると，注文する本数が 50 本のとき，B社とC社が同じ料金で，A社よりも安くなる。
- $50<x<150$ に着目すると，注文する本数が 50 本より多く 150 本より少ないとき，C社がもっとも料金が安くなる。
- $x=150$ に着目すると，注文する本数が 150 本のとき，A社とC社が同じ料金で，B社よりも安くなる。
- $150<x\leqq 250$ に着目すると，注文する本数が 150 本より多く，250 本以下のとき，A社がもっとも料金が安くなる。

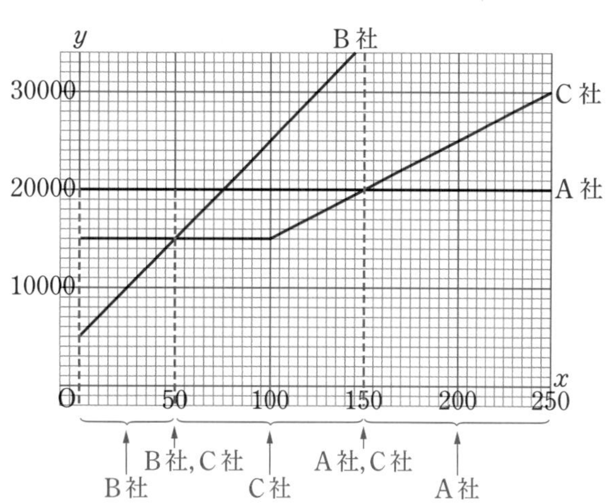

角の大きさを求める

4章 図形の調べ方

自分から学ぼう編 p.29〜30

学習のねらい 平行な2直線の内側にできる角について，平行線の性質を使ったり，内角・外角の性質を使ったりして，条件を変えていろいろな方法で角の大きさを求めます。

平行な2直線 ℓ，m の内側に，
右の図のように点Pをとるとき，

$\angle x = \angle a + \angle b$ ……①

となります。

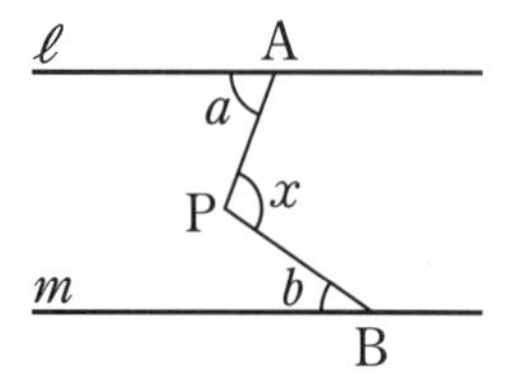

上のことが成り立つ理由を，いろいろな方法で説明しましょう。

1

点Pを通り，ℓ と m に平行な直線をひいて，①を説明しましょう。

ガイド **点Pを通り，ℓ と m に平行な直線をひいて，平行線の錯角(さっかく)は等しいことを使って説明します。**

解答 右の図のように，ℓ と m に平行にひいた直線 n 上の点をMとする。

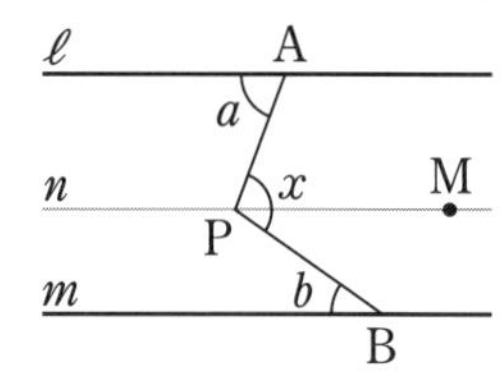

平行線の錯角は等しいので，

$\ell /\!/ n$ から，$\angle \mathrm{APM} = \angle a$

$n /\!/ m$ から，$\angle \mathrm{BPM} = \angle b$

よって，$\angle x = \angle \mathrm{APM} + \angle \mathrm{BPM}$

$= \angle a + \angle b$

2

APを延長した直線をひいて，①を説明しましょう。

ガイド **APを延長した直線をひいて，平行線の錯角は等しいことと，三角形の内角・外角の性質を使って説明します。**

解答 APを延長した直線と，m との交点をNとする。

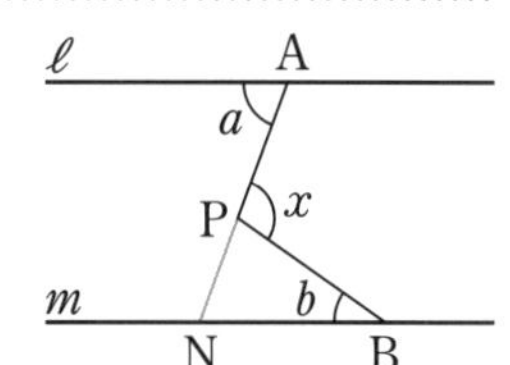

平行線の錯角は等しいので，$\ell /\!/ m$ から，

$\angle \mathrm{PNB} = \angle a$

△PNBの内角・外角の性質から，

$\angle x = \angle \mathrm{PNB} + \angle b$

よって，$\angle x = \angle a + \angle b$

3　2点A，Bを結ぶ直線をひいて，①を説明しましょう。

ガイド　**2点A，Bを結ぶ直線をひいて，平行線の錯角は等しいことと，三角形の内角の和が180°であることを使って説明します。**

解答　平行線の錯角は等しいので，$\ell /\!/ m$ から，

$\angle a+\angle \mathrm{PAB}=180^\circ-(\angle b+\angle \mathrm{PBA})$

よって，$\angle \mathrm{PAB}+\angle \mathrm{PBA}=180^\circ-\angle a-\angle b$

$\angle x=180^\circ-(\angle \mathrm{PAB}+\angle \mathrm{PBA})$ だから，

$\angle x=180^\circ-(180^\circ-\angle a-\angle b)$

$=\angle a+\angle b$

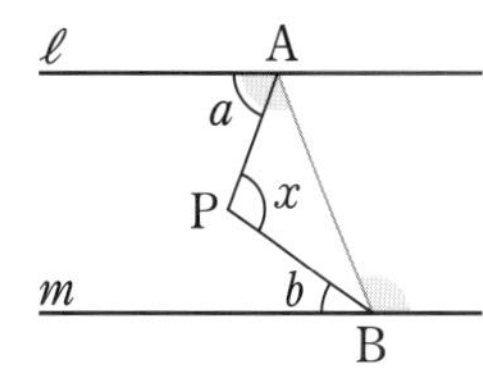

4　「2直線 ℓ，m の内側に」を，「2直線 ℓ，m の外側に」に変えます。$\angle x$ の大きさを，$\angle a$，$\angle b$ を使って表しましょう。

ガイド　**平行線の錯角は等しいことと，三角形の内角・外角の性質を使って考えます。**

解答　m と AP の交点をQとすると，平行線の錯角は等しいので，

$\ell /\!/ m$ から，$\angle \mathrm{AQB}=\angle a$

△QPBの内角・外角の性質から，

$\angle a=\angle x+\angle b$

よって，$\boldsymbol{\angle x=\angle a-\angle b}$

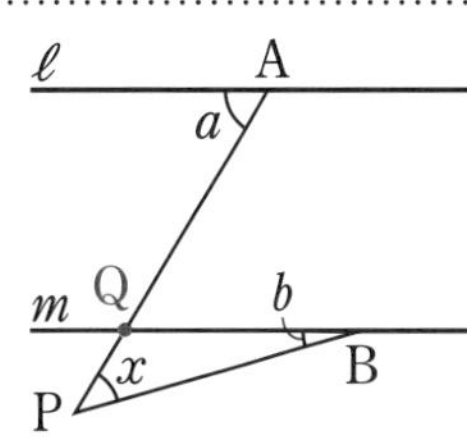

5　「平行な2直線 ℓ，m」を，「平行でない2直線 ℓ，m」に変えて，右の図（省略）のように，2直線の交点をCとします。$\angle x$ の大きさを，$\angle a$，$\angle b$，$\angle c$ を使って表しましょう。

ガイド　**2点A，Bを結ぶ直線をひいて，三角形の内角の和を使って考えます。**

解答　2点A，Bを結ぶ直線をひくと，

△ACBの内角の和より，

$\angle \mathrm{PAB}+\angle \mathrm{PBA}=180^\circ-(\angle a+\angle b+\angle c)$

△APBの内角の和より，

$\angle \mathrm{PAB}+\angle \mathrm{PBA}=180^\circ-\angle x$

よって，$\boldsymbol{\angle x=\angle a+\angle b+\angle c}$

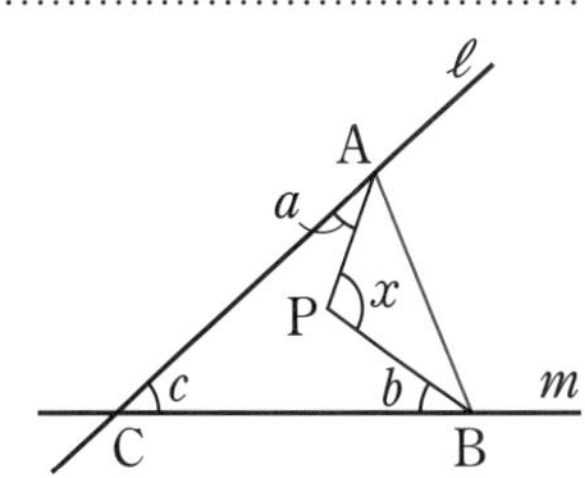

自分から学ぼう編　学びをいかそう

へこみのある図形

4章 図形の調べ方　自分から学ぼう編 p.29〜30

学習のねらい　へこみのある図形について，いくつかの三角形に分けて内側の角の和を考えます。

●辺の数が4本，へこみが1か所の図形

図1のように，辺の数が4本でへこみが1か所の図形を考えます。

ある頂点から対角線を1本ひくと，三角形2個に分けることができます。

図1

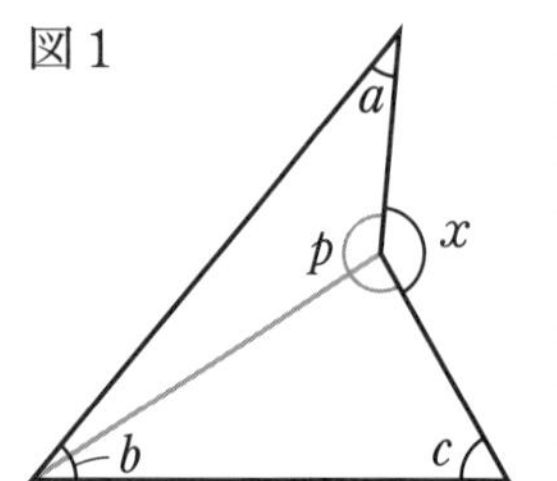

1 図1の内側の角の和を求めましょう。

ガイド 三角形何個分の内角の和とみればよいかを考えて求めます。

解答 三角形2個分の内角の和なので，180°×2=**360°**

2 図1の $\angle x$ の大きさを，$\angle a$，$\angle b$，$\angle c$ を使って表しましょう。

ガイド まず，$\angle p$ の大きさを，$\angle a$，$\angle b$，$\angle c$ を使って表して考えます。

解答

$\angle p=360°-\angle a-\angle b-\angle c$

$\angle x=360°-\angle p$

$=360°-(360°-\angle a-\angle b-\angle c)$

$=\boldsymbol{\angle a+\angle b+\angle c}$

●辺の数が5本，へこみが1か所の図形

図2のように，辺の数が5本でへこみが1か所の図形を考えます。ある頂点から対角線を2本ひくと，三角形3個に分けることができます。

図2

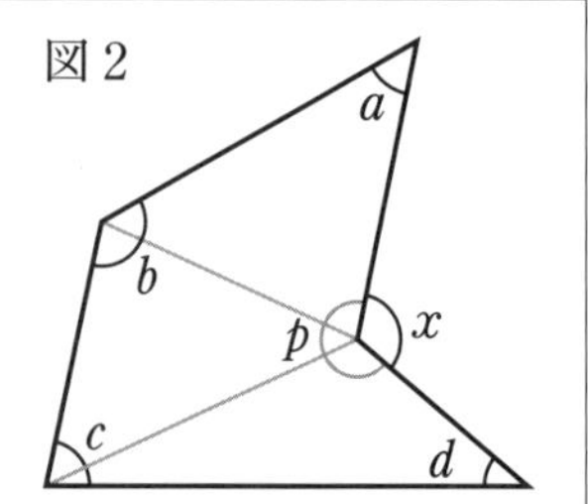

3 図2の内側の角の和を求めましょう。

ガイド 三角形何個分の内角の和とみればよいかを考えて求めます。

解答 三角形3個分の内角の和なので，180°×3=**540°**

4 図2の $\angle x$ の大きさを，$\angle a$，$\angle b$，$\angle c$，$\angle d$ を使って表しましょう。

ガイド まず，$\angle \boldsymbol{p}$ の大きさを，$\angle \boldsymbol{a}$，$\angle \boldsymbol{b}$，$\angle \boldsymbol{c}$，$\angle \boldsymbol{d}$ を使って表して考えます。

解答 $\angle p=540^\circ-\angle a-\angle b-\angle c-\angle d$

$\angle x=360^\circ-\angle p$

$=360^\circ-(540^\circ-\angle a-\angle b-\angle c-\angle d)$

$\boldsymbol{=\angle a+\angle b+\angle c+\angle d-180^\circ}$

●辺の数が5本，へこみが2か所の図形

辺の数が5本の図形には，図3のように，へこみが2か所の図形もあります。

図3

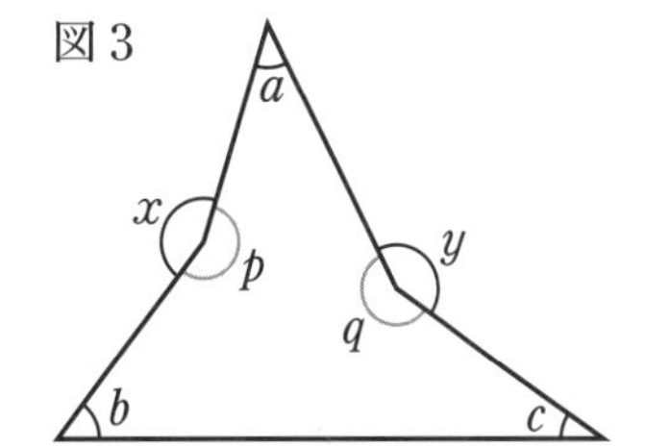

5 図3の内側の角の和を求めましょう。

ガイド 線を加えて，内角の和がわかる図形に分けて求めます。

解答 右のように線を加えると，三角形と四角形の内角の和なので，$180^\circ+360^\circ=\boldsymbol{540^\circ}$

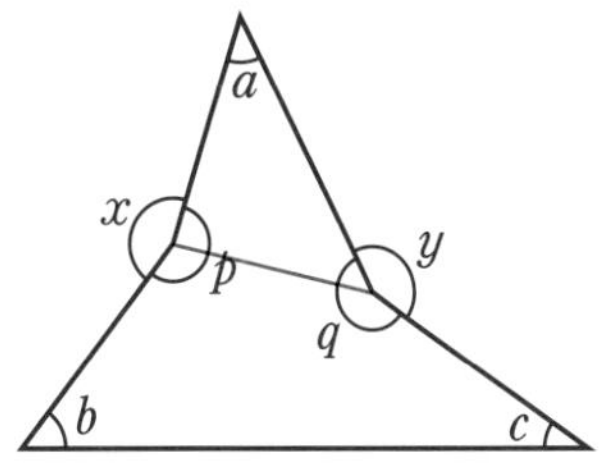

6 図3の $\angle x+\angle y$ の大きさを，$\angle a$，$\angle b$，$\angle c$ を使って表しましょう。

ガイド まず，$\angle \boldsymbol{p}+\angle \boldsymbol{q}$ の大きさを，$\angle \boldsymbol{a}$，$\angle \boldsymbol{b}$，$\angle \boldsymbol{c}$ を使って表して考えます。

解答 $\angle p+\angle q=540^\circ-\angle a-\angle b-\angle c$

$\angle x+\angle y=(360^\circ-\angle p)+(360^\circ-\angle q)$

$=720^\circ-(\angle p+\angle q)$

$=720^\circ-(540^\circ-\angle a-\angle b-\angle c)$

$\boldsymbol{=\angle a+\angle b+\angle c+180^\circ}$

問題をつくり変える

5章 図形の性質と証明　　自分から学ぼう編 p.31〜32

学習のねらい　問題にふくまれている条件の一部を変えることで，新しい問題をつくることを考えます。

問題

線分 AB 上に点Cをとり，AC，CB を，それぞれ1辺とする正三角形 △ACD，△CBE を AB の同じ側につくると，

AE＝DB である。

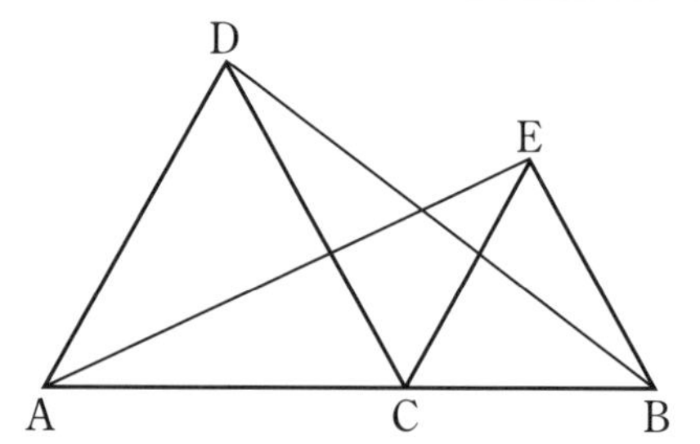

1　次の［　　］をうめて，上の問題の証明を完成させましょう。

△ACE と △DCB で，△ACD は正三角形だから，　AC＝DC　……①
△CBEは［　　］だから，　CE＝［　　］　……②
正三角形の1つの内角は 60° だから，　∠ACD＝∠BCE　……③
③の両辺に ∠［　　］を加えると，　∠ACE＝∠［　　］　……④
①，②，④から，2組の辺とその間の角が，それぞれ等しいので，
△ACE≡△DCB
よって，AE＝DB

ガイド　三角形の合同条件を使って証明します。

解答　(上から順に) **正三角形，CB，DCE，DCB**

2　仮定(ア)について，線分 AB 上にある点Cを，下の図 (解答欄) のような位置に変えるとき，AE＝DB は成り立つでしょうか。
次の［　　］をうめて，証明を完成させましょう。

△ACE と △DCB で，△ACD は正三角形だから，　AC＝DC　……①
△CBEは［　　］だから，　CE＝［　　］　……②
正三角形の1つの内角は 60° だから，　∠ACD＝∠BCE　……③
③の両辺に ∠［　　］を加えると，　∠ACE＝∠［　　］　……④
①，②，④から，2組の辺とその間の角が，それぞれ等しいので，
△ACE≡△DCB
よって，AE＝DB

❓ **1** と **2** の証明をくらべると，どんなことがわかるかな。

ガイド 仮定㋐の，点Cは「線分 AB 上にある」を，「線分 AB 上にない」に変えた場合に，結論 AE＝DB が成り立つかどうかを調べます。

解答 (上から順に) **正三角形，CB，DCE，DCB**

❓ **1** の証明では，点Cが線分 AB 上にあるという条件を使っていないので，**1** と **2** の証明は，同じ証明になっている。

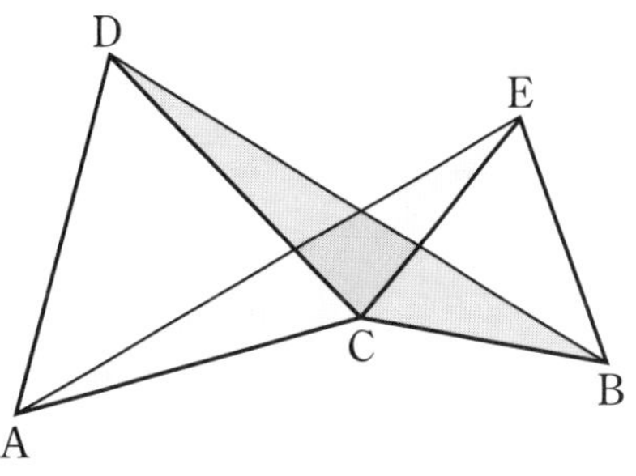

---

3 仮定㋑について，「正三角形」を，「正方形」に変えて，次の図 (解答欄) のように点D，E，F，G をとっても，AE＝DB は成り立つでしょうか。

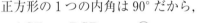

ガイド AE，DB を辺にもつ 2 つの直角三角形が合同であることを示します。

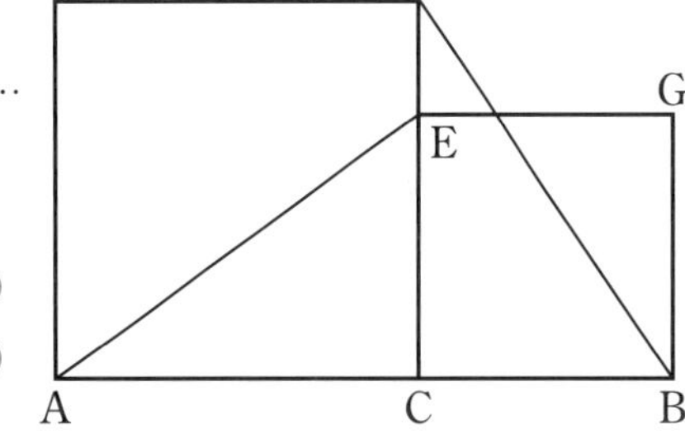

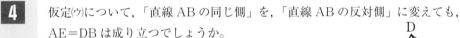

解答 予想…**成り立つ。**

(証明)　△ACE と △DCB で，

四角形 ACDF は正方形だから，AC＝DC　……①

四角形 CBGE は正方形だから，CE＝CB　……②

正方形の 1 つの内角は 90° だから，

∠ACE＝∠DCB　……③

①，②，③から，2 組の辺とその間の角が，それぞれ等しいので，△ACE≡△DCB

よって，AE＝DB

---

4 仮定㋒について，「直線 AB の同じ側」を，「直線 AB の反対側」に変えても，AE＝DB は成り立つでしょうか。

ガイド 線分 AE，DB をひいて，△ACE と △DCB が合同であることを示します。

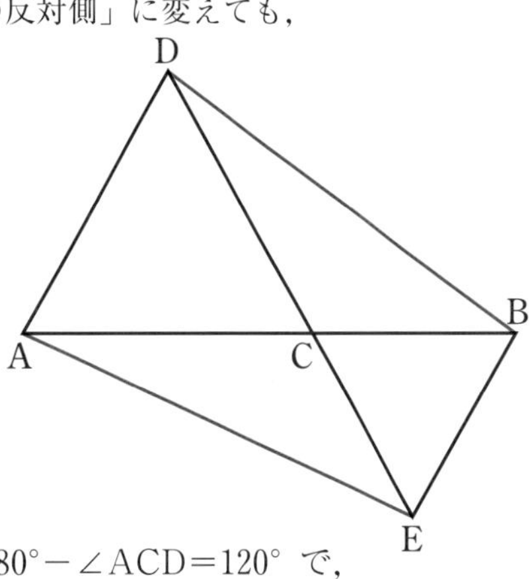

解答 予想…**成り立つ。**

(証明)　△ACE と △DCB で，

△ACD は正三角形だから，AC＝DC ……①

△BCE は正三角形だから，CE＝CB ……②

∠BCE と ∠ACD は正三角形の 1 つの内角で 60° だから，∠ACE＝180°－∠BCE＝120°，∠DCB＝180°－∠ACD＝120° で，

∠ACE＝∠DCB　……③

①，②，③から，2 組の辺とその間の角が，それぞれ等しいので，△ACE≡△DCB

よって，AE＝DB

参考 ③は，点 D，C，E が一直線上にあることは示されていないので，「対頂角は等しいから，∠ACE＝∠DCB」とすることはできません。

発展 数学A

点の集合と外心・内心

5章 図形の性質と証明

自分から学ぼう編 p.33〜34

学習のねらい

三角形の3つの頂点を通る円の中心，三角形の3つの辺に接する円の中心について考えます。

教科書のまとめ

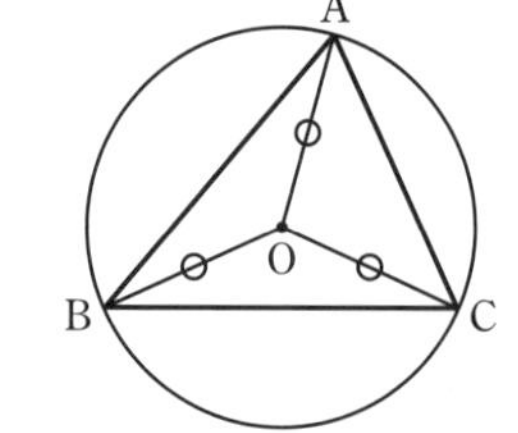

□三角形の外心　▶三角形の3つの頂点を通る円を，この三角形の**外接円**(がいせつえん)といい，外接円の中心を，その三角形の**外心**(がいしん)といいます。外心は，3辺の垂直二等分線の交点です。

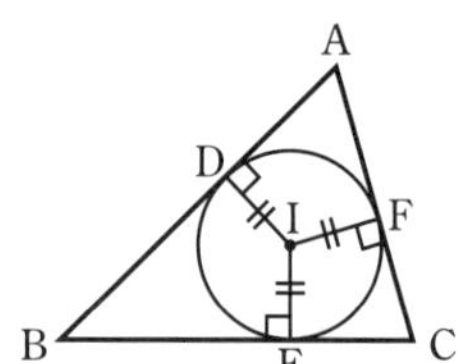

□三角形の内心　▶三角形の3つの辺に接する円を，この三角形の**内接円**(ないせつえん)といい，内接円の中心を，その三角形の**内心**(ないしん)といいます。内心は，3つの内角の二等分線の交点です。

1　線分ABがあります。2点A，Bからの距離(きょり)が等しい点Pは，どんな線上にあるでしょうか。

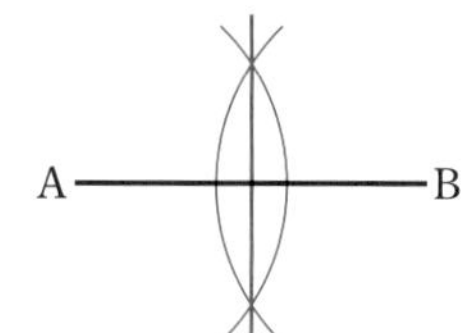

解答　線分ABの垂直二等分線上（右の図）

2　3辺の長さが，5cm，6cm，7cmの三角形をかき，その外心を作図しましょう。

ガイド　外心は，3辺の垂直二等分線の交点です。

解答　右の図

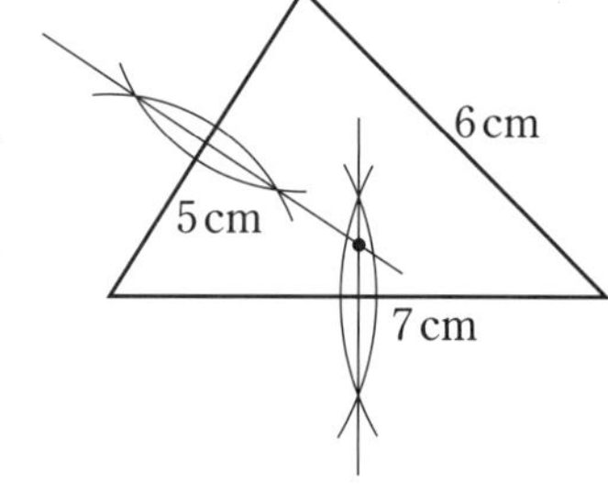

3　∠XOYがあります。OXとOYからの距離が等しい点Pは，どんな線上にあるでしょうか。

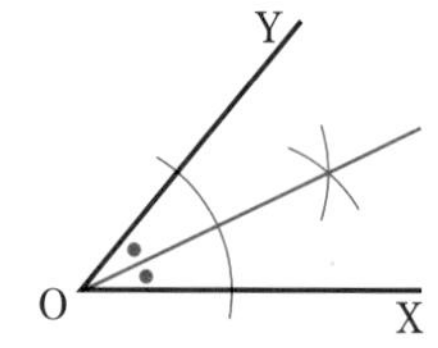

解答　∠XOYの二等分線上（右の図）

4　3辺の長さが，5cm，6cm，7cmの三角形をかき，その内心を作図しましょう。

ガイド　内心は，3つの内角の二等分線の交点です。

解答　右の図

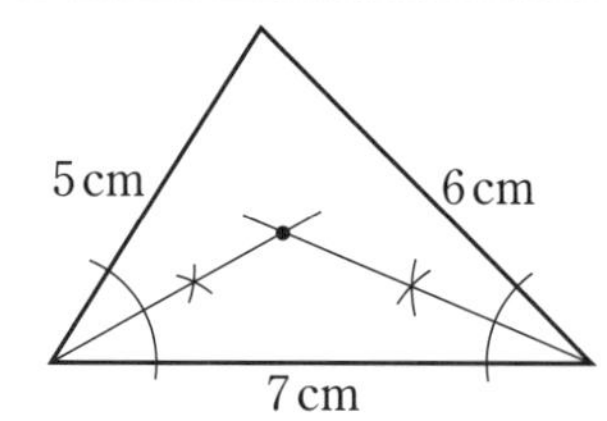

発展 数学A

どちらのくじをひこうかな？

6章 場合の数と確率

自分から学ぼう編 p. 35〜36

学習のねらい 確率について学んだことを，日常生活の場面で活用します。

1 B店のくじ1本についての金額の期待値を求めましょう。

ガイド A店のくじ1本についての金額の期待値と同様に求めます。

解答 $2000\times\frac{10}{1000}+1000\times\frac{90}{1000}+100\times\frac{900}{1000}=20+90+90=200$ (円)　**200円**

2 期待値をもとにすると，A店とB店のどちらの店でくじをひく方が有利といえるでしょうか。

解答 くじ1本の期待値でくらべると，A店は270円，B店は200円だから，**A店でひく方が有利**といえる。

3 袋(ふくろ)の中に，赤玉1個，青玉2個，白玉3個がはいっています。この袋から玉を1個取り出して，赤玉なら60点，青玉なら30点，白玉なら10点の得点になるゲームをします。このゲームを1回するときの得点の期待値を求めましょう。

ガイド まず，赤玉，青玉，白玉の出る確率をそれぞれ求めましょう。

解答 赤玉の出る確率は $\frac{1}{6}$，青玉の出る確率は $\frac{2}{6}=\frac{1}{3}$，白玉の出る確率は $\frac{3}{6}=\frac{1}{2}$ だから，

$60\times\frac{1}{6}+30\times\frac{1}{3}+10\times\frac{1}{2}=10+10+5=25$ (点)　**25点**

4 下(右)の表は，2018年の年末ジャンボ宝くじについて，発売数2000万本あたりのそれぞれの等級の当せん本数とその金額をまとめたものです。
この宝くじ1本についての当せん金の期待値を求めましょう。

	当せん金	本数
1等	7億円	1本
1等の前後賞	1億5千万円	2本
1等の組違(ちが)い賞	10万円	199本
2等	1000万円	3本
3等	100万円	100本
4等	10万円	4000本
5等	1万円	2万本
6等	3000円	20万本
7等	300円	200万本

ガイド 本数の合計が2000万本にならないのは，はずれ券があるためです。ここでも，前の問題と同じようにして期待値を求めます。(発売額は1本300円)

解答

$$700000000\times\frac{1}{20000000}+150000000\times\frac{2}{20000000}+10000000\times\frac{3}{20000000}$$
$$+1000000\times\frac{100}{20000000}+100000\times\frac{199+4000}{20000000}+10000\times\frac{20000}{20000000}+3000\times\frac{200000}{20000000}$$
$$+300\times\frac{2000000}{20000000}=35+15+1.5+5+20.995+10+30+30=147.495\text{ (円)}$$

約147円

代表を決めよう

7章 箱ひげ図とデータの活用　自分から学ぼう編 p.37〜38

学習のねらい　箱ひげ図とデータの活用について学んだことを，日常生活の場面で活用します。

1

けいたさんの記録について，最小値，最大値，四分位数をそれぞれ求め，図1に箱ひげ図をかき入れましょう。

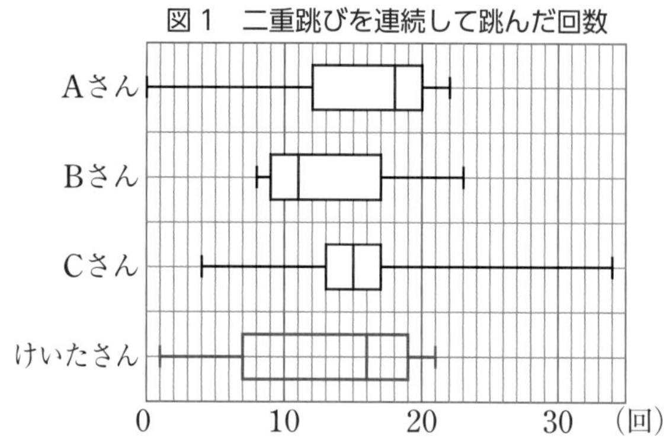

ガイド　まず，けいたさんの記録を小さい順に並べかえてから最小値，最大値，四分位数を求めます。

解答　けいたさんの記録を小さい順に並べかえると，

1, 3, 3, 3, 5, 5, 7, 7, 9, 10, 13, 15, 15, | 17, 17, 17, 17, 17, 18, 19, 19, 19, 19, 19, 20, 21

最小値 1(回)　第1四分位数 7(回)　中央値(第2四分位数) 16(回)　第3四分位数 19(回)　最大値 21(回)

箱ひげ図は右上のようになる。

2

図1から，どの人が代表としてふさわしいと思いますか。
また，そのように考えた理由を説明しましょう。

ガイド　箱ひげ図の箱の大きさや位置，最大値や最小値をくらべて考えます。

解答例

- 最大値がもっとも大きいのはCさんだから，Cさんが代表としてふさわしい。
- 最小値がもっとも大きいのはBさんだから，Bさんが代表としてふさわしい。

3

Cさんの記録が21回未満だったのは，何回あるでしょうか。
また，それは全体の何%でしょうか。

表1　Cさんの記録

階級(回)	度数(回)
0以上〜 3未満	0
3 〜 6	4
6 〜 9	0
9 〜12	0
12 〜15	5
15 〜18	6
18 〜21	4
21 〜24	0
24 〜27	0
27 〜30	0
30 〜33	0
33 〜36	1
計	20

ガイド　表1から，21回未満だった数，全体の数を求めて考えます。

解答　表1から，Cさんの記録が21回未満だった数をたすと，

$4+5+6+4=19$ (回)

また，全体で20回のうちの19回なので，

$\frac{19}{20}\times100=95$ (%)

19回，95%

4 図1と表1から，Cさんの記録について，どんなことが読みとれますか。

ガイド 箱ひげ図から最大値や最小値，度数分布表から階級ごとの度数などを読みとって考えます。

解答例
- 最大値の34回の記録を出しているのは1回だけで，12～21回の記録を出していることが多い。
- 3～6回の記録が4回あり，全体の20%にあたる。

5 これまでのことから，あなたは，4人のだれが代表としてふさわしいと思いますか。
これまでのことからだけでは判断しにくい場合には，下の記録を活用してもかまいません。

Aさん
0, 6, 6, 8, 8, 8, 10, 10, 12, 12,
12, 12, 13, 15, 16, 16, 18, 18, 18, 18,
18, 18, 18, 18, 18, 18, 20, 20, 20, 20,
20, 21, 21, 21, 22

Bさん
8, 8, 9, 9, 10, 12, 12, 17, 18, 23

Cさん
4, 4, 5, 5, 12, 14, 14, 14, 14, 15,
15, 15, 16, 16, 16, 18, 18, 19, 19, 34

(単位：回)

ガイド 箱ひげ図だけではなく，1回ごとのデータも見て，判断しましょう。

解答例
- 箱ひげ図でくらべると，箱がもっとも右よりにあり，データが大きい方に分布している傾向が読みとれるのはAさんなので，Aさんが代表としてふさわしいと考える。
- 20回以上の記録を出している割合をそれぞれ求めると，

Aさん…$\frac{9}{35}\times100=25.7\cdots$(%)

Bさん…$\frac{1}{10}\times100=10$ (%)

Cさん…$\frac{1}{20}\times100=5$ (%)

けいたさん…$\frac{2}{26}\times100=7.6\cdots$(%)

20回以上の記録を出している割合がもっとも多いのはAさんなので，Aさんが代表としてふさわしいと考える。

プログラミングで数を並べかえよう

自分から学ぼう編 p.39〜40

学習のねらい

コンピュータにどのような命令をすれば，数を大きさの順に並べかえることができるかを考えます。

教科書のまとめ

□プログラム

▶コンピュータで，2つの数を小さい順に並べかえるには，次のような命令をします。

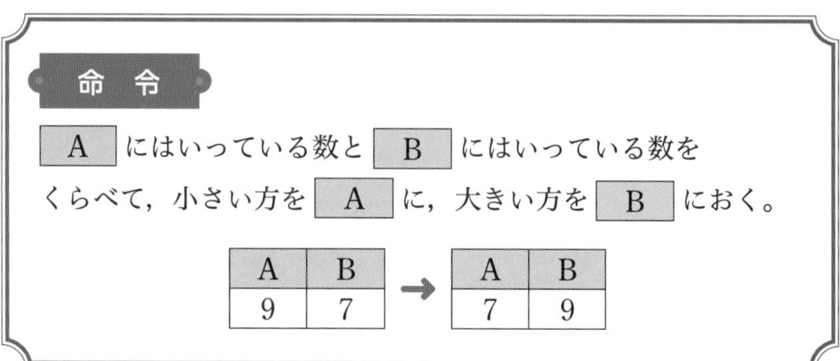

命令
A にはいっている数と B にはいっている数を
くらべて，小さい方を A に，大きい方を B におく。
A B
9 7
A B
7 9

▶命令を組み合わせたものを，**プログラム**といいます。

1 次のような，A，B，C，D，E にはいった5つの数を並べかえて，A から E まで数が小さい順に並ぶようにします。

A	B	C	D	E
6	4	8	5	2

(1) まず，E にいちばん大きい数がはいるようにするために，次のようなプログラムをつくりました。

(A B) → (B C) → (C D) → (D E)

このプログラムを実行したあとの A 〜 E にはいった数は，それぞれどうなっているでしょうか。

(2) (1)のプログラムを実行すると，E にいちばん大きい数がはいりました。これに続けて，D に，2番目に大きい数がはいるようにするには，どのようなプログラムを実行すればよいでしょうか。

(1)のプログラムを参考にして考えましょう。

(3) A から E まで数が小さい順に並ぶようにするには，(2)に続けて，どのようなプログラムを実行すればよいでしょうか。

ガイド (1)のプログラムは，並べた数がいくつであっても，いちばん右側にいちばん大きい数がはいるようになります。

解答 (1)

(A B) → (B C) → (C D) → (D E)

4 6　　6 8　　5 8　　2 8

A	B	C	D	E
4	6	5	2	8

(2) Eを除いたA～Dで，(1)と同じようにプログラムをつくればよい。

(A B) → (B C) → (C D)

(3) (2)に続けて，Cに3番目に大きい数，Bに4番目に大きい数がはいるようにする。まずA～C，次にAとBで，(1)や(2)と同じようにプログラムをつくればよい。

2 次のような，A，B，C，D，Eにはいった5つの数を並べかえて，AからEまで数が大きい順に並ぶようにします。どのようなプログラムを実行すればよいでしょうか。

A	B	C	D	E
6	4	5	2	8

ガイド 命令(A B)を(B A)と変えると，小さい方をBに，大きい方をAにおくことになることから考えます。

解答例 **1**と同じように，E，D，C，B，Aの順に数を並べかえて，Eにいちばん小さい数，Dに2番目に小さい数，……というように数がはいるプログラムを考えればよい。
命令(A B)を(B A)と変えると，小さい方をBに，大きい方をAにおくことになるので，**1**のそれぞれの命令を同じように変えると，大きい順に並ぶようになる。

(B A) → (C B) → (D C) → (E D) → (B A) →
(C B) → (D C) → (B A) → (C B) → (B A)

社会見学にいこう－明太子ができるまで－ 2, 3章

自分から学ぼう編 p.41～44

明太子クイズ！

1 同じ割合で成長すると考えたとき，スケトウダラの8年魚の体長はどのくらいでしょうか。
❶41cm ❷51cm ❸61cm

2 明太子 100g の体積は，どのくらいでしょうか。
❶15cm³
❷150cm³
❸1500cm³

3 卵 20kg を塩づけをするために，8000g の食塩水を使うとき，必要な食塩の量は，何 g ですか。
➡ 参考 食塩水の濃度
❶440g ❷560g ❸680g

4 900kg の明太子を製造したいとき，作業に必要な人数は，どのくらいになると考えられますか。1人増えるごとに，製造できる明太子の量が一定量増えていくとして考えましょう。
❶33人 ❷35人 ❸37人

1

ガイド 「明太子の原料」にかかれているスケトウダラの体長から，変化の割合を調べます。

解答 1年魚，3年魚，5年魚はそれぞれ約 16 cm，約 26 cm，約 36 cm で，2年ごとに 10 cm 大きくなっている。x 年魚の体長が約 y cm になるとすると，変化の割合は $10\div2=5$ で，x と y の関係は一次関数 $y=5x+11$ と表せる。
この式に $x=8$ を代入すると，$y=5\times8+11=51$ **❷**

2

ガイド 「かりんさんメモ」にかかれている重さと体積の関係を使って調べます。

解答 約3万トンの明太子は，25 m プール (25 m×12 m×1.2 m) のおよそ 124 杯分で，これを g と cm³ で表すと，

$30000\times1000\times1000$ (g)，$2500\times1200\times120\times124$ (cm³)

明太子 x g が y cm³ とすると，y は x に比例するので，

$$y=\frac{2500\times1200\times120\times124}{30000\times1000\times1000}x$$

だから，$x=100$ のときの y の値は，$\dfrac{2500\times1200\times120\times124}{30000\times1000\times1000}\times100=148.8$ **❷**

3

ガイド 「けいたさんメモ」と「参考 食塩水の濃度」を見て，必要な食塩の量を調べます。

解答 塩づけするときに使う食塩水の濃度は 5.5% だから，食塩水 8000 g の中の食塩の量は，

$$8000\times\frac{5.5}{100}=440\ (\mathrm{g})$$ **❶**

4

ガイド 「働いている人にインタビュー」を見て，変化の割合を調べます。

解答 x 人で y kg の明太子を製造できるとすると，x の値が $30-25=5$ (人) 増えると y の値が $850-800=50$ (kg) 増えるので，x と y の関係は一次関数 $y=10x+550$ と表せる。この式に $y=900$ を代入すると，

$900=10x+550$，$x=35$ **❷**

参考 食塩水の濃度

1 食塩水について，次の問いに答えましょう。

(1) 食塩水 200 g の中に，10 g の食塩がとけているとき，この食塩水の濃度は何％でしょうか。

(2) 230 g の水に 20 g の食塩をとかしたとき，できる食塩水の濃度は何％でしょうか。

(3) 7％の食塩水 300 g にとけている食塩は何 g でしょうか。

(4) 10％の食塩水を 150 g つくろうと思います。このとき，何 g の水に何 g の食塩をとかせばよいでしょうか。

ガイド 食塩水の濃度，質量を表す式を使って調べます。

解答 (1) $\frac{10}{200}\times100=5\ (\%)$ **5％**

(2) $\frac{20}{230+20}\times100=8\ (\%)$ **8％**

(3) 食塩の質量を x g とすると，$x=300\times\frac{7}{100}=21$ **21 g**

(4) 食塩の質量を x g とすると，$x=150\times\frac{10}{100}=15$ だから，必要な水の量は

$150-15=135\ (\mathrm{g})$ **水 135 g，食塩 15 g**

2 濃度が，それぞれ 8％，15％の 2 種類の食塩水があります。この 2 種類の食塩水を混ぜあわせて，濃度が 10％の食塩水を 700 g つくろうと思います。

8％の食塩水を x g，15％の食塩水を y g として，数量の関係を考えると，次の表（省略）のようになります。

上の表（省略）をもとにして連立方程式をつくります。

この方程式（解答欄）を解いて，それぞれの食塩水を何 g ずつ混ぜればよいか求めましょう。

ガイド 連立方程式の両辺に 100 をかけて，係数を整数にして解きます。

解答

$$\begin{cases} x+y=700 & \cdots\cdots① \\ \frac{8}{100}x+\frac{15}{100}y=700\times\frac{10}{100} & \cdots\cdots② \end{cases}$$

②×100　$8x+15y=7000$　……②′

①×8　$8x+8y=5600$　……①′

②′−①′　$7y=1400$，$y=200$

$y=200$ を①に代入すると，

$x+200=700$，$x=500$

$(x,\ y)=(500,\ 200)$

この解は問題にあっている。 **8％の食塩水 500 g，15％の食塩水 200 g**

3 14％の食塩水 500 g に 6％の食塩水を何 g か混ぜると，11％の食塩水になりました。
6％の食塩水を何 g 混ぜたのでしょうか。また，11％の食塩水は何 g できたでしょうか。

ガイド **6％の食塩水を x g，11％の食塩水を y g として連立方程式をつくって考えます。**

解答 6％の食塩水を x g，11％の食塩水を y g として連立方程式をつくると，

$$\begin{cases} 500+x=y & \cdots\cdots① \\ 500\times\dfrac{14}{100}+\dfrac{6}{100}x=\dfrac{11}{100}y & \cdots\cdots② \end{cases}$$

②×100　$7000+6x=11y$　……②′

①×6　$3000+6x=6y$　……①′

②′−①′　$4000=5y$，$y=800$

$y=800$ を①に代入すると，

$500+x=800$，$x=300$

$(x,\ y)=(300,\ 800)$

この解は問題にあっている。　　**6％の食塩水 300 g，11％の食塩水 800 g**